Dieses Buch ist allen
Pferden gewidmet, die
Schwierigkeiten mit ihren
Reitern haben

Birgit Dresel / Christiane Gohl

DAS SCHWIERIGE PFERD

Probleme mit Pferden – erkennen und lösen

Franckh-Kosmos

Mit 134 Farbfotos von Klara Decker (S. 54, 91 [re.], 154, 181, 195), Gerri Delfan (S. 11, 28, 63 [o.], 166, 169, 190, 204), Sigrun Geveke (S. 17 [u.], 39, 49, 59 [u.], 139, 176, 201), Christiane Gohl (S. 15, 20, 25, 34 [2], 37, 38 [re.], 47, 58, 66, 73, 88, 90 [li.], 93, 94, 100, 103, 105 [2], 108, 111, 113 [u.], 115, 116 [2], 117, 118, 119, 120, 126, 128 [2], 129 [2], 130, 135 [o.], 142, 149, 153, 159, 163, 164, 172, 191, 197), Petra Kleinwegen (S. 123, 179), Sabine Küpper (S. 12, 17 [o.]), Jörg Kusemeier (S. 46 [u.], 59 [o.], 141, 144), Lothar Lenz (S. 2, 23, 27, 29, 41, 68, 91 [o.], 137, 147, 167 [o.], 171, 177, 184, 185), Sabine Stuewer (S. 14, 33, 45, 63 [u.], 65, 67, 69, 71, 72, 163, 193), Hildegard Tollkötter (S. 18, 21, 35, 36 [2], 38 [li.], 43, 46 [o.], 48 [2], 60, 64, 83, 90 [re.], 95, 99, 101, 107, 109 [2], 110, 112, 113 [o.], 125, 135 [u.], 148, 151, 156 [2], 167 [u.], 178, 187, 189, 192, 200) und Rick van Lent (S. 57, 89) sowie 16 s/w-Zeichnungen von Jeanne Kloepfer, Heidelberg

Umschlaggestaltung von Atelier Jürgen Reichert, Stuttgart, unter Verwendung von Fotos von Gerri Delfan (gr. Foto Umschlagvorderseite), Gabriele Boiselle (kl. Foto Umschlagvorderseite) und Lothar Lenz (Umschlagrückseite)

Die Deutsche Bibliothek – CIP-Einheitsaufnahme

Das schwierige Pferd : Probleme mit Pferden – erkennen und lösen / Birgit Dresel/Christiane Gohl. – Stuttgart : Franckh-Kosmos, 1995
ISBN 3-440-06787-4
NE: Dresel, Birgit; Gohl, Christiane

Bild Seite 2:
Problemlösung durch harmonische Partnerschaft

ISBN 3-440-06787-4
Lektorat: Sigrid Eicher/Ulrike Huber
Herstellung: Heiderose Stetter
Printed in Germany / Imprimé en Allemagne
Satz: Steffen Hahn GmbH, Kornwestheim
Druck und buchbinderische Verarbeitung:
Westermann Druck Zwickau GmbH

Alle Angaben in diesem Buch sind sorgfältig geprüft und erprobt. Aber Pferde sind individuelle Persönlichkeiten und kräftige Tiere, und jeder, der mit ihnen umgeht, sollte sich auf sein spezielles Pferd einstellen. Der Verlag übernimmt keinerlei Haftung für Personen-, Sach- oder Vermögensschäden, die aus der Anwendung der beschriebenen Übungen und Korrekturmethoden entstehen.

Inhalt

Das Problempferd und sein Reiter

„Unser Pferd ist (oder war) ein Problempferd!“ Wenn Reiter sich so äußern, schwingt meist etwas Stolz in ihrer Stimme mit. Ihr Pferd ist (oder war) schwierig, aber sie kommen trotzdem damit zurecht oder haben es sogar geschafft, die Komplikationen abzubauen. Das alles charakterisiert sie als hervorragende Reiter und Pferdekenner.

Andererseits dient die Bemerkung oft als Entschuldigung. Mit dem „schwierigen Pferd“ lassen sich schlechtes Abschneiden bei Prüfungen oder gar rücksichtsloser Einsatz von Zwangsmitteln leicht erklären.

So gesehen ist das „Problempferd“ gleichzeitig ein Ärgernis wie ein Prestigeobjekt, es schafft Schwierigkeiten, täuscht andererseits aber auch über Probleme wie mangelnde Ausbildung bei Reiter und Pferd hinweg. Insofern ist auch die Korrektur des Problempferdes eine heikle Angelegenheit. Nicht jeder, der über sein „schwieriges Pferd“ schimpft, sucht wirklich Hilfe. So mancher Reiter schmettert Ratschläge statt dessen pauschal ab: „Bei dem Bock wirkt das alles nicht!“

In einem Buch über Problempferde genügt es folglich nicht, Patentlösungen für bestimmte Verhaltensauffälligkeiten bei Pferden aufzulisten. Wenn den Schwierigkeiten wirklich abgeholfen werden soll, erfordert das eine ehrliche Analyse der Partnerschaft zwischen Reiter und Pferd.

Dazu muß man sich zunächst darüber klarwerden, was ein Problempferd eigentlich ist und ob das eigene Pferd überhaupt dazugehört. Mancher verwechselt zum Beispiel ein schlecht gerittenes Pferd mit einem Problempferd. Es ist aber keine Verhaltensauffälligkeit, wenn ein Pferd die Reiterhilfen nicht kennt und deshalb auch nicht befolgt bzw. falsch und unklar gegebenen Hilfen nicht gehorcht.

Am Beginn jeder Korrektur müssen weiterhin Überlegungen zur Vorgeschichte von Reiter und Pferd stehen. Bevor man ein Problem lösen kann, müssen seine Ursachen erkannt und beseitigt – oder doch zumindest aufgearbeitet – werden.

Beginnen Sie die Arbeit mit diesem Buch also nicht mit einem Blick ins Stichwortverzeichnis und Nachlesen der Hinweise zu Ihrem speziellen Problem. Nehmen Sie sich statt dessen Zeit für die ersten Kapitel. Im Schnellverfahren kommen Sie nämlich auch mit Ihrem verhaltensgestörten Pferd nicht zurecht. Seine Korrektur verlangt neben Reiterfahrung und Einfühlungsvermögen vor allem Geduld!

Was ist ein Problempferd?

Die Definition des Begriffs „Problempferd“ ist alles andere als einfach. So wird zum Beispiel ein Pferd, dessen Eigenheiten einem Reitanfänger schlaflose Nächte bereiten, für einen guten Reiter gerade erst interessant.

Mitunter werden Pferde als „Problempferde“ vorgestellt, deren Schwierigkeiten überhaupt nur in der Phantasie des Reiters existieren. Da wird dann zum Beispiel die Neigung zu einem flotten Galopp im Gelände zum „schweren Durchgehen“ hochstilisiert.

Andererseits finden sich viele Reiter mit echten Problemen ihrer Pferde kommentarlos ab. So werden viele Pferde nie verladen oder beschlagen, weil sie es nicht zulassen und weil niemand es wagt, sie zu korrigieren. In fast jedem Reitstall stehen Pferde, deren neurotischer Vorwärtsdrang gefahrloses Reiten unmöglich macht, deren Besitzer aber alles mit ihrem „Temperament“ entschuldigen und fast noch stolz auf ihre Schwierigkeiten sind.

Im folgenden wollen wir uns mit dieser Problematik näher beschäftigen.

Das vermeintliche Problempferd

Nach Angaben seiner Besitzerin ist der Ponywallach Dustin mit allen möglichen körperlichen und seelischen Schwierigkeiten geschlagen. Dustin geht durch, buckelt, hat eine extrem schlechte Sattellage. Dazu hustet er und ist angeblich von drei Tierärzten wegen Dämpfigkeit aufgegeben worden. Seine Reiterin bittet inständig, auf all diese Schwierigkeiten Rücksicht zu nehmen, bevor sie mit einer Gruppe sicherer Reiter ins Gelände geht. Zur Überraschung und späteren Erheiterung der anderen zeigt das Pony dabei jedoch keinerlei Verhaltensauffälligkeiten. Es ist eher temperamentsarm und geht in der Gruppe gern hinten. Dennoch vergeht keine Galoppstrecke ohne hysterische Schreie seiner Reiterin: „Er geht durch! Er geht durch!“, und während die Gruppe am Ende des Weges auf das langsame Pony wartet, sieht man sie auch oft genug herunterfallen. Eine Anfängerin, die nicht ins Gelände, sondern in den Reitunterricht gehört – und dazu ein braves Pony, auf das sie all ihre Ängste projiziert. Das Pferd erweist sich im übrigen auch körperlich als kerngesund, seine seltenen Huster sind lediglich die Reaktion auf Heustaub.

Dieses Beispiel ist natürlich ein Extremfall, aber die Projektion von Problemen, das Hochstilisieren von kleinen Schwierigkeiten zu Verhaltensauffälligkeiten ist äußerst häufig. Meist findet man es bei Reitern und Reiterinnen, die ihr Pferd zu genau beobachten – in der Regel deshalb, weil sie sich etwas vor ihm fürchten. Eine sichere Reiterin wird zum Beispiel auf ein einmaliges Scheuen vor Kühen reagieren, indem sie das Pferd beruhigt, es vielleicht mehrmals an der Rinderweide vorbeiführt, schnuppern läßt – und die Sache dann vergißt. Allenfalls wird sie am nächsten Tag wieder vorbeireiten und den Erfolg der Gewöhnungsmaßnahmen kontrollieren.

Der unsichere Reiter bringt sein Pferd irgendwie an den Kühen vorbei, atmet auf, sobald er die „Gefahrenzone“ verlassen kann, und zieht aus dem Erlebnis den Schluß: „Mein Pferd hat Angst vor Kühen.“ Er wird an dieser Vorstellung noch Jahre festhalten, sich jeder Kuhweide mit Herzklopfen nähern – und seine Angst auf das Pferd übertragen. Der Teufelskreis ist vorprogrammiert und kann dazu führen, daß Reiter und Pferd sich nicht mehr ins Gelände wagen. Dies geschieht um so eher, wenn die Angstquelle nicht zu umgehen oder, wie Autos, beweglich ist.

Gehfreude im Gelände macht ein Pferd noch nicht zum Durchgänger!

Das starke Pferd in schwachen Händen

Katinka ist eine eher ruhige Warmblutstute. Ihre Besitzerin kommt gut mit ihr zurecht. Sie hat nur gelegentlich Schwierigkeiten, das Pferd vorwärts zu treiben. Dann erhält Katinka ihren ersten Beschlag bei dieser Reiterin. Auf die Frage, wie es gelaufen sei, antwortet das Mädchen: „Ach, einigermaßen, aber wir haben sie nur vorne beschlagen. Hinten wollte sie keine Eisen!“

Katinka hat zum Glück keinerlei Ambitionen, ein „schwieriges Pferd“ zu werden. Wäre ihr Widerspruchsgeist aber etwas stärker ausgeprägt, könnte sie irgendwann mit diesem Prädikat den Besitzer wechseln.

Reiter wie Katinkas Besitzerin haben nicht begriffen, welche Rolle die Rangordnung beim Umgang mit Pferden spielt. In der Vorstellung, dem Tier damit einen Gefallen zu tun und die gegenseitige Freundschaft zu fördern, ordnen sie sich gänzlich dem Willen des Pferdes unter. Das Ergebnis sind Pferde, die im Gelände plötzlich umdrehen und nach Hause laufen, den Stall gar nicht erst verlassen oder sich beim Turnier weigern, den Parcours zu betreten. Im Extremfall beißen sie und jagen ihre Besitzer über die Weide.

Von Ausnahmen abgesehen, sind es trotzdem keine echten Problempferde. Besonders, wenn sie von schwachen Besitzern nur gekauft, nicht großgezogen

Ein Pferd braucht einen Besitzer, der rangmäßig über ihm steht!

wurden, genügt meist ein anderer Reiter, und die „Korrektur“ ist vollzogen. Befindet sich ein rangmäßig hohes Pferd (Näheres zum Thema „Rangordnung“ im Kapitel „Pferdepsychologie“) allerdings von Jugend an in den Händen schwacher Reiter, kann es sich zu einem echten, schwer korrigierbaren Problempferd entwickeln.

Das schlecht gerittene Pferd

Bei einem Gruppenausritt fällt eine Araberstute auf. Sie geht keinen ordentlichen Schritt, muß grundsätzlich vorn geritten werden, weil sie hoffnungslos gegen den Zügel kämpft; zudem schlägt sie nach anderen Pferden. Ihre Reiterin ist nach kurzer Zeit völlig erschöpft. Sie beneidet eine Mitreiterin, deren Islandwallach sich ruhig und wohlerzogen zeigt. Die andere bietet ihr daraufhin an, in der nächsten Etappe die Pferde zu tauschen. Und dabei vollzieht sich vor den Augen der anderen ein scheinbares Wunder: Während sich die unwillige Stute unter ihrer neuen Reiterin in Minutenschnelle beruhigt und bald an jeder Stelle der Gruppe mit leichter Hand geritten werden kann, pullt sich der Isländer zusehends auf. Er wird schneller, geht gegen die Hand und trippelt ungezogen hin und her, statt ruhig zu tölten.

Als die Reiterinnen beim nächsten Stop wieder ihre Pferde tauschen, kommentiert die Araberreiterin dieses Verhalten folgendermaßen: „Der Stjarni ist ja so ganz nett, aber er pullt noch schlimmer als meine Stute!“

Reiter und Reiterinnen wie diese würden sich selbst oder anderen gegenüber niemals eigene Fehler zugeben. Lieber geben sie dem schlecht gerittenen Pferd die Schuld und stempeln es als „Problempferd“ ab.

Für die Korrektur eines Problempferdes ist es sehr wichtig, den Unterschied zwischen gut gerittenem und schlecht gerittenem Pferd nicht mit dem zwischen verhaltensunauffälligem Pferd und Problempferd zu verwechseln. Im großen und ganzen trifft es natürlich zu, daß die meisten Problempferde auch reiterlich nicht besonders weit gefördert sind. Oft stehen ja schon ihre Schwierigkeiten dem normalen Reiteinsatz entgegen. Manche Verhaltensauffälligkeiten sind aber auch bei gut gerittenen Pferden feststellbar und schwer korrigierbar, zum Beispiel die Untugend des Klebens. Und mitunter gewinnen schwer gestörte Pferde allen Verspannungen und Ängsten zum Trotz Meisterschaften, weil die Angst vor ihrem Reiter einfach größer ist als jede andere. Als Problempferde werden sie dann erst erkannt, wenn ein neuer Reiter freundschaftlichen Kontakt zu ihnen sucht.

Das „Problempferd“ als Prestigeobjekt

„Und dann hab' ich dem Bock erst mal gezeigt, was 'ne Harke ist!“

Das Pferd ist schweißüberströmt, zeigt Spuren von Sporen und Peitsche, der Reiter ist ebenfalls geschafft, aber er triumphiert! Der „Verlierer“ ist ein kleiner Vierjähriger aus den Händen einer jungen Frau, die mangelnde Reitkenntnis durch Zwangsmittel zu ersetzen pflegt. Als das verunsicherte Jungpferd auf diese Zwangsmittel wehrig reagierte, übergab sie es einem „guten Reiter“ zur Korrektur. Und der „zeigt es ihm jetzt“ – möglichst brutal und vor der versammelten Stallgemeinschaft.

Reiter wie dieser brauchen „Problempferde“ zur Hebung ihres Images und zum Abreagieren von Aggressionen. Dabei sind die dazu mißbrauchten Geschöpfe von Natur aus meist besonders gutmütige Tiere. Ranghohe Pferde würden mit mehr Aggression auf die Mißhandlung reagieren.

Das falsch gehaltene Pferd

Bilbao ist ein dreijähriger Warmblüter mit hohem Vollblutanteil. Ein „erfahrener Reiter“ hat das bildschöne Jungpferd seiner Freundin zum Geburtstag geschenkt. Leider fürchtet sie sich vor dem lebhaften Tier und bleibt deshalb lieber vor der Box, wenn sie es besucht. Bilbao steht also – tage- und wochenlang. Er beginnt zunächst zu weben, Zwangsmaßnahmen zur Abstellung dieser Untugend helfen nichts. Bei den seltenen Ausritten unter dem Freund der Besitzerin erweist sich Bilbaos Bewegungsdrang als unkontrollierbar, schließlich verursacht er einen schweren Unfall. Für die Leute im Reiterverein steht fest: Bilbao ist ein Verbrecher!

Ein sehr großer Teil aller Probleme mit Pferden geht auf ihre nicht artgerechte Haltung zurück (mehr darüber im Kapitel „Pferdepsychologie“). Immer noch werden Pferde ganztägig in Boxen gehalten und ungenügend bewegt. Kommen sie dann einmal heraus, erweist sich ihre Lauffreude als unkontrollierbar, die Spannung entlädt sich in Bucklern, und es wird unmöglich, die Pferde dressurmäßig zu versammeln. Die Folge ist der Griff nach immer mehr Hilfszügeln und

Artgerechte Haltung löst manche Probleme

Zwangsmitteln, die Bewegungsfreiheit der Pferde wird weiter eingeschränkt – und irgendwann steht ein „Problempferd" im Stall.

Das restlos verwirrte Pferd

„Ja, an den Sattel gewöhnt ist er schon, auch ein bißchen angeritten – Vorwärtssitz natürlich, wie in dem neuen Buch von W. beschrieben, Sie wissen schon. Vorher haben wir Bodenarbeit nach XY gemacht. Aber mit den Seitwärtsgängen, wie Z sie beschreibt, da hapert es noch sehr, vor allem, wenn er Schulterherein von Travers unterscheiden soll. Naja, und nun wollen wir ihn eben eintölten. Das machen Sie doch, nicht wahr? Aber nicht länger als acht Wochen bitte, im Herbst wollte ich zu so einem Westernreitkurs. Auf die Dauer soll er nämlich western geritten werden . . ."

Dieser Anruf bei einer Bereiterin spricht im Grunde für sich. Das Pferd, um das es geht, ist ein dreijähriger Traber. Es hat jetzt bereits mit drei verschiedenen Reitweisen Bekanntschaft gemacht, bis es vier ist, soll es zwei weitere kennenlernen. Dabei vermittelt man ihm praktisch alle Dinge im Rahmen von Reitkursen oder gar aus Büchern, „gemeinsam" mit seiner Besitzerin. Auf den Menschenbereich übertragen, befindet er sich damit in der Situation eines Schülers, der mit Hilfe eines Mathematiklehrers und einer Bibliothek von Lexika gleich fünf Fremdsprachen gleichzeitig erlernen soll.

Um nicht mißverstanden zu werden: wir wollen hier keineswegs gegen Reitkurse, Pferdebücher oder gar verschiedene Reitweisen agitieren. Selbstverständlich ist es auch nicht unmöglich für Pferd und Reiter, zwei Reitweisen unabhängig voneinander zu beherrschen. Wenn es um Pferdeausbildung geht, sollte man sich jedoch zunächst für eine

Methode entscheiden, am besten eine, die man selbst bereits beherrscht! Jede Reitweise besteht aus einer Sammlung von Befehlen, die meist natürliche Reflexe des Pferdes ausnutzen. Sie sind um so leichter zu befolgen, je präziser sie gegeben werden. Wird ein Pferd mit zu vielen und widersprüchlichen Befehlen auf einmal konfrontiert, so reagiert es je nach Temperament mit Wehrigkeit oder Sturheit. Sehr häufig geht irgendwann „gar nichts mehr", und das Problempferd ist geschaffen.

Schwere Verhaltensstörungen

Das Pferd ist ein zierlicher Fuchs, Isländer, Importpferd. Es steht in der äußersten Ecke des Auslaufs, den Kopf wachsam erhoben, alle Muskeln angespannt. Nähert man sich ihm, läuft er weg – meist in verspanntem Paßgang. In die Ecke getrieben, erlaubt er die Berührung – er weiß, daß seine natürliche Reaktion Ausschlagen hart bestraft würde. Sein Fell zittert unter den streichelnden Händen. Unter dem Sattel ist er ein kopfloser Durchgänger – lebensgefährlich.

Die Stute steigt: sobald man sie von anderen Pferden wegreiten will, sobald sie meint, eine Aufgabe nicht ausführen zu können, sobald sie sich vor irgend etwas fürchtet. Sie steigt nicht einmal, sondern mehrfach, scheint sich dabei nicht mehr unter Kontrolle zu haben. Bei Erschöpfung geht sie rückwärts – rennt rückwärts, sieht weder Gräben noch Bodenunebenheiten.

Unnötig zu sagen, daß diese Pferde ihre Verhaltensauffälligkeiten unter jedem

Wenn es Schwierigkeiten gibt, muß auch der Reiter an sich arbeiten

Reiter zeigen. Ihre Ursachen sind zu erahnen, aber nicht auf den ersten Blick zu erkennen und erst recht nicht im Handstreich abzustellen. „Wunderheilungen“ kommen nicht in Frage, eine halbwegs erfolgreiche Korrektur dauert Monate.

Natürlich sind diese Beispiele für schwer verhaltensgestörte Pferde wieder einmal Extremfälle. So gehäuft auftretende Schwierigkeiten sind eher selten. Für unsere Definition des Wortes Problempferd ergibt sich daraus aber folgendes:

Ein Problempferd ist
- **ein Pferd, dessen Verhaltensauffälligkeiten leicht für jedermann erkennbar sind;**
- **ein Pferd, das seine Schwierigkeiten auch unter erfahrenen Reitern zeigt, und nicht etwa nur unter Anfängern oder ausschließlich bei seinem Besitzer;**
- **ein Pferd, dessen Probleme durch Haltungsumstellung nicht unmittelbar zu beeinflussen sind;**
- **nicht grundsätzlich identisch mit einem schlecht gerittenen Pferd.**

Vielleicht gehört Ihr Pferd nach dieser Definition gar nicht zu den „echten Problempferden“. Trotzdem sind Ihre Schwierigkeiten mit diesem Pferd real. Sie müssen sich nur darüber klarwerden, daß es zu einem großen Teil wirklich **Ihre** Schwierigkeiten sind und nicht nur die Ihres Pferdes. Sie finden in diesem Buch viele nützliche Hinweise, ihnen abzuhelfen.

Wie entstehen Probleme?

Problempferde werden in aller Regel nicht geboren, sondern erzogen. Viele von ihnen bringen jedoch eine gewisse Disposition für Schwierigkeiten mit. Nicht ganz zu unrecht sind bestimmte Hengste als Väter von Problempferden verschrieen, obwohl es unter ihren Nachkommen auch viele „normale“ – und im Sport oft sehr erfolgreiche – Pferde gibt. Die Eigenschaften, die ein Pferd für Schwierigkeiten anfällig machen, sind nämlich keineswegs nur negative. Die meisten Problempferde sind zum Beispiel intelligent und besonders lernfähig. Sachkundig behandelt und ausgebildet zeigen sie schnell und freudig hervorragende Leistungen. Ebensoschnell lernen sie jedoch Untugenden – und für das Problem „schlechter Reiter“ finden sie blitzartig Lösungen!

Ein anderer Typus von Problempferden zeichnet sich durch besondere Sensibilität aus. Diese Tiere sind leicht erregbar, neigen zum Scheuen und reagieren auf Strafen schnell verstört. Richtig behandelt werden sie angenehme, sensible Reitpferde. Geraten solche von Natur aus empfindsamen Geschöpfe aber an harte Reiter, so neigen sie zu Panikreaktionen und entwickeln sehr schnell Verhaltensstörungen.

Fast immer gehören Problempferde zu den rangmäßig stärksten oder schwächsten in einer Pferdegruppe. Beide Extreme neigen dazu, auf falsche Behandlung neurotisch zu reagieren. Während das starke Pferd in diesem Fall die Befähigung des Pflegers oder Reiters zum „Leittier“ in Frage stellt, reagiert das schwache Pferd mit Panik und gerade daraus erwachsenden Untugenden.

Fohlen sollten nicht allein aufwachsen!

Die Ursachen

Kaum ein Pferd erlebt eine Aufzucht und Erziehung ohne Schreck- und Angsterlebnisse. Das beginnt in der Regel bei der Halftergewöhnung – noch immer ist es üblich, Fohlen mit Gewalt aufzuhalftern und zwecks „Anbindetraining“ bis zur Erschöpfung an einem Strick zerren zu lassen. Die Trennung

Fohlen wollen ihre Umwelt entdecken

von der Mutterstute erfolgt meist ruckartig und oft viel zu früh. Viele Fohlen wachsen obendrein in der Box und ohne Kontakt zu Gleichaltrigen auf. Sie sollen dann schon mit einem Jahr oder früher lernen, sich bewegen zu lassen, statt frei herumzutoben, verfügbar und artig statt lebhaft und frech zu sein. Anstelle der Artgenossen soll ein Mensch als „Bezugsperson“ dienen – und der wird den Bedürfnissen des Jungpferdes nach Bewegungsanreiz, Gesellschaft und Rangeleien rund um die Uhr natürlich nicht gerecht. Irgendwann kommt es dann zum Anreiten, auch oft viel zu früh und meist mit wenig Geduld und Muße. Die Anforderungen sind hoch, Zwangsmittel sind an der Tagesordnung.

Die meisten Pferde stecken diese vielen Traumata erstaunlich gelassen weg. Sie fügen sich dem Zwang und werden trotz allem verhältnismäßig unproblematische Reittiere. Das bedeutet natürlich nicht, daß sie nicht darunter leiden – das moderne Reitpferd neigt zu vielfältigen „Berufskrankheiten“, und seine durchschnittliche Lebenserwartung ist überaus gering – aber sie tun es nicht augenfällig und bringen ihre Reiter dabei nicht in Gefahr.

Anders ist es bei besonders dominanten und übersensiblen Pferden.

Das dominante Pferd

In Freiheit leben Pferde in einer Rangordnung. Die stärksten bestimmen die Bewegungen der Herde und organisieren bei Angriffen Flucht oder Verteidigung. Dafür beanspruchen sie Vorrechte beim Fressen und an der Wasserstelle.

Das Ausfechten einer Rangordnung

Ranghohe Pferde sind immer zuerst dran, wenn es um Futter geht

gehört zum instinktmäßigen Verhaltensrepertoire des Pferdes. Der Rangplatz des einzelnen Tieres richtet sich zunächst nach der Stellung seiner Mutter in der Herde, später nach seinen individuellen Führungsqualitäten, seiner Nervenstärke und Durchsetzungskraft. Ein einmal ranghohes Tier wird wahrscheinlich auch in einer neuen Herde eine leitende Stellung einnehmen. Selbst wenn es zunächst von den anderen Pferden geduckt wird, kämpft es sich im Laufe der Zeit meistens hoch. Es ergibt sich nicht ohne weiteres in sein Schicksal.

An einen Reiter oder Jungpferdeausbilder stellt das ranghohe Pferd große Anforderungen. Seine Intelligenz will beschäftigt werden – auf langweilige Aufgaben reagiert es schnell mit Widersetzlichkeit. Die rangmäßige Oberhoheit des Menschen stellt es gern in Frage. Es probiert kleine Widersetzlichkeiten – und weitet sie bei falscher oder mangelnder Reaktion darauf aus.

Der Teufelskreis mit solchen Pferden beginnt oft schon im Fohlenalter. Das Fohlen ist niedlich, also läßt man ihm kleine Frechheiten durchgehen. Seine Knabberei an der Kleidung ist zunächst „süß“, aber wenn es dann zu beißen beginnt, entwickeln zunächst die Kinder, dann auch die Erwachsenen Angst vor ihm. Schon bald jagt das Fohlen seine Besitzer über die Weide.

Die Arbeit mit Jungpferden beschränkt sich hierzulande fast immer auf Longenarbeit. Unser ranghohes Fohlen wird also früh anlongiert. Es lernt schnell, die Ausbilder sind zunächst begeistert. Nach spätestens einer Woche aber langweilt es sich. Es bleibt stehen, dreht um – der Ausbilder reagiert: in der Regel mit Härte. Das Jungpferd beginnt daraufhin, gegen die Longe zu kämpfen. Mit ziemlicher Sicherheit hat es dabei Erfolg, der Ausbilder läßt die Longe los, und das Fohlen ist frei. Natürlich wird er es gleich wieder einfangen und jetzt wahrscheinlich zu den ersten Hilfszügeln greifen, aber zunächst einmal hat das Pferd eine positive Erfahrung mit Widersetzlichkeit gemacht. In Zukunft kämpft es weiter – gegen die Hilfszügel, die immer kürzer werdende Longe, später gegen Sattel und Gebiß. Der Ausbilder fügt ihm Schmerzen zu, und das Pferd kontert mit Ausschlagen, es schafft sich den Reiter durch Buckeln und Steigen vom Leib – und obwohl es oft den kürzeren zieht, hat es auch immer wieder Erfolgserlebnisse. Das ranghohe, intelligente Pferd lernt aus jedem Kampf und wird dem Menschen gegenüber immer unzugänglicher. Irgendwann wechselt es als hoffnungsloses Problempferd den Besitzer.

Typische Schwierigkeiten sind hier buckeln, beißen und schlagen, Reiter nicht aufsteigen lassen und andere gezielte Widersetzlichkeiten.

Das ängstliche Pferd

Ein von Natur aus rangniedriges Pferd reagiert auf Angriffe mit Ausweichmanövern. Es läßt sich nicht gern auf Kämpfe ein, schon eine Drohung bewegt es zum Rückzug.

Im Umgang mit dem Menschen kann es bedrohlichen Erlebnissen jedoch nicht immer entgehen. Die üblichen Ausbildungsmethoden zwingen es in eine Verfügbarkeit ohne Rückzugsmöglichkeiten. Ängstliche Fohlen widersetzen sich brutalen Ausbildern nicht lange. Sie neigen aber dazu, sich schlecht

Sensible Pferde brauchen besonders freundliche und vorsichtige Behandlung

fangen zu lassen, und entwickeln Angst vor Berührungen. Folglich werden sie immer wieder in die Ecke getrieben. Sobald sie eines Menschen ansichtig werden, stehen sie bald mit hocherhobenem Kopf alarmiert in ihrem Stall - und werden fälschlich für „feurig" gehalten. Viel „Temperament" zeigen sie auch an der Longe und unter dem Sattel. Mit durchgedrücktem Rücken laufen sie vor Reiter und Ausbilder weg. Da sie dem Menschen kein Vertrauen entgegenbringen und der Welt ohnehin eher unsicher gegenüberstehen, neigen sie auch dazu, vor jeder Kleinigkeit zu scheuen. Typische Probleme des ängstlichen Pferdes sind weiterhin Durchgehen und Kleben. Da man aber mit immer schärferen Zäumungen und Zwangsmitteln versucht, ihren Vorwärtsdrang zu stoppen, entlädt sich die Erregung auch oft in Ausbrüchen nach „oben" wie Buckeln und Steigen.

Problempferde, deren Schwierigkeiten auf Angst und Hypersensibilität beruhen, werden von ihren Reitern oft verkannt. Es ist ja auch nicht so einfach, in einem 500 Kilo schweren, tobenden Tier, das offensichtlich beabsichtigt, einen umzubringen, das verängstigte Fohlen zu sehen! Bei der Korrektur eines ängstlichen Pferdes kommen Sie um diese Erkenntnis jedoch nicht herum. Das sensible Pferd braucht einen verständnisvollen Erzieher, und seine Korrektur beruht hauptsächlich auf vertrauensbildenden Maßnahmen.

Reflexhafte Reaktionen

Bei vielen Problempferden erkennt man die Ursachen ihrer Schwierigkeiten sehr schnell. Bei einem Pferd mit Sattelzwang zum Beispiel haben die Probleme bestimmt mit einem schlecht passenden Sattel und unsensiblem Verhalten des Ausbilders angefangen. Bei einem einfachen Ursache-Wirkung-Verhältnis müßten sie folglich schnell abzustellen sein, indem man dem Pferd einen passenden Sattel gibt und sich Zeit mit dem Aufsatteln läßt. Tatsächlich ist das leider nur selten so. Das Pferd braucht auch bei liebevollster Behandlung, überlegtem Vorgehen und dick abgepolstertem Westernsattel eventuell Monate, bevor es aufhört, sich klein zu machen, herumzutanzen oder sich gar beim Satteln oder Aufsteigen hinzuwerfen. Der Grund dafür liegt darin, daß die ursprüngliche Vermeidungshaltung beim Aufsatteln einem reflexhaften Verhalten gewichen ist. Das Pferd wartet gar nicht mehr darauf, ob dem Aufsatteln ein Schmerz folgen wird, sondern folgt schon beim Anblick eines Sattels einem bestimmten

Verhaltensmuster. Im Falle des Sattelzwangs ist es etwa unserem Verhalten in Erwartung einer kalten Dusche vergleichbar. Während wir das Wasser aufdrehen, halten wir den Atem an, ziehen die Schultern ein und ducken uns in Erwartung des kalten Strahls. Kommt dann überraschend ein warmer, entspannen wir uns, aber wenn wir uns demnächst in einem anderen Freibad unter die Dusche stellen, werden wir wieder genauso reagieren!

Es dauert sehr lange, bis ein reflexhaftes Verhalten abgebaut ist (mehr über Mittel und Wege dazu in den Kapiteln zu speziellen Störungen!), und möglicherweise wird Ihr Pferd in Streßsituationen oder nach langen Reitpausen wieder kurzzeitig rückfällig werden. Bei Sattelzwang-Pferden bereitet zum Beispiel das erste Aufsatteln nach längerer Stehzeit oft wieder Schwierigkeiten.

Das „geborene“ Problempferd

„Gibt es Pferde, die auch bei sachgemäßer Behandlung und bester Erziehung Probleme bereiten?“ Diese Frage wird immer wieder gestellt, und ihre Antwort gestaltet sich schwierig. Einerseits ist es unmöglich, sie mit einem ehrlichen „Nein“ zu beantworten, andererseits warten die Frager meistens nur auf ein „Ja“, um ihr eigenes Pferd aufatmend in diese Kategorie einzuordnen.

Tatsächlich gibt es relativ viele Pferde, deren Körperbau Probleme begünstigt. Pferde mit zu breitem und festem Genick gehen zum Beispiel leicht gegen den Zügel, geben ungern nach und neigen bei falscher Ausbildung zum Durchgehen. Ähnliche Probleme werden auch von einer extrem kurzen Maulspalte und

Es dauert lange, bis sich ein Pferd mit Sattelzwang wieder so entspannt aufsatteln läßt

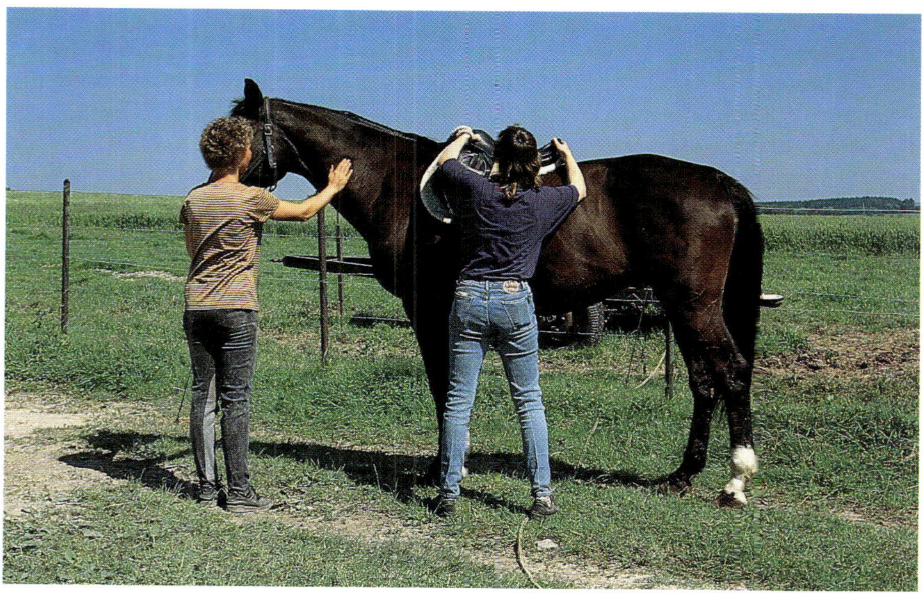

zu kleinem Unterkiefer begünstigt. Besteht eine Neigung zum Hirschhals, so tendiert das Pferd zum Wegdrücken des Rückens. Es muß viel sorgfältiger ausgebildet und gymnastiziert werden als ein Pferd ohne starken Unterhals. Eine ungünstige Lage der Ohrspeicheldrüse bewirkt ein Schiefhalten des Kopfes und Wehrigkeit gegen die Arbeit am angenommenen Zügel. Überbaute Pferde und Pferde mit extrem langem Rücken gehen von Natur aus gern auf der Vorhand und neigen zum Durchgehen und Stolpern. Ein zu kurzer Rücken begünstigt dagegen Verspannungen. Solche Pferde fallen oft schon als Jungpferde durch anhaltendes Bocken auf.

Fehlstellungen der Beine oder ungenügend ausgewachsene Rückgratverkrümmungen verhindern ein Gehen im Gleichgewicht. Sie verursachen Schmerzen und damit Vermeidungshaltungen wie Wegdrücken des Rückens, Bocken und Durchgehen.

Dies sind nur einige Beispiele für von Gebäudefehlern (mit)verursachte Schwierigkeiten (mehr darüber im Kapitel „Grundkenntnisse über Anatomie, Exterieur und Muskelmechanik"). Bei der Korrektur und dem späteren Einsatz des damit behafteten Problempferdes muß auf solche Handikaps Rücksicht genommen werden. Ein Pferd kann nämlich nur problemlos und zufriedenstellend arbeiten, wenn es seiner Aufgabe gewachsen ist. Ein von der Halsung her ungeeignetes Dressurpferd wird zum Beispiel ein zufriedenes Leben als Freizeitpferd führen, und ein Pferd mit schwachem Rücken macht bei einer Reiterin, die ohnehin keine Ritte über zwanzig Minuten plant, keine Schwierigkeiten mehr.

Komplizierter wird es bei charakterlichen Problemen. Gewöhnlich entwikkelt sich das Problempferd aus einem sehr dominanten Fohlen, das falsch behandelt wurde. In sehr seltenen Fällen liegt aber eine so aggressive Grundhaltung vor, daß sich das Pferd auch bei korrekter Behandlung immer wieder widersetzt und versucht, dem Menschen den Rang abzulaufen. Diese Extremfälle nutzen jeden kleinsten Fehler bei der Ausbildung, jede winzigste Schwäche des Reiters für eine Eigenmächtigkeit, und geraten sie auch nur einmal an einen „schwachen" Reiter, so ist jede vorangegangene Erziehung vergessen. Zum Glück sind solche Pferde (noch) sehr selten. (In der 25jährigen Reitpraxis der Verfasserinnen ist jeder von uns nur ein einziges begegnet.) Es sind fast immer Produkte von Pferdezuchten, die ausschließlich Wert auf zusammenpassende Zuchtlinien, besondere Schönheit und spektakuläre Bewegungen legen – und darüber den Charakter aus den Augen verlieren.

Dem Freizeitreiter ist von einem Versuch, sie zu korrigieren, dringend abzuraten. Sie gehören in die Hände von Profis, die im Zweifelsfall auch harte Maßnahmen nicht scheuen, und sie werden nie ganz sicher und vertrauenswürdig.

Harte oder weiche Hand?

Global gesehen werden Problempferde entweder durch eine zu harte oder zu lasche Erziehung erzeugt. Hinzu kommt das Problem der nicht artgerechten Haltung.

In den meisten Ställen herrscht die Meinung vor, ein zu schwacher Reiter verderbe mehr als ein „starker" – harte Bestrafung kleiner Vergehen mache weniger kaputt als dauerndes Durchgehenlassen von Eigenheiten. Tatsächlich stimmt das nicht oder doch nur sehr bedingt. Die meisten Problempferde entstehen durch zu harte, brutale Behandlung. Diese wird ihnen jedoch nur in den seltensten Fällen von „starken" Reitern zuteil. Gute, selbstbewußte Reiter haben es nämlich nicht nötig, ihr Pferd ständig zu disziplinieren. Es gehorcht ihnen, weil es Respekt vor ihnen hat und weil es ihre Hilfen versteht. Nur furchtsame Reiter tendieren zum dauernden Schreien und Schlagen, verlassen sich auf Hilfszügel und Zwangsmittel.

Oft überschütten ängstliche Reiter ihr Pferd auch zunächst mit Liebesbezeugungen, um das so verwöhnte Tier dann beim kleinsten Ungehorsam hart zu strafen. Verunsichert geben sie das „undankbare" Pferd schnell in die Hände des „Stall-Rambos", der es besonders hart anfaßt, um ihm die „Flausen auszutreiben". Das Tier reagiert verwirrt und aggressiv auf die inkonsequente Behandlung, und das „Problempferd" ist geschaffen.

Ängstliche und trotzdem brutale Reiter verderben auf die Dauer auch das sanfteste Pferd. Vor lauter Verzweiflung wehrt es sich irgendwann gegen ihre Brutalitäten. Mitunter entwickelt es erfolgreich Strategien, sie loszuwerden – und erprobt die später auch an anderen Reitern. Ein intelligentes und ranghohes Pferd ist hier natürlich im Vorteil.

Während die „Rambos im Sattel" eher in konventionellen Reitställen ihr Unwesen treiben, findet man die „schwachen Reiter" besonders in der Freizeitreiterszene. Da ist die Dame, die

Gute Reiter beherrschen ihre Pferde auch mit einfachsten Mitteln

sich nach jedem Ausritt mit einem Kuß auf die Pferdenase bedankt, weil das Pferd sie oben geduldet hat. Der alternativ angehauchte junge Mann reitet nur gebißlos und ohne Sattel – wobei das Pferd den Weg bestimmen darf. Ein Mädchen verzichtet auf den Ausritt, weil das Pferd sich nicht beim ersten Versuch fangen läßt.

Sie alle haben grenzenlos unerzogene Reittiere – aber selten gefährliche Problempferde. Pferde sind nämlich von Natur aus friedlich und kooperativ. Sie nutzen eine eventuelle Ranghoheit über ihre Menschen selten dazu aus, ihnen etwas anzutun. Hier wird es nur bei angeborener Neigung zur Aggressivität oder extremem Bewegungsbedürfnis schwierig. Dann setzt das Pferd sich nämlich durch – ohne Rücksicht auf die nächste Bundesstraße! Auch nicht artgemäße Haltung schafft Probleme, findet sich hier allerdings seltener als bei konventionellen Reitern. Die meisten „schwachen Reiter“ beschäftigen sich viel mit artgerechten Haltungsformen, pferdefreundlichen Reitweisen und Pferdepsychologie. Oft verstehen sie die daraus gewonnenen Kenntnisse aber falsch oder können sie nicht umsetzen. Statt dessen neigen sie dazu, sich aus Unkenntnis oder aus Mitleid schwer verhaltensgestörte Pferde anzuschaffen . . .

Wer kauft Problempferde?

Es ist leider ein weit verbreitetes Phänomen, daß die Erzeuger von Problempferden sich kaum für ihre Korrektur interessieren. Wie schon gesagt, neigen sie dazu, das Pferd für all ihre Schwierigkeiten verantwortlich zu machen. Sobald ihnen die Probleme über den Kopf wachsen, verkaufen sie es - und machen sich direkt daran, das nächste Tier zu verderben.

Die Käufer solcher Pferde haben dabei das Nachsehen. Meist sind sie es, die sich mit ihren Problemen an Bereiter und Pferdefachleute wenden. Sie geben für die Korrektur Unsummen aus - und werden von den Ergebnissen nur zu häufig enttäuscht. Grund genug, sich etwas genauer mit den Gründen für den Kauf eines Problempferdes zu beschäftigen.

Der Kauf aus Unkenntnis

Das junge Ehepaar sucht nach einem Freizeitpferd. Es soll brav sein - beide sind Anfänger -, aber auch ein „bißchen was hermachen“.

Schließlich geraten die beiden an einen Händler, der hauptsächlich Araber anbietet. Nachdem sie ihm ihre Wünsche geschildert haben, führt er ihnen einen bildschönen vierjährigen Hengst vor. Die jungen Leute verlieben sich sofort in die wundervollen Augen und schwungvollen Gänge des Pferdes. Beim Vorreiten erweist es sich allerdings als ziemlich schwierig, buckelt und steigt - aber das, so erklärt der Händler, läge nur an dem langen Boxaufenthalt vor dem Probereiten. Die Käufer fragen nicht, warum man das junge Tier wochenlang nicht bewegt hat. Sie machen keine Probezeit aus, setzen sich nicht einmal selbst auf das Pferd - schon jetzt empfinden sie nämlich Angst davor -, sondern vertrauen dem Händler blind. Leider beruhigt der Hengst sich im heimischen Offenstall nicht, sondern buckelt weiter. In den nächsten Jahren stecken seine Besitzer viel Geld in seinen Beritt und arrangieren sich schließlich mit ihrem Pferd - aber sie werden es nie völlig ohne Angst besteigen und haben es auch nie gänzlich unter Kontrolle.

„Dummheit!“ sagen Sie - und haben damit nicht ganz unrecht. Natürlich zeugt der Kauf des jungen Hengstes von grober Unkenntnis, aber letztlich kaufen die meisten wirklichen Pferdefreunde ihre Tiere nicht nach den Geboten der Logik, sondern lassen das Herz zumindest mit entscheiden. Wenn dann noch ein geschickter Händler ins Spiel kommt, und der sachkundige Berater fehlt, können Spontankäufe wie der oben geschilderte durchaus vorkommen.

Auch der Rat, das schwierige Pferd so schnell wie möglich wieder zu verkaufen, ist leicht gegeben. Aber wer seine Verantwortung dem Tier und den Käufern gegenüber ernst nimmt, wird Skrupel haben, ein Problempferd rasch an ebenso unkundige Menschen weiterzureichen.

Käufe aus Unkenntnis lassen sich jedoch relativ leicht vermeiden. **Beachten Sie beim Pferdekauf folgende Regeln:**

◆ **Kaufen Sie nicht auf Pferdemärkten, und seien Sie vorsichtig bei Händlern.** Hier wird häufig mit Medikamenten gearbeitet, um Probleme des Pferdes zu verdecken.

◆ **Seien Sie sehr skeptisch, wenn der Besitzer Ihnen das Pferd nicht selbst vorreiten will!** Falls Sie nicht sehr sicher im Sattel sind, sollten Sie in einem solchen Fall auf ein Ausprobieren des Pferdes und erst recht auf einen Kauf verzichten.

◆ **Wenn ein schönes Pferd billig ist, hat die Sache in der Regel einen Haken!** Glauben Sie nicht an die Menschenfreundlichkeit des Händlers, und seien Sie skeptisch bei Geschichten von „Notverkäufen".

◆ Pferde werden heute nicht mehr ausschließlich „per Handschlag" verkauft. **Bestehen Sie darauf, einen Vertrag aufzusetzen und eventuell ein Rückgaberecht zu vereinbaren.** Es ist allerdings kein grundsätzlicher Anlaß zur Skepsis, wenn der Verkäufer sich darauf nicht gern einläßt. Viele seriöse Verkäufer haben schlechte Erfahrungen mit Kunden gemacht, die jedes Pferd in zwei Wochen zu einem nervlichen Wrack machen. Seriöse Verkäufer werden Ihnen aber reichlich Zeit lassen, das Pferd auszuprobieren. Sie sollten dazu mehrfach kommen und einen Kauf gründlich überschlafen. Am besten sehen Sie sich gleich in einem bekannten und seriösen Gestüt nach einem Pferd um. Wer einen guten Ruf hat,

Vorsicht beim Pferdekauf auf Märkten!

riskiert ihn nämlich nicht, indem er Anfängern Problempferde aufdrückt!

Der Kauf aus Mitleid

Die junge Frau sucht eine Zuchtstute, die sich auch zu gelegentlichem Turniereinsatz eignet. Sie hat allerdings nicht viel Geld zur Verfügung. So ist sie interessiert, aber etwas skeptisch, als ein Bekannter ihr von einer spottbilligen, aber abstammungsmäßig hervorragenden Stute erzählt. Das Pferd entpuppt sich dann als Schulpferd auf einem Reiterhof. Seine noble Abstam-

mung ist allenfalls zu erahnen, denn es ist klapperdürr, seine Mähne ist abgescheuert, Sattel und Zaumzeug müssen erst zusammengesucht werden. Unter fadenscheinigen Erklärungen weigert sich der Besitzer, das Pferd vorzureiten. Der Interessentin schwant Böses, aber sie ist eine erfahrene Reiterin. Also probiert sie es selbst und stellt fest, daß das Pferd klebt, steigt und sich in jeder Beziehung den Reiterhilfen verweigert. Aber trotzdem wirkt es nett – hilfsbedürftig und ängstlich bei aller Widersetzlichkeit. Kann sie es wirklich im Schulbetrieb seines unfähigen Besitzers lassen? Sie kann nicht. Das Pferd wandert also in ihren Stall, wird in den nächsten Jahren mit viel Liebe und genügend Sachverstand korrigiert. Zum Turnierpferd eignet es sich allerdings nie – die Wettkampfatmosphäre macht es nervös, und es verfällt in altes Fehlverhalten. Auch der Zuchteinsatz fällt aus. Nervosität und Aufzuchtmängel haben das Pferd unfruchtbar werden lassen . . .

Man muß es einmal gesehen haben! So jedenfalls begründet die noch unerfahrene Reiterin ihren Gang über den Pferdemarkt. Natürlich ist sie entsetzt angesichts all der gequälten Kreaturen, die hier feilgehalten werden. Zur Brieftasche greift sie jedoch erst, als sie den kleinen Schimmel sieht: so niedlich, offensichtlich noch jung – der Blick ist lebhaft und etwas spitzbübisch, obwohl das Pferd sicher Schlimmes hinter sich hat. Seine Maulwinkel sind wund, in der Sattellage sind alte und frische Druckstellen erkennbar. Ohne große Fragen zu stellen – an ein Probereiten ist ohnehin nicht zu denken – ersteht die Tierfreundin das Pony. Sie füttert es auf, Satteldruck und Maulwinkel verheilen. Schließlich startet sie zum ersten Ausritt. Er endet dramatisch, denn das Pferd tobt, sobald es einen Reiter auf dem Rücken spürt. Die nächsten Wochen vergehen mit immer neuen Reitversuchen verschiedener Leute, immer neuen Stürzen – aber ohne Konzept für eine Korrektur. Der Reitlehrer erklärt das Pony schließlich für hoffnungslos, die junge Frau gibt es an einen Händler . . .

Zwei Beispiele für Pferdekäufe aus Mitleid – aber keines mit ungetrübtem Happy-End.

Problempferde, denen man ihr Elend deutlich ansieht, finden insbesondere unter Freizeitreitern mitleidige Seelen mit offenem Portemonnaie. Meist werden sie viel zu hoch bezahlt – und selten werden ihre Schwierigkeiten vor dem Kauf in vollem Maße offenbar. Kaum einer ihrer Käufer macht sich wirklich klar, was auf ihn zukommt. Und im Extremfall endet die Geschichte dann so tragisch wie im zweiten Beispiel.

Also auf keinen Fall aus Mitleid kaufen? Sich schwierigen Pferden unter allen Umständen verschließen? Dazu wollen wir nun auch nicht raten, denn wenn wenigstens einige Voraussetzungen stimmen, kann die „Rettung“ eines verwahrlosten und mißhandelten Tieres eine sehr befriedigende Sache werden.

Stellen Sie sich aber unbedingt folgende Fragen, bevor Sie mit der Korrektur eines Pferdes beginnen:

◆ Habe ich genügend Zeit und Reiterfahrung für eine Korrektur? Stehe ich diesem Unternehmen wirklich furchtlos gegenüber?

◆ Genügt mein Selbstvertrauen, um mich mit meinem häßlichen, verhaltensgestörten Pferd der Kritik des gesamten Reitervereins zu stellen?

◆ Ist genug Geld da, um

1. die anfallenden, hohen Tierarztkosten zu bestreiten?

2. im Zweifelsfall professionelle Hilfe bei der Korrektur zu suchen?

Werde ich dieses Geld noch in ein oder zwei Jahren bereitwillig für das Pferd ausgeben – auch bei Ausbleiben der anfangs erhofften „Wunderheilung“?

◆ Welche Erwartungen stelle ich an das Pferd? Kann ich damit leben, wenn es ihnen nicht vollständig oder möglicherweise gar nicht gerecht wird?

Der Kauf, um sich zu beweisen

Der junge Mann sollte eigentlich wissen, worauf er sich einläßt, als er den Wallach Peppone ersteht. Schließlich steht das Pferd schon seit einiger Zeit im Reitstall, und zwei andere Reiter haben sich daran die Zähne ausgebissen. Peppone ist ein extrem schwieriges Pferd. Er beißt und schlägt, ist unter dem Sattel ein Musterbeispiel für Stätigkeit. Seine Vorbesitzerin hat die Korrektur mit Liebe versucht, ein Bereiter mit Kraft und Zwang. Der neue Besitzer will es nun nach der Tellington-Trainingsmethode versuchen – die er allerdings nur an einem Demonstrationstag kennengelernt hat. Auch sonst ist seine Reiterfahrung noch gering – aber er glaubt an seine intuitiven Fähigkeiten im Umgang mit Problempferden. Leider gelingt es ihm nicht, auch Peppone davon zu überzeugen. Das Pferd befördert ihn gleich am ersten Tag der „Korrektur“ ins Krankenhaus . . .

Es sind nicht immer nur brutale Reiter, die sich zur Hebung ihres Images Problempferde anschaffen. Auch in der Gegenbewegung, die Gewalt durch Überlegung, Einfühlsamkeit und Psychologie ersetzen will, suchen Menschen Selbstbestätigung im Umgang mit schwierigen Pferden. Viele von ihnen sind fest davon überzeugt, das Pferd allein durch ihre Ausstrahlung bändigen zu können. Im Zuge der Esoterikwelle steht die „gute Hand mit Tieren“ hoch im Kurs. Man sieht das Heil in Freidressur, Pendeln und Handauflegen.

Nur wenige dieser selbsternannten „Bereiter“ sind jedoch bereit, entsprechende Techniken, wie etwa die sehr erfolgversprechende Tellington-Methode, wirklich von der Pike auf zu lernen. Das nämlich ist aufwendig und teuer, und man erfährt schnell, daß „Ausstrahlung“ allein nicht genügt

Machen Sie sich also nichts vor. Ihr „Feeling“ für schwierige Pferde wird Ihnen bei der Korrektur vielleicht helfen – es kann die anderen Voraussetzungen, von denen im nächsten Kapitel die Rede sein wird, aber nicht ersetzen.

Korrekturmethoden, wie hier die TT.E.A.M.-Arbeit, müssen erlernt werden.

Korrekturmethoden kurz vorgestellt

Die TT.E.A.M.-Methode

TT.E.A.M. (Tellington-Jones Equine Awareness Method) ist das Ausbildungsprogramm der kanadischen Reitlehrerin Linda Tellington-Jones. Durch Verbindung von klassischer Reitkunst und neuen Konzepten des Lernens wird eine pädagogisch und psychologisch fundiertere Arbeit mit jungen und schwierigen Pferden ermöglicht. Gewaltlose Erziehung, Lernen ohne Angst und Druck und Partnerschaft zwischen Reiter und Pferd stehen dabei im Mittelpunkt. TT.E.A.M. baut sich auf drei einander ergänzenden Komponenten auf, dem Tellington-TTouch, der Bodenarbeit und dem „Reiten mit Bewußtheit". Indem man Verspannungen und Angst, Mangel an Gleichgewicht und Unbequemlichkeit oder Schmerzen bei Pferden und Reitern von vornherein entgegenwirkt, wird ein Verhältnis von Verständigung, Vertrauen und Respekt aufgebaut, das eine hervorragende Grundlage für die Ausübung jeder reitsportlichen Disziplin darstellt. Bei der Arbeit mit Problempferden wird man hauptsächlich die Bodenarbeit und den Tellington-TTouch einsetzen. TTouch ist die Sammelbezeichnung für verschiedene, meist kreisende Berührungen des Pferdekörpers. Die Handgriffe dienen dazu, Verspannungen und Berührungsängste der Tiere aufzuspüren und ihnen entgegenzuar-

Linda Tellington-Jones bei der Arbeit

beiten. Man wirkt dabei auf die Nervenenden ein und aktiviert Gehirnzellen. Die TTouches können beruhigend oder anregend wirken. Darüber hinaus vermitteln sie dem Tier ein besseres Körperbewußtsein. Ein mit TTouch behandeltes Jungpferd bewegt sich zum Beispiel geschickter und entwickelt eine bessere Huf-Auge-Koordination:

Die Tellington-Methode kann in Kursen erlernt werden. Linda Tellington-Jones und ihre Schüler demonstrieren sie auch oft auf Messen oder bei Informationstagen. Ihre Durchführung ist aber nicht so einfach, wie es auf den ersten Blick erscheint. Es braucht Übung, viel Geduld und Erfahrung, um die TTouches ganz richtig anzuwenden und immer zu wissen, welcher TTouch bei diesem oder jenem Problem gerade angebracht ist. Bücher und Videos können hier zwar helfen, ersetzen die Praxis aber durchaus nicht. Experimentieren Sie also zunächst mit unproblematischen Pferden, bevor Sie sich zum Beispiel an ein extrem aggressives Tier wagen!

Die Round-Pen-Methode

In den USA gilt die Round-Pen-Methode, praktiziert von verschiedenen Ausbildern, zur Zeit als „der letzte Schrei" bei der Ausbildung von jungen und der Korrektur von problematischen Pferden. Im deutschsprachigen Raum ist sie stark umstritten.

Im wesentlichen beruht diese Me-

Der Round-Pen, ein hoch eingezäunter Longierzirkel

thode auf der – oft richtigen – Annahme, daß Probleme beim Anreiten und Korrigieren auf starke Erregung des betroffenen Pferdes zurückgehen. Da Pferde Erregung durch Bewegung abbauen, gibt man ihnen dazu Gelegenheit, indem man sie mit mehr oder weniger brachialen Methoden im Round-Pen, also einem befestigten Longierzirkel, herumjagt.

Irgendwann beginnt der Ausbilder, auf das Pferd einzuwirken. Bei der Veranlassung zur Richtungsänderung nehmen Ausbilder und Pferd Kontakt auf. Das Ziel der Arbeit ist zunächst erreicht, wenn das Pferd irgendwann freiwillig auf den Menschen zukommt. Je nach Ausbilder wird man es damit bewenden lassen und in der nächsten Übungssequenz weitermachen – oder versuchen, sich als Wunderheiler aufzuspielen, indem man es berührt, aufsattelt und anreitet.

Das Pferd ist nach einer solchen Behandlung natürlich zu Tode erschöpft, und ob es etwas gelernt hat, darf bezweifelt werden. Auf der Beobachtung solcher Brachialmethoden beruht die Ablehnung der Methode in Deutschland. Geht der Ausbilder jedoch langsam vor und verteilt die Arbeit auf mehrere Übungssequenzen, so kommt er durchaus zu guten Ergebnissen. Das ängstliche Pferd läßt sich zum Beispiel in der zweiten Stunde anfassen, wird dann langsam an Decke und Sattel gewöhnt und schließlich von dem vertrauten Ausbilder angeritten. Da das alles in der Abgeschlossenheit des Round-Pen passiert, wird das Tier nicht durch Außenreize abgelenkt. Es konzentriert sich voll auf seine Arbeit und seinen Ausbilder und lernt dadurch schneller als sonst.

Dazu ist aber ein wirklich hoher, abgeschlossener Zirkel notwendig, und keine Notkonstruktion aus Flatterbändern! Außerdem muß der Ausbilder, besonders bei der Arbeit mit aggressiven Pferden, über viel Mut und eine hohe Qualifikation verfügen – schließlich ist nicht nur das Pferd im Round-Pen von der Außenwelt abgeschlossen, sondern auch der Mensch!

Die meisten bekannten Round-Pen-Ausbilder verfügen denn auch über ein beträchtliches Charisma. Sie haben lange Erfahrung mit Pferden und außerordentlich viel von der Fähigkeit, die wir im nächsten Kapitel als „Feeling“ bezeichnen.

Für ausnahmslos jeden Reiter und jedes Pferd ist die Round-Pen-Methode folglich nicht geeignet. Wer sie trotzdem näher kennenlernen will, muß bisher noch weitgehend auf amerikanische Bücher und Videos zurückgreifen. Die Veröffentlichungen von John Lyons sind interessant und empfehlenswert.

Gentling

So nennt der englische Bereiter Henry Blake seine Methode zur Zähmung wilder und verhaltensauffälliger Pferde. Henry Blake wurde besonders durch seine aufwendigen Forschungen zur „Pferdesprache“ und zu außersinnlichen Wahrnehmungen (ASW) bei Pferden bekannt. Seine

Ausbildungsmethode beruht darauf, die Verständigungsmethoden von Pferden untereinander auch zwischen Mensch und Pferd anzuwenden. Er hat sie leider nie unterrichtet und kann somit nur von seinen eigenen Erfahrungen mit Pferden berichten. Mit ihnen füllte er drei lesenswerte Bücher.

Wie zu den meisten anderen Methoden gehören allerdings auch zum erfolgreichen Gentling sehr viel persönliche Ausstrahlung, Erfahrung und die Fähigkeit zu gefühlsmäßig richtigen Entscheidungen.

TAMMUZ

Während in Amerika alles auf den Round-Pen schaut, diskutiert die deutschsprachige Pferdeszene zur Zeit bevorzugt die TAMMUZ-Methode. Wie beim Gentling versucht man dabei, mit den Pferden in der ihnen eigenen Sprache zu kommunizieren. Das Pferd wird nur durch den korrekten Einsatz von Körpersprache dazu gebracht, den Menschen als ranghöher anzuerkennen. Auf Zwangsmittel, selbst auf Gerte und Kette, wird weitgehend verzichtet. Dabei findet die Arbeit mit dem Pferd auch hier zunächst in einer Reitbahn, dem Picadero, statt. Dieses Quadrat von 10 m Seitenlänge muß aber nicht so aufwendig gebaut sein wie der Round-Pen.

Die TAMMUZ-Methode wird von ihrem Entwickler, Klaus Ferdinand Hempfling, über Bücher und Videos verbreitet und auch unterrichtet. Die Teilnehmer an seinen Kursen erlangen größere Körperbeherrschung und mehr Selbstvertrauen im Umgang mit Pferden. Auch hier gilt aber die schon beim Thema Round-Pen ausgesprochene Warnung vor zu freier Arbeit mit aggressiven Pferden! Das Kräftemessen mit ranghohen Pferden kann leicht zu Ungunsten des Menschen ausgehen! Im harmlosesten Fall ist das peinlich, im schlimmsten lebensgefährlich!

Die klassische Reitkunst

All die beschriebenen, neu entwickelten Methoden zum Umgang mit Pferden werden von ihren Erfindern als einfach und für jeden nachvollziehbar geschildert. In der Praxis sieht es dagegen oft anders aus. Deshalb wollen wir zuletzt noch auf den altbewährten, aber unendlich schwierigen Weg der klassischen Reitkunst hinweisen. Wer sich die Mühe macht, die Bücher der alten Meister von Guérinière bis Spohr durchzuarbeiten, wird bald auch den Sätteln schwieriger Pferde gerecht werden. Freilich bedeutet das Beschäftigung mit langweiliger Lektüre, jahrelange Arbeit an den eigenen reiterlichen Fähigkeiten und viel Zeitaufwand bei der Pferdeausbildung.

Klassische Reitkunst wird leider nur selten gelehrt. Die entsprechenden Kurse sind oft auf Jahre ausgebucht. Falls Sie allerdings ein paar Jahre Reitpraxis haben, sollten Sie auch aus Büchern eine Menge lernen können. Viele nützliche Hinweise vor allem aus dem Werk Peter Spohrs sind in dieses Buch eingeflossen.

Was gehört zur Korrektur?

Qualifikation des Reiters oder der Reiterin

In Filmen und Büchern wird die Korrektur schwieriger Pferde stets als eine Frage von Liebe, Güte und Gewaltverzicht dargestellt. Meist sind es herzige Kinder, die das wilde Pony in kürzester Zeit zähmen – und nebenbei auch noch seinen grantigen Besitzer auf den Pfad der Tugend führen.

In Wirklichkeit läuft Korrektur leider nicht so ab. Die Arbeit mit Problempferden ist langwierig und schwierig, oft sogar gefährlich. Besonders Untugenden unter dem Sattel verlangen viel Erfahrung und fundierte Kenntnisse.

Theoretisches Grundwissen

Das Vorgehen bei der Korrektur von Problempferden sollte überlegt und gründlich geplant werden. Dazu ist ein gewisses Grundwissen über Pferdeverhalten und Pferdepsychologie notwendig. Auch anatomische Grundkenntnisse sollten vorhanden sein (siehe Kapitel „Die theoretischen Grundlagen"). Darüber hinaus ist es sinnvoll, sich über Ausrüstungsfragen gründlich kundig zu machen. So kann man zum Beispiel unterschiedliche Gebisse kaum sinnvoll einsetzen, ohne genau zu wissen, wie sie im Pferdemaul wirken. In konventionellen Reitställen wird das Wissen darüber leider nur unvollständig vermittelt. Selbst Reitlehrer glänzen mitunter durch Unkenntnis! Verlassen Sie sich also nicht auf das, was Ihnen irgend jemand sagt, sondern informieren Sie sich selbst.

Verschiedene Zäumungen, ihre Wirkung und ihr Einsatz bei der Korrektur

Im Reitsportgeschäft gibt es mittlerweile ein fast unübersehbares Angebot an unterschiedlichen Zäumungen. Mit Geduld und Einfühlungsvermögen kann jeder Reiter das Modell finden, das ihm und seinem Pferd am besten behagt. Nur sehr selten wird sich aber ausschließlich über den Wechsel des Gebisses eine Wandlung vom schwierigen zum einfach zu handhabenden Pferd vollziehen. Die Wirkung der Zäumung auf den Willen und die Fähigkeit des Pferdes zur Mitarbeit wird oft überschätzt.

Wozu dient die Zäumung?

Global gesehen ist das Gebiß oder die gebißlose Zäumung das Medium zur Übermittlung der Zügelhilfen des Reiters. Ihr Einsatz hilft beim Lenken des Pferdes und bei der Bestimmung des Tempos, indem er die Gewichts- und Schenkelhilfen unterstreicht. Wie viele Schaunummern zeigen, kann ein guter Reiter ein gut geschultes Pferd auch ohne Zäumung reiten. Andererseits hält kein noch so starker Reiter mit einer noch so scharfen Zäumung einen schweren Durchgänger.

Der Wechsel einer Zäumung aus Korrekturgründen darf deshalb nie aus der Überlegung „Nehmen wir ein schärferes Gebiß, dann kann ich ihn (oder sie) besser halten!“ resultieren.

Wie Zäumungen wirken

Im wesentlichen gibt es drei Gruppen von Zäumungen: die gebißlose Zäumung, die Trense und die Stange. Sie alle wirken unterschiedlich auf den Pferdekopf ein, und der Reiter sollte ihre Wirkung genau kennen, damit er die Handhabung der Zügel dem „Medium Zäumung“ anpassen kann.

Die gebißlose Zäumung ist - wenn man die sogenannte mechanische Hackamore einmal ausklammert - die „weichste“ Zäumung. Ihre bekanntesten Varianten sind das Bosal (oder Klassische Hackamore), das Side-Pull (Lindel) und das Vosal, eine vereinfachte Variante des Bosals. Sie alle wirken beim Annehmen des Zügeln auf das Nasenbein des Pferdes, Bosal und Vosal auch geringfügig auf die „Backen“.

1 Zunge, 2 Lade, 3 Kinn, 4 Genick

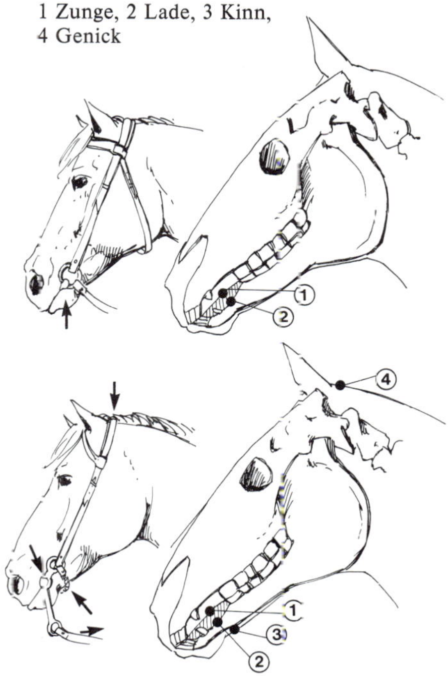

Oben: Die Wirkung der Trense im Pferdemaul
Unten: Die Einwirkung der Stange auf den Pferdekopf

Bosal - die klassische gebißlose Zäumung

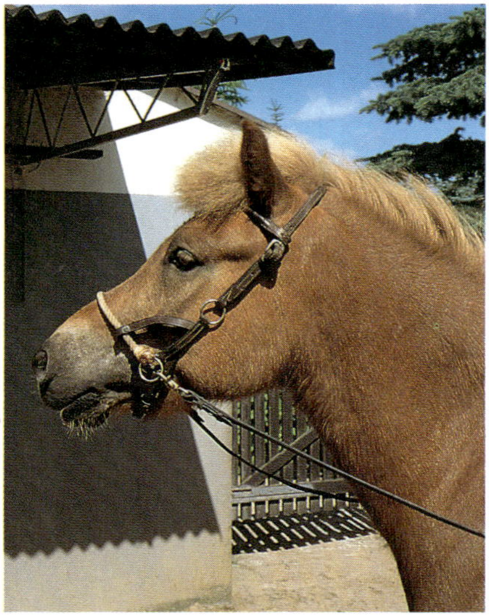

Side-Pull – gut geeignet zur Arbeit mit jungen Pferden

Die mechanische Hackamore ist keine pferdefreundliche Zäumung und absolut ungeeignet für die Korrektur

Ihre Vorteile haben gebißlose Zäumungen besonders beim Anreiten junger Pferde. Ihre Wirkung beruht auf der natürlichen Neigung des Pferdes, den Kopf zu senken, sobald Druck auf die Nase ausgeübt wird (beim Menschen besteht diese Tendenz übrigens auch!). Es fällt dem Pferd sehr leicht zu lernen, daß sanfter Nasendruck „Stop" bzw. „Langsamer werden!" signalisiert. Eine kurze „gebißlose Phase" erleichtert dem jungen Pferd den Einstieg in das Leben als Reitpferd. Auch bei einem Problempferd kann sie das Umlernen erleichtern, zum Beispiel bei Pferden, die mit wunden Maulwinkeln ankommen und Zäumungen bisher nur als Marterinstrumente kennengelernt haben. Der Einsatz der gebißlosen Zäumung muß hier aber gut überlegt und mit anderen vertrauensbildenden Maßnahmen (Bodenarbeit usw.) vorbereitet werden.

Die Nachteile gebißloser Zäumungen liegen in einer relativ unpräzisen Wirkung und der Begrenztheit der damit möglichen Anweisungen. Nachdem das Pferd über den ersten Ausbildungsgrad hinweg ist und Versammlung angestrebt wird, sollten sie durch eine Trense oder eine andere Ausbildungszäumung ersetzt werden.

Die sogenannte mechanische Hakkamore, die man im Springsport häufig sieht, gehört im übrigen nicht zu den empfehlenswerten Zäumungen. Sie wirkt unpräzise und unverhältnismäßig hart auf das Nasenbein des Pferdes und wird von verantwortungsbewußten Reitern gemieden.

Die Trense, also ein gebrochenes Mundstück ohne Anzüge, ist hierzulande die gebräuchlichste Zäumung. Meist hat man die einfach gebrochene Variante, pferdefreundlicher ist die doppelt gebrochene. Sie quetscht die Zunge des Pferdes nicht so stark zusammen, und die unangenehme „Nußknackerwirkung“ entfällt.

All das trifft jedoch nur zu, wenn die Trense genau da liegt und einwirkt, wo sie liegen soll, und das tut sie nur, sofern das Pferd den Kopf genau so hält, wie es ihn halten soll. Winkelt es nach Annehmen des Zügels nicht willig den Kopf an und streckt sich nach vorwärts-abwärts, sondern drückt gegen die Reiterhand

Verschiedene gebrochene Gebisse

und hebt den Kopf, dann wirkt die Trense nur noch auf die Maulwinkel – und erzielt damit genau den gegenteiligen Effekt: Das Pferd kommt nicht „an den Zügel“, sondern läuft mit erhobenem Kopf und weggedrücktem Rücken. Es kann sich dann den Zügelhilfen vollends entziehen und Richtung und Gangart selbst bestimmen.

Die meisten Reiter halten die

Alle Trensenvarianten wirken auf die Laden und die Zunge des Pferdes. Allgemein gilt die Zäumung als „weich“, da sie nicht mit Anzügen arbeitet. Das Pferd kann daran gut in Stellung geritten werden, die Wirkung der Trense ist präzise und variationsreich.

richtige Reaktion des Pferdes auf die Trense für naturgegeben. Tatsächlich muß das Tier sie jedoch erlernen! (Prüfen Sie einmal Ihre eigene Reaktion auf Druck in den Mundwinkeln! Wahrscheinlich werden auch Sie eher die Tendenz verspüren, den Kopf zu heben, statt ihn zu senken!) In den berühmten Kavallerieschulen gab es dazu bestimmte Übungen vom Boden aus, die man regelmäßig im Stall mit den Remonten durchführte. Auch wir können dem Jungpferd schon vor dem Reiten beibringen, auf sanften Trensendruck den Kopf zu senken und den Hals nach rechts und links zu biegen. Verzichtet man jedoch darauf, und ist man obendrein kein so guter Reiter, daß man dem Pferd mittels Gewichts- und Schenkelhilfen klarmachen kann, was von ihm gefordert wird, so zieht man „trensensaure" Pferde heran. Die Folge ist der Einsatz von Hilfszügeln wie Martingal oder Schlaufzügel, die das Pferd „künstlich" in Stellung bringen. Besser ist allerdings der Wechsel zu einem speziellen Trainingsgebiß (siehe unten!).

Stangengebisse kennt man hauptsächlich aus der Westernreiterei. In der konventionellen deutschen Reitweise sind sie nur in Form der Kandare gebräuchlich, bei der sie in Kombination mit einer Unterlegtrense eingesetzt werden.

Stangengebisse wirken über das Mundstück auf die Zunge und die Laden des Pferdes. Die Kinnkette wirkt – über die unteren Anzüge – auf das Kinn, die oberen Anzüge sorgen für Druck im Nacken. Schon ein leichtes Annehmen der Zügel bewirkt also viel Druck, weshalb die Stange auch nicht in unruhige Reiterhände gehört. Richtig eingesetzt hat sie aber unschätzbare Vorteile, denn der Druck im Nacken und in der Kinngrube bringt das Pferd leicht und ohne Kampf in Stellung. Der

In dieser Kopfhaltung ...

... kann das Pferd die Trense nicht annehmen

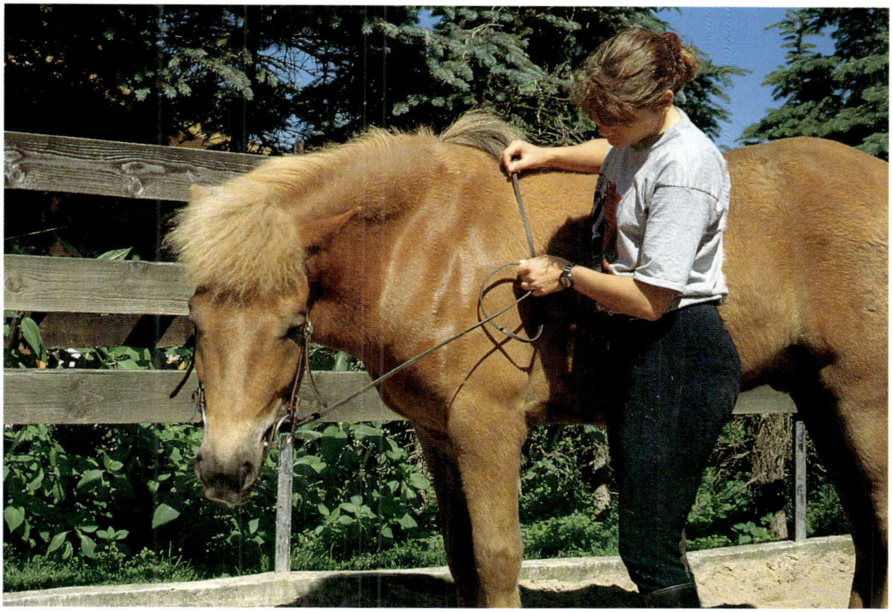

Die richtige Reaktion auf die Trense will erlernt werden

Reiter kann es dann mit leichtesten Zügelhilfen kontrollieren. Achten Sie beim Einsatz der Stange aber unbedingt auf eine korrekte Einstellung der Kinnkette. Zwischen Kette und Kinn müssen mindestens zwei Finger passen.

Der Einsatz von Zäumungen bei der Korrektur

Stangengebisse werden von guten Reitern so wenig wie möglich „angefaßt". Man reitet sie einhändig mit losen, höchstens leicht anstehenden Zügeln. Das Stangenpferd sollte schon auf kleinste Bewegungen der Hand bzw. leichteste Gewichtsverlagerung reagieren. Beim jungen Pferd und beim zu korrigierenden Pferd ist das natürlich noch nicht der Fall. Es benötigt deutlichere Zügelhilfen, um zu wissen, was es tun soll. Trotzdem gibt es eine Möglichkeit, sich die Vorteile der Stange bei der Korrektur nutzbar zu machen, indem man spezielle Trainingsgebisse verwendet. Achten Sie bei Ihrer Auswahl auf:

- ◆ bewegliche Seitenteile
- ◆ eher kurze Anzüge
- ◆ nicht zu hohe Zungenfreiheit.

Das bekannteste Korrekturgebiß ist das Tellington-Trainings-Gebiß, auch Half-Breed-Gebiß genannt. Es besteht aus einer Stange mit Kupferröllchen, die mit zwei Zügeln geritten wird. Der obere Zügel wirkt ähnlich wie der Trensenzügel, der untere betätigt die Anzüge. Der Reiter hält beide Zügel in der Hand und kann sie sehr flexibel einsetzen. Bedingung für den Einsatz dieses Gebisses ist natürlich eine ruhige und sichere Reiterhand und Erfahrung im zweizügeligen Reiten. Beim Einsatz in der Hand des noch nicht so sicheren Reiters und auch bei sehr kleinen Pferden mit kurzer Maulspalte sind die sehr langen Anzüge der Zäumung von Nachteil. Im Westernbedarf gibt es sie allerdings auch mit kürzeren Anzügen. Sie ist dann leider um ein Mehrfaches teurer als die Ausfertigung „von der Stange“, aber die Anschaffung lohnt sich!

Eine gute Alternative zur Trense ist oft auch das Pelham, eine glatte

Tellington-Trainings-Bit

Pelham

Stange mit kurzen Anzügen, die ebenfalls mit zwei Zügeln geritten wird. Sie ist in England auch zum Dressurreiten sehr verbreitet.

Einfacher zu handhaben ist das K+K-Trainingsgebiß. Es empfiehlt sich besonders, wenn ein Pferd sich an der Stange aufrollt, aber an der Trense pullt. Auch Pferde mit kleinem Unterkiefer und kurzer Maulspalte sprechen sehr gut darauf an.

Wann ist ein Gebißwechsel sinnvoll?

Jede Zäumung ist nur so hart oder so weich wie die Hand des Reiters am anderen Ende des Zügels. Gebisse können reiterliche Fehler niemals ausgleichen. So geht ein Pferd zum

Beispiel nicht besser „am Zügel“, nur weil man die Trense mit einer Stange vertauscht hat. Es nimmt zwar zunächst den Kopf herunter, und die Voraussetzungen, es an den Zügel zu reiten, werden besser. Sitzt der Reiter jedoch nicht richtig, gibt falsche Hilfen oder fällt dem Pferd ins Kreuz, so wird es bald anfangen, sich auch gegen die neue Zäumung zu wehren.

Sinnvoll ist ein Zäumungswechsel also nur, wenn er helfen kann, vorhandene Verhaltensmuster zu durchbrechen. So gibt es zum Beispiel Pferde, die an der Trense sofort den Kopf hochreißen, weil sie einen Schmerz erwarten, oder die von ihrem Vorbesitzer daran gewöhnt wurden, beim Annehmen der Trensenzügel auf überstarken Vorwärtsdrang „zu schalten“. Bei ihnen trägt die Erfahrung „neues Gebiß“ zur Veränderung dieses Verhaltens bei. Sie bewirkt aber sicher keine Wunderheilung, sondern muß mit anderen Korrekturmaßnahmen wie Bodenarbeit, möglicherweise Haltungswechsel usw. gekoppelt werden.

Ihr Sitz sollte gefestigt sein, bevor Sie mit Problempferden arbeiten

Reiterfahrung

Grundsätzlich brauchen Sie zur Schulung eines Problempferdes kein Rodeoreiter zu sein. Mit einer durchdachten Strategie zur Korrektur lassen sich gewöhnlich die gefährlichsten Situationen vermeiden. Trotzdem kommt in jeder Korrektur einmal der Moment, in dem das Pferd in alte Fehler zurückfällt. Bei starken Pferden wird irgendwann ein Machtkampf fällig – wobei sich das Pferd garantiert an früher erfolgreiche Strategien erinnert! Bei nervösen, ängstlichen

Pferden brechen alte Gewohnheiten meist in Streßsituationen wieder durch. Fallen Sie dann herunter, beginnen zu schreien oder dem Pferd unkontrolliert Schmerzen zuzufügen, so können Sie mit der Korrektur von vorn anfangen!

Wer mit Problempferden arbeiten will, sollte das Anfängerstadium also überwunden haben. Sie müssen Ihren Sitz und Ihre Hilfengebung unbedingt unter Kontrolle haben und fast instinktiv auf das Verhalten des Pferdes reagieren. Auch Ihre Gefühle und Ängste sollten Sie soweit wie möglich kontrollieren. Das Pferd bemerkt Panik und Unruhe sofort und wird diese Gefühle entweder ausnutzen oder spiegeln.

All das lernt man nicht in ein oder zwei Reitkursen, sondern nur im Laufe langjähriger Reiterfahrung auf vielen verschiedenen Pferden.

Je länger Sie mit Pferden umgehen, desto eher werden Sie auch ihre Reaktionen vorausahnen. Pferde sind nämlich keineswegs unberechenbare Geschöpfe. Die meisten ihrer Handlungen kündigen sich vorher an, und eine angemessene Reaktion darauf zählt mehr als ausgesprochene „Sattelfestigkeit“. Es ist oft (wenn auch nicht immer!) besser, einen Streit mit dem Pferd zu vermeiden, als ihn auszufechten.

„Feeling“

Das Pferd ist ein Kleber, hat aber in den letzten Monaten der Korrektur gelernt, kleine Ausritte ohne Widersetzlichkeiten durchzustehen. Heute zeigt ihm seine Reiterin einen neuen Weg, und bisher benimmt es sich vorbildlich. Dann ist jedoch eine Brücke zu überqueren. Die Reiterin merkt, wie sich Spannung in ihrem Pferd aufbaut. Beim Versuch, es über die Brücke zu zwingen, würde es sicher wieder versuchen zu steigen, umzudrehen und durchzugehen. Folglich steigt sie ab und führt es über die Brücke.

Dasselbe Pferd – ein Jahr später. Das Pferd hat längst gelernt, daß ihm auf Ausritten mit seiner Besitzerin keine Gefahr droht. Heute ist jedoch ein heißer Tag, und das Pferd hat schlechte Laune. Es leidet unter Fliegenbefall und wäre lieber daheim geblieben. Nach einem Kilometer trifft es auf eine kleine Baustelle und nutzt die Gelegenheit zum Scheuen. Obwohl es mit rotweißem Flatterband vertraut ist, widersetzt es sich und will nicht weitergehen. Seine Reiterin greift zur Gerte und treibt es energisch vorbei.

Zwei vergleichbare Situationen – zwei unterschiedliche, aber durchgehend richtige Reaktionen der Reiterin.

Man kann sich darüber streiten, ob das „Feeling“, die Fähigkeit zur intuitiv richtigen Einschätzung der Stimmung, Anspannung und zu erwartenden Reaktion von Pferden, beim Menschen Veranlagung ist oder nicht. Unzweifelhaft gibt es Leute, die es nie entwickeln – egal, wie lange sie mit Pferden umgehen –, und andere, bei denen es sich relativ bald einstellt. Niemand hat es jedoch von Anfang an. Der Anfänger hat viel zu viel zu tun mit seinem Sitz, der richtigen Handhabung von Zügeln, Halfter, Anbindestrick und Putzzeug, um sich auf die Stimmungen des Pferdes zu konzentrieren.

„Feeling“ ist auch ganz sicher keine reine „Psi-Technik“. Es beruht zu einem sehr großen Teil auf geschulter Beobachtung des Ohren- und Muskelspiels des Pferdes, seiner Körperhaltung, seinen

Ein guter Reiter hat es „im Gefühl“, ob sein Pferd scheuen wird oder nicht

Bewegungen, kurz des Gesamteindrucks von Aussehen und Verhalten des Tieres. All das hilft jedem erfahrenen, aufgeschlossenen Reiter, sich in ein Pferd hineinzuversetzen. Es ermöglicht ihm, sich auch auf fremden Pferden relativ schnell zurechtzufinden.

Im Idealfall kommt dann aber noch etwas anderes hinzu, nämlich die wissenschaftlich nicht so leicht erklärbare persönliche Affinität. Die meisten Reiter kennen Pferde, mit denen sie vom ersten Moment an gut auskommen, und andere, zu denen sie „keinen Draht“ finden. Letztere können sie zwar mechanisch reiten, werden aber nie wirklich „eins mit ihnen“. Niemand weiß, warum das so ist. Im Grunde handelt es sich um dasselbe Phänomen, das uns manche Menschen auf Anhieb lieben läßt, während wir anderen instinktiv Antipathie entgegenbringen.

Wer als Bereiter sein Geld verdienen will – ohne dabei ständig Zwangsmittel anwenden zu müssen – sollte zu möglichst vielen Pferden schnell Kontakt herstellen können. Gerade in dieser Fähigkeit liegt oft der Unterschied zwischen „guten“ und „schlechten“ Bereitern, und die häufig zu beobachtenden „Wunderheilungen“ sonst schwieriger Tiere durch charismatische Ausbilder gehen auf eine solche Begabung zurück.

Wenn man allerdings nur gelegentlich oder sogar nur einmal ein Problempferd unter seine Obhut nimmt, genügt es, diesem speziellen Tier besondere Affinität entgegenzubringen. Insbesondere bei Pferdekäufen aus Mitleid ist das im übrigen fast immer der Fall. Ansonsten hätte man nämlich nicht auf den „Hilferuf“ gerade dieses Pferdes reagiert . . .

Die Kunst, im richtigen Moment aufzuhören ...

Sie haben einem jungen Pferd etwas beigebracht, und es funktioniert wunderschön. Im Rausch des Erfolges lassen Sie es die Übung wieder und wieder zeigen. Bis es irgendwann keine Lust mehr hat und sie verweigert ...

Ihr Problempferd steigert sich in Aufregung, weil es nicht über einen Bach springen will. In seiner Erregung steht es nur noch auf den Hinterbeinen. Hören Sie jetzt auf und reiten nach Hause, oder setzen Sie sich durch?

Wer erfolgreich mit Pferden umgehen will, muß wissen, wann es Zeit ist, Schluß zu machen oder zumindest Pausen einzuschieben. Das klingt einfach, ist aber sehr viel schwerer zu erlernen als zum Beispiel der feste Sitz im Sattel.

Besonders für durchsetzungsfähige, selbstbewußte Reiter - und dazu gehören die meisten fähigen Ausbilder - ist es schwierig, eine Sache zu verschieben. Wenn etwas nicht klappt, sehen sie es schnell als Niederlage an, sind unzufrieden mit sich und dem Pferd und neigen dazu, die Übung auf Biegen und Brechen durchzuziehen. Dabei hat der gute Ausbilder meist im Gefühl, wann es genug ist. Er muß nur lernen, auf sein „Feeling“ zu hören und den Ehrgeiz hintenanzustellen. Diese Entwicklung muß jeder für sich allein vollziehen, und ein Buch kann dabei nur begrenzt Hilfe leisten. Hier aber ein paar **Tips,** mit deren Hilfe Sie Ihr Problem im Griff behalten können.

◆ **Gehen Sie schwierige Aufgaben nicht spontan an, sondern machen Sie einen Plan.** Zum Beispiel: „Falls das Pferd heute gut läuft, versuche ich den Graben. Ich reite einmal an. Klappt es dann nicht, probiere ich es Sonntag in der Gruppe noch mal.“

◆ **Teilen Sie die Übung in Teilaufgaben auf, deren Erledigung Sie für sich als Erfolg abbuchen können.** Bei der Grabenaufgabe zum Beispiel: 1. Er tritt ans Ufer, ohne zurückzuschrekken. 2. Er beschnuppert das Wasser oder trinkt aus dem Graben. 3. Er springt den Graben an der Hand usw.

◆ **Setzen Sie sich klare Übungsgrenzen.** Etwa: „Ich galoppiere auf jeder Hand zweimal an. Nicht öfter!“

◆ **Arbeiten Sie nie unter Druck!** Zum Beispiel bringen Sie Ihrem Pferd nichts Neues bei, wenn Zuschauer dabei sind. Probieren Sie komplizierte Aufgaben nicht in Zeitnot.

Wählen Sie neue Hindernisse im Gelände, wie etwa den Graben aus dem Beispiel, danach aus, ob Sie sie auch umgehen können. Dann verlieren Sie keine Zeit und ärgern sich nicht, falls es beim ersten Mal gar nicht klappt.

◆ **Machen Sie sich die Wichtigkeit richtigen Handelns klar, und seien Sie stolz darauf.** Sagen Sie nicht: „Mein blödes Pferd ist heute nicht über den Graben gesprungen“, sondern: „Ich habe die Grabenübung auf Sonntag verschoben, weil ich es zu dieser Zeit der Korrektur nicht für richtig halte, mich mit meinem Pferd zu streiten.“

Auch beim Umgang mit Pferden hat das Sprichwort „Der Klügere gibt nach!“ oft seine Berechtigung. Und der Klügere sollte doch eigentlich der Mensch sein ...

Selbstbewußtsein, Selbstsicherheit

Kennen Sie die Theorie von den „hilflosen Helfern“? Grob umrissen besagt sie, daß viele Menschen nur deshalb Berufe wie Pädagoge, Psychologe oder Sozialarbeiter wählen, weil sie hoffen, die entsprechende Ausbildung würde ihnen bei der Lösung eigener Probleme helfen.

Mitunter kann man damit auch den Kauf und den Umgang mit Problempferden erklären. Menschen kaufen heruntergekommene Pferde, weil sie sich Dankbarkeit erhoffen. Das verdorbene, dann aber korrigierte Pferd, soll ihr „Freund“ werden, die Arbeit mit dem Problempferd soll ihnen helfen, „zu sich selbst zu finden“, andere Menschen sollen sie bewundern, weil sie einem bedauernswerten Tier Zeit und Geld widmen.

Meistens kommt dabei aber nicht viel heraus. Die selbsternannten „Helfer“ sind sehr schnell enttäuscht von den „undankbaren“ Tieren, die allen Aufwendungen zum Trotz bei ihrem Fehlverhalten bleiben.

Wer erfolgreich mit Problempferden umgehen will, sollte psychisch so gefestigt wie möglich sein. Er oder sie sollte zum Beispiel Angst- und Wutreaktionen weitgehend unter Kontrolle haben. Das bedeutet natürlich nicht, diese Gefühle nicht zu verspüren. Sie dürfen den Umgang mit dem Pferd nur nicht grundlegend bestimmen.

Wer ein Problempferd korrigieren will, muß sich ihm freundlich, aber selbstbewußt nähern – schließlich geht es nicht um das Aushandeln von Kompromissen, sondern um das möglichst vollständige Ausmerzen von Verhaltensstörungen. Pferde brauchen einen ranghöheren Partner und Reiter. Ansonsten fühlen sie sich nicht sicher in seiner Gesellschaft und werden ihren Ängsten oder ihren Launen nachgeben. Problempferde sind praktisch immer Pferde, die einmal oder mehrmals von Menschen grundlegend verunsichert worden sind. Das macht sie nicht zu besseren „Freunden“ als normal erzogene Tiere, und „Dankbarkeit“ im Sinne menschlicher Moralbegriffe empfinden sie sowieso nicht. Erwarten Sie also keine Gefühlsausbrüche von Ihrem Problempferd. Statt dessen ist es Ihre Aufgabe, ihm entgegenzukommen, und es wird größte Ansprüche an Ihre Nerven und Ihre Geduld stellen!

Liebe zum Pferd

Wer Pferde wirklich gern hat, hält Angst- und Wutreaktionen besser unter Kontrolle

Korrektur von Problempferden geht nicht immer ohne Härte ab. Mitunter kommt es zum Kampf zwischen Pferd und Reiter, der Adrenalinspiegel steigt, und man neigt dazu, die Beherrschung zu verlieren. Urplötzlich findet man sich dann in der Rolle des „Brutalos" wieder, der den Kampf mit dem Pferd und den Einsatz von Zwangsmitteln genießt.

So ganz gefeit ist niemand vor diesem Abgleiten in unbeherrschtes Verhalten. Es tritt jedoch sehr viel seltener auf und wird nie zum Normalfall, wenn man Pferde wirklich gern hat.

Grundsätzliche Voraussetzung für erfolgreiche Arbeit mit verhaltensgestörten Pferden ist also, sie zu lieben. Man muß ihnen Sympathie entgegenbringen, ohne dafür große „Gegenleistungen" zu erwarten. Nur aus der Liebe zu den Tieren erwächst letztlich die nötige Geduld und der Skrupel vor dem Einsatz von Zwangsmitteln. Ständige Reflexion des eigenen Verhaltens und die Fähigkeit zur Selbstkritik sind Grundlagen jeder erfolgreichen und möglichst gewaltfreien Korrektur.

Äußere Bedingungen

Die Korrektur eines Problempferdes verlangt möglichst ideale Haltungs- und Arbeitsbedingungen. Kein noch so guter und erfahrener Bereiter kann ein Pferd am Rand einer Bundesstraße zurechtreiten, und die liebevollste Pflege und beste Reiterei nutzen gar nichts, wenn das Pferd allein in einer engen Box steht und viel zuwenig Bewegung hat. Fast immer sind auch kompetente Helfer notwendig.

Artgerechte Haltung

Pferde sind erstens Herden-, zweitens Lauftiere. Um sich wohlzufühlen, benötigen sie dringend Gesellschaft und Bewegung an frischer Luft. Fehlt das, werden sie neurotisch. Bei vielen problematischen Pferden ist folglich schon die halbe Korrektur vollzogen, sobald man sie von der Reitstallbox in einen Offenstall umstellt und ihnen ein anderes Pferd zur Gesellschaft beigibt. Am besten nimmt man dazu ein selbstbewußtes, aber wohlerzogenes Tier, von dem das Problempferd lernen kann.

Möglicherweise zeigt das Problempferd aber auch im Umgang mit anderen Pferden Verhaltensstörungen. Seinen Besitzern kommt das oft sehr gelegen, denn mit der Begründung „Er verträgt sich nicht mit anderen . . ." läßt sich die Forderung nach Haltungsänderung bequem abschmettern. Verhaltensstörungen kann man aber nur abbauen, indem man sie ganzheitlich angeht. Nur wenn das Pferd in artgerechter Haltung und im Umgang mit anderen zu seelischer Ausgeglichenheit findet, wird es auch unter dem Reiter umgänglicher.

Bringen Sie das unverträgliche Pferd also zunächst in einen Auslauf in Sichtweite von Artgenossen. Nachdem es sein Bewegungsbedürfnis gestillt hat, wird es ihnen vielleicht aufgeschlossener gegenüberstehen. Dann probieren Sie es nach und nach mit verschiedenen Gesellschaftspferden – und brechen den Versuch nicht direkt ab, sobald der erste Quietscher ertönt! Mehrmaliger kurzer Schlagabtausch in den ersten Tagen einer Pferdefreundschaft ist völlig normal! Gänzlich ungefährlich wird es, wenn Sie den Pferden vor der Zusammenführung die Hintereisen abnehmen lassen.

Der Umgang mit Artgenossen hilft beim Abbau von Verhaltensstörungen

Meist klappt die Beziehung zwischen Wallach und Stute besser als zwischen gleichgeschlechtlichen Tieren. Wallache untereinander vertragen sich besser als reine Stutenherden. Shetlandponys sind oft zunächst geduldete, später heißgeliebte Partner.

Natürlich ist eine völlige Haltungsumstellung für den Besitzer des Pferdes kompliziert. Sie bedeutet Stallwechsel, mit ziemlicher Sicherheit Mehrarbeit und meist Verzicht auf kleine Annehmlichkeiten wie die Reithalle und das Reiterstübchen in unmittelbarer Stallnähe. Dafür bringt sie Reiter und Pferd jedoch näher. Während man sich zum Klönen, zum Ausmisten oder Sattelputzen in der Offenstallanlage aufhält, kann man das Pferd in Freiheit und im Umgang mit anderen Pferden beobachten. Das Pferd kann sich nähern oder wegbleiben: Die ständige „Verfügbarkeit" des Boxpferdes weicht der Selbstbestimmung.

Reitgelände und Reitplatz

Leider gibt es nur selten Offenstallplätze in unmittelbarer Nähe einer Reithalle oder eines Reitplatzes. Nichtsdestotrotz findet sich fast in jeder Haltungsanlage die Möglichkeit, eingezäunte Wiesen gelegentlich als Reitplätze zu nutzen oder sich irgendwo einen Longierplatz abzustecken. Fragen Sie danach, bevor Sie mit Ihrem Problempferd einziehen, denn besonders bei Schwierigkeiten unter dem Reiter sollte die Möglichkeit bestehen, es in eingezäunten Bereichen zu arbeiten.

Auch das Reitgelände sollten Sie einer kritischen Prüfung unterziehen. Stark befahrene Straßen zwischen der Haltungsanlage und dem nächsten Reitweg sollten zum Beispiel nicht sein, denn auf Widersetzlichkeiten des Pfer-

Abgegrenzte Arbeitsplätze müssen sein - auch wenn es sich um behelfsmäßige Lösungen handelt

des mitten im Verkehr können Sie unmöglich adäquat reagieren. Zudem wäre es äußerst gefährlich, wenn Ihr Pferd Sie im Gelände wirklich einmal abwirft und dann nach Hause läuft!

Kompetente Helfer

Korrektur im Alleingang - das funktioniert nur im Film! In Wirklichkeit brauchen Sie bei fast jedem Problempferd die Hilfe ruhiger, kompetenter Helfer oder Helferinnen. Besprechen Sie vor der Aktion genau, was Sie wollen und worauf das Ganze hinauslaufen soll. Die Helfer sollten dabei bereit sein, sich Ihren Entscheidungen unterzuordnen. „Im Ernstfall“ kann nur einer bestimmen!

Wählen Sie Helfer/innen, auf die Sie sich verlassen können!

Ruhige Umgebung

Störende Außenreize sollten bei der Arbeit mit Ihrem Problemperd soweit wie möglich ausgeschaltet werden. Bemühen Sie sich also, Zuschauer fernzuhalten, und schaffen Sie sich spielende Kinder und besorgte Familienangehörige vom Leib! Vielleicht finden Sie diese Anweisung komisch, weil Sie nie auf den Gedanken gekommen wären, Ihr Kind auf dem Reitplatz spielen zu lassen, aber besonders im Freizeitreiterbereich sind die Pferde oft „Familiensache“. Man hält sie am Haus, und der ganze Clan will zusehen, wenn etwas mit ihnen gemacht wird. Das ist besonders lästig und gefährlich, wenn es um Arbeit außerhalb umzäunter Plätze geht. Da steht zum Beispiel der Hänger, in den man ein Problempferd führen soll, zwischen den Spielgeräten des gelangweilten Nachwuchses und dem Mercedes des zugehörigen Großvaters. Schaffen Sie sich in solchen Fällen Platz und Ruhe, bevor Sie das Pferd holen! Ansonsten wird sich Ihre Nervosität und mangelnde Konzentration auf das Tier übertragen.

Übrigens sollten Sie auch andere Pferde nicht bei der Arbeit mit Ihrem Problempferd zusehen lassen. Pferde lernen vom Verhalten ihrer Artgenossen und könnten sich folglich etwas „abgukken“.

Reitausrüstung und mechanische Hilfsmittel

Voraussetzung für jede erfolgreiche Korrektur – wie auch für jedes normale, ordentliche Reiten – sind ein passender Sattel, ein richtig angepaßtes Kopfstück und eine Zäumung, die Reiter und Pferd genehm ist.

Die weiteren Hilfsmittel variieren je nach der Verhaltensstörung. **Folgendes wird aber fast immer benötigt:**

◆ **Stabile Halfter und Anbindestricke**
Mitunter wird ein Problempferd seine Kraft gegen Sie einsetzen, auch wenn Sie noch so sehr versuchen, gewaltfrei zu arbeiten. Es darf damit auf keinen Fall Erfolg haben – eine Anweisung, die leichter geschrieben als realisiert ist, denn natürlich können Sie immer mal einen Strick loslassen oder vom Pferd fallen. Am Material sollten solche Pannen aber auf keinen Fall liegen! Sorgen Sie also für solide Nylon- oder Lederhalfter und griffige Stricke. Zu dicke Stricke liegen oft nicht gut in der Hand, und daraus geknüpfte Knoten lösen sich

Solche Halfter sind sicher

schnell. Das ist auch bei manchen glatten Nylonstricken der Fall. Sehr empfehlenswert sind mitteldicke Baumwollstricke.

◆ **Lange, stabile und griffige Stricke (TT.E.A.M.-Stricke)**

Bei der TT.E.A.M.-Arbeit benutzt man zwei jeweils sieben Meter lange, an einem Ende mit einem Karabinerhaken

TT.E.A.M.-Stricke sind in vielen Situationen brauchbar

versehene Baumwollstricke für Longierübungen und Übungen zum Fahren vom Boden. Sie haben sich bei jeder Arbeit mit Problempferden bewährt (zum Beispiel beim Verladen, bei der Bodenarbeit, als Anbindehilfe). Mit Stricken und Haken aus dem Bootsbedarf lassen sie sich leicht selbst herstellen.

◆ **Führkette (eventuell zwei)**

Besonders bei eher unsensiblen Pferden ist die Führkette ein unverzichtbares Hilfsmittel. Äußerst aggressive Tiere werden im Rahmen der TT.E.A.M.-Methode auch zwischen zwei Ketten gearbeitet. Achten Sie beim Kauf Ihrer Führkette unbedingt auf Qualität! Billigketten sind zu kurz und liegen schlecht in der Hand. Grundsätzlich sollten Sie gleich nach dem Kauf den Führstrick an

Korrekte Verschnallung der Führkette

der Kette mit einem Knoten am Ende versehen oder Lederhandschuhe benützen! Dann kann er Ihnen nicht so leicht aus der Hand rutschen.

◆ **Lange Gerte mit Knauf**
Bei der Bodenarbeit vergrößert die Gerte den Einflußbereich Ihrer Hand. Sie können das Pferd damit am ganzen Körper berühren und ihm nach vorwärts und seitwärts Grenzen setzen.

Es gibt weiße Spezialgerten für die TT.E.A.M.-Arbeit, die von den Pferden angeblich besser gesehen werden. Sie liegen bei der Bodenarbeit besonders gut in der Hand, beim Reiten weniger. Ihre Anschaffung lohnt sich eigentlich nur, wenn Sie häufig damit arbeiten. Ansonsten tut es auch eine gute Dressurgerte aus dem Reitsportgeschäft. Modelle mit Knauf rutschen nicht so leicht durch die Hand.

Die lange Gerte wirkt als Verlängerung Ihrer Hand

◆ **Stangen für die Bodenarbeit**
Sechs bis acht stabile Hindernisstangen sollten für die Bodenarbeit vorhanden sein. Sie müssen nicht bunt gestrichen werden.

Grundregel für die Auswahl geeigneter Ausrüstungsgegenstände ist Stabilität und einfache Handhabung: also griffige Zügel und Stricke, große Karabinerhaken, leicht zu betätigende Schnallen an Halftern und Zäumungen. Alles das braucht seinen festen Platz im Stall, damit Sie es bei Bedarf nicht erst suchen müssen.

Wenn Sie allein nicht weiterkommen – Hilfe durch professionelle Bereiter?

Die Korrektur von Problempferden ist eine schwierige und langwierige Angelegenheit. Irgendwann steht dabei jeder an einem Punkt, an dem es (scheinbar)

nicht weitergeht. Man wünscht sich dann professionelle Hilfe und denkt daran, einen Bereiter einzuschalten. Hier deshalb einige Informationen zum Thema Beritt, aus der Sicht von Kunde und Bereiterin oder Bereiter.

Wer bereitet?

Pferde gegen Geld in Beritt nehmen darf hierzulande jeder, denn die Berufsbezeichnung Bereiter ist nicht geschützt. Sie können also an einen Könner mit langjähriger Erfahrung geraten, aber auch an jemanden, dem es nur ums Geldverdienen geht. Oft bereiten Leuten, die mit mehr oder weniger schönen Methoden ein paar Turnierschleifen errungen haben und jetzt Profit aus dem Respekt der Szene ziehen. Besonders im Bereich der „exotischen Pferderassen" haben manche selbsternannten „Experten" nie eine Reitschule von innen gesehen.

Informieren Sie sich auf jeden Fall genau über den Mann oder die Frau, dem oder der Sie Ihr Pferd anvertrauen. Dazu fragen Sie zunächst nach seinen oder ihren Qualifikationen - möglichst solchen, die man schwarz auf weiß sehen kann. Institutionen wie das FS-Testzentrum in Reken oder die TT.E.A.M.-Organisation bilden in verschiedenen Kursen Lehrer und Bereiter aus. Wenn jemand behauptet, er oder sie arbeite nach diesen Methoden, so fragen Sie nach Kursteilnahmen. Sie werden überrascht sein, wie viele „Bereiter" zum Beispiel in Sachen TT.E.A.M. nur einen Informationstag bei Linda Tellington-Jones vorzuweisen haben!

Publikationen in Fachzeitschriften können ein weiteres Kriterium sein. Natürlich schreibt nicht jeder Bereiter, aber falls er gut ist, hat möglicherweise jemand über ihn geschrieben!

Auch Turniererfolge auf vielen verschiedenen Pferden können etwas aussagen. Auf jeden Fall lassen sie auf mehrjährige Reiterfahrung schließen. Nicht jeder erfolgreiche Reiter ist aber ein guter Reiter. Lassen Sie sich von Siegen nicht blenden, sondern sehen Sie sich die Alltagsarbeit des Bereiters an.

Am besten besuchen Sie ihn - angemeldet! - und bitten ihn, Sie durch seinen Stall zu führen. Fragen Sie, wie es mit der artgerechten Haltung aussieht und wo Ihr Pferd untergebracht werden soll. Bewegungsmöglichkeit auch außerhalb der „Arbeitsphasen" ist dabei besonders wichtig, denn meist wird das Pferd nur eine halbe Stunde am Tag geritten. Beim Rundgang durch den Stall werden Sie mit etwas Menschen- und Pferdekenntnis einiges über das Verhältnis des Bereiters zu den ihm anvertrauten Pferden herausfinden. Sie werden sehen, ob die Tiere sich ihm zuwenden oder eher desinteressiert oder gar ängstlich wirken, ob er freundlich mit ihnen und von ihnen spricht, wie er sie anfaßt und vieles mehr.

Bitten Sie den Bereiter oder die Bereiterin, einen Nachmittag lang bei der Arbeit zusehen zu dürfen. Normalerweise sollte dem nichts entgegenstehen. Sie dürfen allerdings nicht erwarten, besonders komplizierte Pferde gezeigt zu bekommen. Kein Bereiter wird potentiellen Kunden eine Auseinandersetzung mit einem Berittpferd vorführen. Aber auch ohne Einblick in die härteren Aspekte seiner oder ihrer Tätigkeit müßten Sie einen Eindruck davon bekommen, wie dieser Bereiter mit Pferden umgeht.

Zwangsmethoden

Wenn Sie Ihr Problempferd zum Bereiter geben, nehmen Sie den Einsatz auch härterer Korrekturmethoden in Kauf. Einige davon sind in unseren Erläuterungen zur Korrektur enthalten, aber es gibt auch andere, die noch darüber hinausgehen.

Ein seriöser Bereiter wird sie nur im Ausnahmefall und nach Absprache mit dem Pferdebesitzer anwenden. Das ist schon deshalb wichtig, weil damit meist erhöhte Unfallgefahr für das Pferd verbunden ist. Prahlen sollte er nicht mit seiner Kenntnis von Zwangsmaßnahmen, aber auch ein ständiges Beteuern der absoluten Gewaltlosigkeit ist verdächtig.

Bei Zwangsmaßnahmen zusehen lassen wird Sie garantiert kein Bereiter. Das hat auch sehr vernünftige Gründe – letztlich dieselben, aus denen heraus Tierkliniken Sie nicht bei Operationen zuschauen lassen! Der Bereiter und seine Helfer haben bei der Auseinandersetzung mit dem schwierigen Pferd alle Hände voll zu tun und benötigen ihre ganze Konzentration. Nervöse Zuschauer sind das letzte, was sie gebrauchen können.

Geben Sie Ihr Pferd also nur zu einem Bereiter oder einer Bereiterin, zu dem oder zu der Sie Vertrauen haben. Lassen Sie ruhig Ihre Intuition mitentscheiden, und beauftragen Sie jemanden, der Ihnen auch menschlich sympathisch ist.

Die Kostenfrage

Beritt ist teuer – wobei selbsternannte Bereiter oft genausoviel nehmen wie renommierte Ställe. Wenn der Bereiter seriös arbeitet und wirklich regelmäßig auf Ihr Pferd steigt, so sind die hohen Preise gerechtfertigt. Schließlich wird Ihr Pferd nicht nur gut versorgt und qualifiziert gearbeitet, sondern der Bereiter geht – gerade beim Umgang mit Problempferden – auch nicht unerhebliche Risiken ein. Es gibt allerdings einige schwarze Schafe, die ihre Berittpferde nur sehr selten unter den Sattel nehmen. Entweder überlassen sie sie Hilfskräften, oder sie reiten einfach gar nicht. Besuchen Sie den Bereiter also gelegentlich, und sehen Sie bei der Arbeit mit Ihrem Pferd zu. Falls er das nicht will, ist Vorsicht geboten. Besprechen Sie auch schon im Vorfeld des Beritts, wie lange das Pferd voraussichtlich bleiben wird und was das Ganze kosten soll. Seriöse Bereiter können da meist verhältnismäßig genaue Angaben machen. Vorsicht, falls sich kurz vor Ende der vereinbarten Zeit die Horrormeldungen häufen und der Bereiter Ihnen ständig erzählt, wen das Pferd wieder gebissen oder geschlagen hat! Wahrscheinlich will er Ihnen Angst machen, damit Sie Ihr Pferd noch etwas dalassen. Unter Umständen hat er auch einen Interessenten für Ihr Pferd gefunden und möchte es Ihnen nun billig abkaufen und teuer weitergeben. Seien Sie in solchen Fällen sehr skeptisch!

Umgang mit Bereitern

Viele Bereiter zeigen sich ihren Kunden gegenüber ziemlich arrogant. Sie nehmen die Besitzer ihrer Berittpferde nicht sonderlich ernst und lassen sie das auch spüren. Dieses Verhalten ist natürlich unhöflich, erklärt sich aber mitunter aus längeren Erfahrungen mit schwierigen

Kunden. Viele Pferdebesitzer haben ein sehr ambivalentes Verhältnis zur Arbeit des Bereiters. Einerseits wünschen sie sich, ein unproblematisches Pferd zurückzuerhalten, andererseits verletzt es sie, wenn jemand anderes etwas schafft, woran sie gescheitert sind. Jede Information über das Vorgehen des Bereiters bei der Korrektur quittieren sie folglich mit Bemerkungen wie „Haben wir auch schon versucht, bringt gar nichts!" Relativ häufig bitten sie den Bereiter, ihr Pferd auszuprobieren, ohne ihn vorher genau über dessen Probleme zu informieren. Nach dem Rodeo heißt es dann: „Wir wollten bloß mal sehen, ob er das bei Ihnen auch macht!"

Solche Dinge sind sehr komisch, solange man nicht derjenige ist, der im Sand liegt und damit gleich den ersten Streit mit dem Problempferd verloren hat! Haben Sie also Verständnis für die mit Nachdruck vorgebrachte Bitte des Bereiters, das Pferd zunächst vorzureiten. Falls Sie sich das nicht zutrauen, erläutern Sie ihm genau, warum, und erzählen Sie nichts von vergessenen Reitstiefeln!

Gewöhnlich wird der Bereiter dann viele Fragen zur Vorgeschichte des Pferdes stellen. Je mehr er über die Probleme des Tieres weiß, desto besser. Geben Sie also ehrlich Auskunft. Einem guten Bereiter bleiben Ihre eventuellen Fehler bei Aufzucht und Anreiten des Pferdes ohnehin nicht verborgen. Der Umgang mit dem Pferd verrät sie ihm bald.

Fragen Sie den Bereiter im Verlauf des Gesprächs nach seinem ersten Eindruck von Ihrem Pferd und seiner geplanten Vorgehensweise. Vielleicht wird er nicht minutiös darüber Auskunft geben, aber doch ungefähr. Erzählen Sie auch etwas von sich, Ihren reiterlichen Vorerfahrungen, wie es zum Kauf des Problempferdes kam und was Sie von seiner Arbeit erhoffen. Seien Sie nicht beleidigt, wenn er Ihnen zu verstehen gibt, Sie hätten sich mit dem Pferd vielleicht etwas übernommen. Das spricht für seine Ehrlichkeit.

Nie ohne Reitkurs nach dem Beritt!

Der Bereiter arbeitet das Pferd nicht für sich, sondern für Sie! Letztlich ist die Korrektur also nur vollzogen, wenn Sie selbst wieder Freude daran finden, es zu reiten. Das setzt voraus, daß der Bereiter Sie ausführlich darin einweist, was das Pferd bei ihm gelernt hat.

Nehmen Sie sich dafür unbedingt viel Zeit, und sparen Sie nicht an den Kosten für die Reitstunden. Falls der Bereiter Ihnen Hinweise dazu gibt, wie das Pferd in Zukunft geritten werden soll, zum Beispiel vorerst kein Geländegalopp beim eben korrigierten Durchgänger, so halten Sie sich genau daran. Manchmal bedeutet das natürlich, alte Gewohnheiten aufzugeben und auf manches Vergnügen zu verzichten. Wollen Sie das nicht, so sollten Sie sich ernstlich überlegen, sich von dem Pferd zu trennen, solange es noch von der Korrektur profitiert. Es ist viel schwerer, ein Pferd zu verkaufen, das wieder in alte Gewohnheiten zurückgefallen ist.

Wie erfolgreich ist Korrektur?

Das kleine Mädchen träumt Tag und Nacht von einem Pferd. Dann beobachtet es eines Tages im Wald, wie ein großer Schimmel seinen Reiter abwirft. Es fängt das Pferd ein, verliebt sich spontan in das Tier und setzt Himmel und Hölle in Bewegung, um den „unheilbaren" Durchgänger und Buckler vor dem Schlachter zu bewahren. Sein enormer Einsatz für das Pferd imponiert einem alten Kavalleristen. Er übernimmt die Ausbildung der beiden, dank gegenseitiger Liebe klappt die Korrektur wie von selbst, und der Schimmel entpuppt sich als hochbegabtes Springpferd. Zwei Jahre später sind das Mädchen und das Pferd in der Olympia-Auswahlmannschaft . . .

Schöne Geschichte, nicht wahr? Nur leider erfunden. Ebenso wie all die anderen, ähnlichen Stories, die Jugendbücher füllen, Fernsehfilme rührend machen und gelegentlich in der Regenbogenpresse auftauchen. Kein Pferdenarr wächst ohne solche Geschichten auf, und sie prägen unsere gesamten Vorstellungen von Problempferden und ihrer Korrektur.

Praktisch alle Käufer eines Problempferdes hoffen auf „Wunderheilungen" der oben geschilderten Sorte. Sie sehen den hervorragenden Bau des Pferdes, seine eleganten Bewegungen oder seine besondere Springbegabung und gehen davon aus, daß es ihnen das nach der Korrektur unbeschränkt nutzbar machen wird.

Wahr werden solche Träume jedoch selten. Bevor ein gut veranlagtes Pferd als „Problempferd" billig den Besitzer wechselt, haben sich mit Sicherheit schon einige Leute daran die Zähne ausgebissen. Gut, vielleicht haben die es alle nicht richtig angefangen, aber garantiert liegt der Sache sehr viel mehr zugrunde als eine kleine, leicht korrigierbare Störung. Das Pferd dürfte unter schweren Verhaltensstörungen leiden, wahrscheinlich ist es von vornherein oder im Zuge falscher „Korrekturmaßnahmen" mißhandelt worden. Da sich Probleme selten „aus der Luft heraus" entwickeln, müssen Sie zudem mit Aufzuchtschäden rechnen. Gesundheitliche Probleme kommen fast immer dazu, denn Pferde neigen genauso zu psychosomatischen Krankheiten wie Menschen. Selbst wenn Sie jetzt alles richtig machen, wird die Korrektur wahrscheinlich nur in eingeschränktem Maße Erfolg haben.

So wird der eingefleischte Kleber sicher lernen, sich vom Heimatstall problemlos zu entfernen oder dort allein zurückzubleiben. Ob er allerdings genügend Sicherheit erwerben wird, sich auf eine Turnieraufgabe zu konzentrieren, während ein anderes Pferd aus seinem Stall am Hänger wartet, oder ob er bei einem Distanzritt kilometerweit allein und gelassen durch fremdes Gelände traben wird, ist mehr als zweifelhaft.

Ist Ihr Problempferd für eine Reitsportdisziplin besonders veranlagt, so wurde es mit ziemlicher Sicherheit schon als ganz junges Tier auf Turnieren

Wunderheilungen sind selten, aber im Laufe der Zeit können auch schwierige Pferde zu guten Freizeitpartnern werden

gestartet und hat dabei schlechte Erfahrungen gemacht. Daran wird es sich auch nach erfolgter Korrektur erinnern und auf dem Turnierplatz schnell in schon überwunden geglaubte Verhaltensstörungen zurückfallen. Ihrer Plazierung ist das garantiert nicht zuträglich!

Trotz alledem kann man mit einem korrigierten Problempferd eine Menge Spaß haben. Den größten Raum im gemeinsamen Leben nimmt schließlich das alltägliche Reiten ein und nicht die Teilnahme an Wettbewerben. Mitunter entdeckt man dabei auch eine ganz neue Begabung bei seinem Pferd. Die kleine Stute, die wir in „Der Kauf aus Mitleid" vorgestellt haben, wurde zum Beispiel ein recht erfolgreiches Distanzpferd. Da sie bei den entsprechenden Wettbewerben zusammen mit einem Stallgefährten starten konnte, fiel ihre Neigung zum Kleben nicht ins Gewicht, und ihr unermüdlicher Vorwärtsdrang machte die Ritte zu einem großen Vergnügen. „Sauergesprungene" Springpferde und „ovalbahngeschädigte" Gangpferde finden mitunter neue Arbeitsanreize beim Westernreiten. Hypernervösen Geschöpfen kann die ruhige, stetige Bewegung beim Wanderreiten guttun.

Wichtig bei der Korrektur ist immer, sich nicht im Vorfeld festzulegen. Das Ziel sind nicht die Europameisterschaften, sondern die harmonische Partnerschaft mit einem gesunden, lebensfrohen und arbeitsfreudigen Pferd. Sie kommen ihm näher, indem Sie lernen, sich über jeden kleinen Fortschritt zu freuen!

Die theoretischen Grundlagen jeder Korrektur

Pferdepsychologie

Grundkenntnisse der Verhaltenslehre

Ein Ausflug in die Entwicklungsgeschichte

Alle Pferderassen, die wir kennen, gehen auf das Urpferdchen Eohippus zurück, das vor etwa 60 Millionen Jahren lebte. Im Laufe der Zeit wandelte es sich vom mehrzehigen Wald- und Buschbewohner zum Steppenbewohner und Grasfresser.

In der Eiszeit entstanden dann, neueren Forschungen zufolge, verschiedene Pferdetypen. Je nach Klimazonen und Landschaftsstrukturen unterschieden sie sich in Verhalten und Erscheinungsbild, und einige ihrer Eigenheiten finden sich auch noch in heutigen Pferderassen wieder.

So brachte der Norden eher schwerfällige, dafür genügsame und ruhige Pferde hervor. Ihre bevorzugten Gangarten waren Schritt und Trab. Neben Fluchtbereitschaft war besonders beim Tundrenpony auch eine Neigung zum Tarnverhalten festzustellen. Die Tiere paßten sich durch ihre Fellfarbe gut an ihre Umgebung an und waren bei Verharren in Unbeweglichkeit für ihre Feinde nicht leicht zu erspähen.

In südlichen Gegenden entwickelten sich das größere Ramskopfpferd und der Urvollblüter. Beide waren schneller als die nördlichen Ponys, eher galopp- und springveranlagt und zeigten deutlichere Fluchtinstinkte. Das Ramskopfpferd neigte im Verteidigungsfall auch schnell zu aggressiven Reaktionen.

Heute begegnen uns die Nachkommen der nordischen Urponys in den beliebten robusten Freizeitpferden wie Isländern, Fjordpferden und Shetlandponys, das Ramskopfpferd lebt in Rassen wie Andalusier und Berber fort, und auf den Urvollblüter geht vor allem der Araber zurück. Die meisten der heutigen Pferderassen kamen allerdings durch Kreuzungen dieser Urtypen zustande. Das brachte mitunter sehr schöne und auch charakterlich brauchbare Pferde zustande. Andererseits besteht, besonders bei der Zucht mit sehr unterschiedlichen Pferden, immer die Gefahr der Multiplikation von Exterieurschwächen. Auch erweisen sich verschiedene Charaktere oft buchstäblich als „unvereinbar". Natürlich selektierte der Mensch diese züchterischen Fehlschläge, und bei alten Pferderassen sind folglich die schwersten Probleme ausgemerzt. Nichtsdestotrotz finden sich zum Beispiel bei Warmblütern, also Pferden, an deren Entstehung sehr viele unterschiedliche Pferdetypen mitgewirkt haben, immer noch keine homogenen Ver-

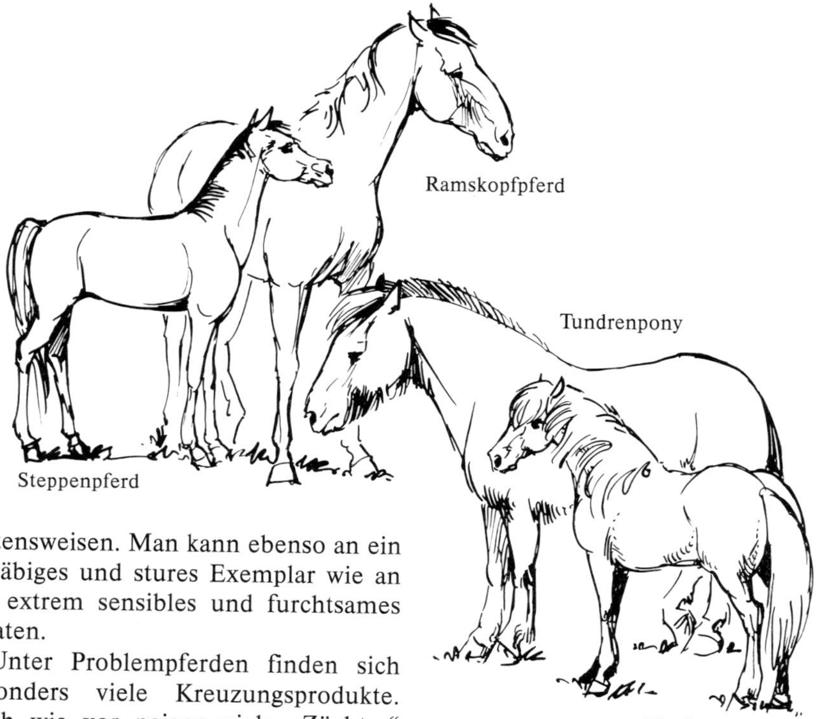

haltensweisen. Man kann ebenso an ein behäbiges und stures Exemplar wie an ein extrem sensibles und furchtsames geraten.

Unter Problempferden finden sich besonders viele Kreuzungsprodukte. Nach wie vor neigen viele „Züchter" dazu, ihre schwere Pony- oder Warmblutstute zwecks „Veredelung" zu einem Araber oder Englischen Vollblüter zu stellen und wundern sich dann über ein charakterlich schwieriges Fohlen.

Pferdeverhalten

Alle Pferde sind Bewegungstiere, auch wenn nicht jedes einzelne zu stundenlangen Galoppaden rund um die Weide neigt. Langsame, regelmäßige Vorwärtsbewegung beim Grasen ist wichtig für gesunde Verdauung, Training des Bewegungsapparates und vor allem ausgeglichene Stimmung.

Zudem haben Pferde ein ausgeprägtes Bedürfnis nach Unterhaltung. Sie interessieren sich für alles, was im Stall und auf der Weide vorgeht, untersuchen fremde Gegenstände mit Hingabe und lieben vor allem den Blick in die Weite. Als Herdentiere sind sie außerordentlich gesellig. In freier Wildbahn leben sie in Gruppen von mindestens zwei oder vier Tieren.

Die Beziehungen der Herdenmitglieder zueinander sind sehr eng. Sie befriedigen sowohl praktische Bedürfnisse (Sicherheit, gegenseitige Fellpflege) als auch emotionale. Pferde können Sympathie und Antipathie füreinander empfinden. Sie vermissen vorübergehend abwesende Herdenmitglieder und trauern längere Zeit über ihren Verlust. Ortswechsel sind ihnen suspekt, und ein neu

Pferde sind Bewegungstiere

gekauftes Pferd braucht viel Zeit zur Eingewöhnung.

Es bedeutet keine „Vermenschlichung", sich diese Dinge klarzumachen. Viele Schwierigkeiten mit Pferden resultieren aus ihrer Behandlung wie Sportgeräte. Da werden Pferde aus dem Ausland importiert – und eine Woche später im Turnier eingesetzt. Pferde werden verliehen, „mal eben" umgestellt, heute neben diesem und morgen neben dem nächsten Boxnachbarn untergebracht.

Statt dessen brauchen Pferde Kontinuität – auch Wildpferde neigen dazu, jeweils die gleichen Wege und Orte zu denselben Zeiten aufzusuchen. Sie benötigen direkten Kontakt zu Artgenossen und feste Beziehungen innerhalb einer Gruppe. Gerade beim Umgang mit Problempferden kann man sich diese natürlichen Bedürfnisse des Pferdes oft zunutze machen. Die Gesellschaft ruhiger, wohlerzogener Pferde erspart viel Korrekturarbeit.

Obwohl Pferdegruppen einander sehr verbunden sind, besteht nur geringe Tendenz zur Teamarbeit. Zwar soll schon Zusammenarbeit zweier Pferde zum Beispiel beim Öffnen eines Zaunes beobachtet worden sein, aber mit Abläufen wie etwa der gemeinsamen Jagd eines Wolfsrudels oder mehrerer Löwin-

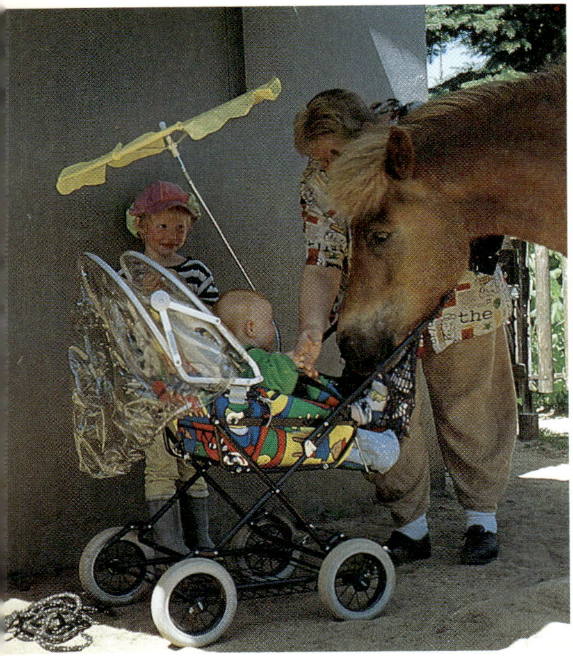

Wenn die Neugier junger Pferde gestillt wird, neigen sie später weniger zum Scheuen

nen ist sie nicht vergleichbar. Das Pferdeverhalten spiegelt hier die natürliche Umwelt: Die Steppe bot genug Futter und Wasser für alle, lediglich Schutz im Sinne von „Alarmbereitschaft" mußte organisiert und gemeinsame Flucht initiiert werden.

Auch zwischen Reiter und Pferd herrscht nur in geringem Maße „Teamarbeit" im menschlichen Sinne. Im wesentlichen wird ihre Zusammenarbeit von Rangordnungsprinzipien bestimmt.

Werden die Grundbedürfnisse des Pferdes nach Bewegung, Unterhaltung und Gesellschaft nicht befriedigt, so stellen sich körperliche und seelische Störungen ein. Tagelanges Stehen in einer Box fördert Kolikerkrankungen, jahrelanger Bewegungsmangel trägt zur Entstehung degenerativer Krankheiten des Bewegungsapparates bei, Mangel an frischer Luft schädigt die Atmungsorgane.

Im psychischen Bereich begünstigen Langeweile und Einsamkeit innere Unruhe, worauf das Pferd ganz ähnlich reagiert wie ein von ähnlichen Unlustgefühlen geplagter Mensch: Es wird reizbar, zeigt Nervosität und Ersatzhandlungen (zum Beispiel Koppen [siehe Seite 87] und Weben [siehe Seite 87]). Manche einsamen und gelangweilten Pferde neigen aber auch zur Depression, werden träge und fressen zuviel. Psychische Störungen bei Pferden sind damit durchaus der Neurose beim Menschen vergleichbar. Auch hier reagieren verschiedene Typen mit der Entwicklung unterschiedlicher Symptome.

Rangordnung

In einer Pferdeherde bestimmt eine strenge Rangordnung, wer den Ton angibt. Besonders in neu zusammengestellten Herden kann man beobachten, wie starke Pferde um eine leitende Stellung in der Gruppe kämpfen und schwache Tiere mit rüden Methoden vertreiben. Rangordnung darf man sich jedoch nicht als Ausdruck von Machtbedürfnis und Quälsucht vorstellen. Menschen sehen oft nur ihre negativen Aspekte und schimpfen auf das „grausame" ranghohe Tier, das ein rangniedriges Tier von der Tränke oder einer extra guten Futterstelle vertreibt. In der freien Wildbahn diente das Verhalten der ranghohen Tiere aber dem allgemeinen Schutz, auch und gerade dem der Schwachen. Wer auf

Wanderungen oder zur Tränke vorausging, trug immer das größere Risiko!

Steht die Rangordnung in einer Pferdeherde fest, so kommt es im übrigen nur noch sehr selten zu Rangeleien. In einer länger beieinanderstehenden Pferdegruppe sind Aggressionen kaum noch zu beobachten.

Auch das Verhältnis zwischen Reiter und Pferd muß von einer Rangordnung bestimmt werden. Der Reiter sollte darin grundsätzlich die leitende Stellung einnehmen. Er bestimmt Tempo und Weg, geht beim Führen voraus und darf strafen, falls das Pferd nach ihm beißt

Rechts: Bei der Arbeit mit Pferden muß der Mensch der „Chef“ sein

Unten: Das Verhältnis von Pferden untereinander wird von der Rangordnung bestimmt

oder schlägt. Das alles berechtigt ihn aber nicht zu unnötiger Grausamkeit. Wenn die Rangordnung einmal steht und das Pferd sich daran hält, so kann und sollte er es freundlich und verständnisvoll behandeln. Die oft gehörte Behauptung, ein Pferdebesitzer „vergebe sich etwas", indem er zum Beispiel auf das rangniedrigere Pferd zugeht, es streichelt oder krault, ist Unsinn. In feststehenden Pferdeherden fordern die Pferde einander ohne Rücksicht auf die Rangordnung zur sozialen Fellpflege auf. Persönliche Sympathie ist hier viel bestimmender als Rangordnung.

Rassetypische Verhaltensweisen

Die oben geschilderten Bedürfnisse und Verhaltensweisen sind allen Pferderassen zu eigen. In mancher Hinsicht differieren ihre Ausprägung und ihre Erscheinungsform aber von Rasse zu Rasse. Daraus ergibt sich u. a. die Eignung verschiedener Pferde für verschiedene reitsportliche Disziplinen. Außerdem hat es Einfluß auf die Interaktion zwischen Reiter und Pferd.

Robustpferde, also die Nachkommen nordischer Ponys, zeichnen sich im allgemeinen durch Gelassenheit und Friedfertigkeit im Umgang aus. Ihr Bewegungsbedürfnis ist selten besonders hoch, ihre Handlungen berechenbar und eher langsam. Diese Eigenheiten machen sie zu besonders guten Reitpferden für Anfänger und Kinder, denn sie nehmen gröbere Hilfen nicht allzuschnell übel. Soweit sie artgerecht gehalten werden, ist es auch nicht nötig, sie täglich zu reiten, um ihr Temperament in Grenzen zu halten. Das alles hat jedoch nicht nur positive Aspekte. So sind diese Pferde zum Beispiel selten besonders reaktionsschnell. Blitzartige Wendungen auf leichteste Hilfen sind ihnen kaum zu entlocken, und bei regelmäßigem Reiteinsatz werden sie bald unwillig und lassen sich treiben.

Was den Charakter angeht, so sind Robuste meist freundlich und gelassen, aber selten besonders anhänglich. Solange sie artgerecht gehalten werden, ist ihnen Menschenkontakt gleichgültig, oft sogar lästig.

Die meisten Ponys sind klug, aber ihre Lernfähigkeit wird, besonders, wenn sie in Kinderhand sind, von ihren Reitern nur ungenügend gefordert. Darauf, wie auch auf unsachgemäße oder schlechte Behandlung, reagieren sie mit der Entwicklung pfiffiger Strategien. Ein Pferd, das Reiter gezielt abbuckelt,

Die meisten Robusten sind nervenstark und friedlich

nachdem es sie die erste Viertelstunde des Ausritts „willig“ getragen hat, das sich unter dem Reiter hinlegt, sich unterwegs mit geschickten Bewegungen das Halfter auszieht oder ähnliches, ist fast immer ein Pony. Gequälte Ponys reagieren oft auch aggressiv. Das trifft besonders auf Shetlandponys, seltener auf größere Robustpferde zu.

Probleme mit Robustpferden oder schwereren Warmblütern resultieren meist aus mangelnder Menschenbezogenheit, mangelndem Respekt vor dem Besitzer und Arbeitsunlust. Stätigkeit, Umdrehen im Gelände, Kleben und Rückwärtsgehen als Ausdruck von Widersetzlichkeit sind die typischen Probleme. Ihre Korrektur verlangt Selbstsicherheit und mitunter auch Härte von seiten des Reiters.

Vollblütige Pferde bestechen oft durch ihren Ausdruck und ihr großes Bewegungsbedürfnis. Sie sind reaktionsschnelle, eifrige Reitpferde, gut geeignet zum Beispiel für Westernriding oder für Distanzritte. Ihr Fluchtinstinkt ist wesentlich ausgeprägter als der der Robustpferde – woraus resultiert, daß sie schon beim kleinsten Anlaß zum Scheuen neigen. Vollblüter brauchen geduldige Reiter mit viel Zeit, denn sie sind ausgesprochen kontaktbedürftig und menschenbezogen. Auf falsche Behandlung reagieren sie mit Hypersensibilität und Neigung zu Fluchtreaktionen. Infolge nicht artgerechter Haltung zeigen sie Übererregbarkeit und beginnen schnell mit Stalluntugenden wie Koppen und Weben. Bei vollblütigen Problempferden resultieren die Schwierigkeiten meist aus Panikreaktionen (Zurückzerren beim Anbinden, Scheuen, Durchgehen). Der Ablauf daran gekoppelter Verhaltensmuster ist mit immer neuer Erregung verbunden. Das macht ihre Korrektur gefährlich für Pferd und Mensch.

Viele Schwierigkeiten resultieren aus mangelnder Überlegung vor dem Pferdekauf. Kaum ein Reiter macht sich klar, welche rassetypischen Bedürfnisse und Verhaltensweisen sein Traumpferd hat oder haben sollte. Typisches Beispiel dafür sind die vielen, meist sehr schwierigen Araber in Reitstallboxen. Sie wurden gekauft, weil ihre Besitzer die Rasse so schön fanden. Über ihren richtigen Einsatz, der die Eigenschaften dieser Pferde berücksichtigt, und ihr gesteigertes Laufbedürfnis hat sich niemand Gedanken gemacht. Bis zu einem gewissen Grad trifft das auch auf Warmblutpferde mit hohem Vollblutanteil zu.

Mit diesem Kapitel wollten wir natürlich nicht ausdrücken, daß alle Robustpferde faul sind, während alle Vollblüter scheuen. Selbstverständlich gibt es übersensible Norweger und Haflinger, während so mancher Halbaraber nur mühsam vom Fleck zu bringen ist. Es erschien uns aber wichtig, auf bestimmte Tendenzen im Verhalten verschiedener Pferdetypen hinzuweisen, schon um Illusionen bei den Käufern von Problem- und anderen Pferden vorzubeugen. Natürlich kann ein guter Reiter auch ein Robustpferd erstklassig western ausbilden und vorstellen – aber mit einem Quarter Horse oder Araber hätte er es leichter. Andererseits wird nicht jeder, der seinen Isländer bisher problemlos einmal in der Woche zum Ausritt holte, ebensoleicht mit einem sensibleren Pferd wie vielleicht einem Peruvian Paso fertig. Mit ein wenig Pech produziert er bei dem diesbezüglichen Versuch ein Problempferd . . .

Wahrnehmung

Pferde beobachten ihre Umwelt mit wachen Sinnen. Ihre Wahrnehmung ist anders und meist schärfer als die des Menschen.

Sehen

Die Augen des Pferdes liegen seitlich an seinem Kopf, nicht frontal wie beim Menschen. Das Pferd hat dadurch fast Rundumsicht, aber es sieht nicht mit beiden Augen dasselbe Bild, und es sieht nur einen geringen Bereich seines Sichtfeldes scharf. Für das wildlebende Pferd war das auch nicht sehr wichtig. Schließlich diente der Gesichtssinn ja hauptsächlich dazu, es vor anschleichenden Raubtieren zu warnen. Dazu genügt es, ihre Bewegung wahrzunehmen, und genau darauf ist das Pferdeauge eingestellt. Ein Pferd bemerkt Bewegung auch dann noch, wenn sie sich schräg hinter ihm abspielt. Besonders hochblütige Pferde nehmen sich dann selten die Zeit, den Kopf zu wenden und ihre Ursachen zu erforschen. Statt dessen folgen sie ihrer Natur und suchen ihr Heil zunächst in der Flucht.

Direkt hinter dem Pferd liegt ein „Toter Winkel“. Hier sieht es nichts und neigt so zum Erschrecken, wenn man daraus plötzlich in sein Gesichtsfeld tritt oder es gar berührt.

Pferdeaugen sind sehr lichtempfindlich. Es empfiehlt sich also, seinem Pferd zu vertrauen, sofern es sich zum Beispiel bei einem Ritt im Dunkeln weigert, weiterzugehen. Es erkennt Abgründe oder Hindernisse viel sicherer als sein Reiter.

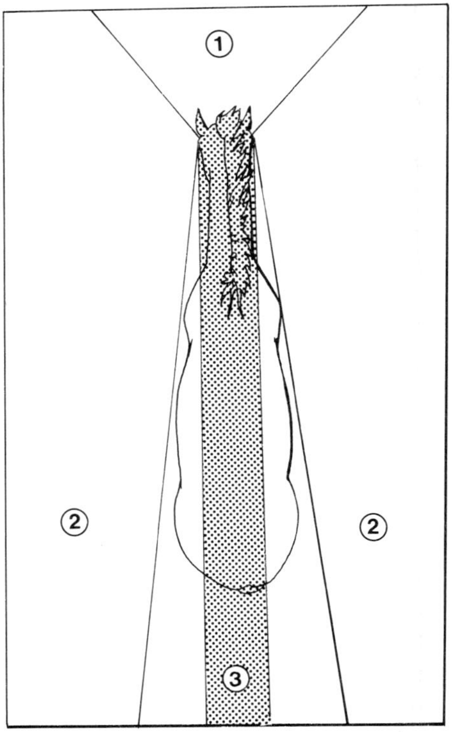

Das Gesichtsfeld des Pferdes
1 Mit beiden Augen überschaubarer Bereich
2 Mit je einem Auge überschaubarer Bereich
3 Toter Winkel

Gehör

Pferde hören sehr viel feinere Töne als der Mensch und nehmen sie auch über weitere Entfernungen wahr. Durch ihre große Beweglichkeit wirken Pferdeohren wie Richtmikrofone. Das Pferd kann sie auf bestimmte Geräusche einstellen und nimmt diese dann deutlicher wahr als andere Töne in seiner Umwelt.

Ein aufmerksames Pferd zeigt beim Reiten ein lebhaftes Ohrenspiel und horcht immer mal wieder darauf, was sein Reiter ihm zu sagen hat. Die menschliche Stimme kann es beruhigen, aufmuntern - aber auch verletzen und abstumpfen. Ein Pferd empfindet An-

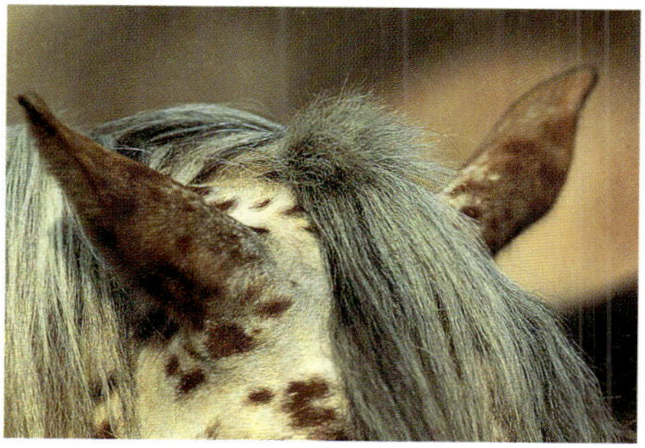

Pferdeohren wirken wie Richtmikrofone

schreien als Strafe. Der schrille Ton tut ihm weh. Laute Töne im Umgang mit Pferden sollten deshalb die Ausnahme sein. Wer sein Pferd ständig anschreit, mißhandelt es.

Natürlich bestehen bezüglich des Gehörs auch individuelle Unterschiede - sowohl anerzogene als auch angeborene. Manche Pferde haben ein von Natur aus überempfindliches Gehör und neigen zum Scheuen vor lauten Geräuschen. Das wird durch die Haltung in dunklen, muffigen Ställen gefördert, denn die weitgehende Ausschaltung des Gesichtssinns bewirkt eine stärkere Konzentration auf akustische Reize.

Wächst ein Pferd in einer Haltungsanlage auf, in der viel Lärm herrscht - beispielsweise weil Kinder darin spielen, ständig das Radio läuft und die Pflegerin bei jeder Gelegenheit mit schriller Stimme schimpft - so stumpft der Gehörsinn ab. Solche Pferde sind dann schwerer auf Stimmkommandos abzurichten.

Geschmacks- und Geruchssinn

Der Geruchssinn spielt beim Sozialverhalten der Pferde eine große Rolle. Beim

Der Geruchssinn spielt beim Erkennen anderer Pferde eine wichtige Rolle

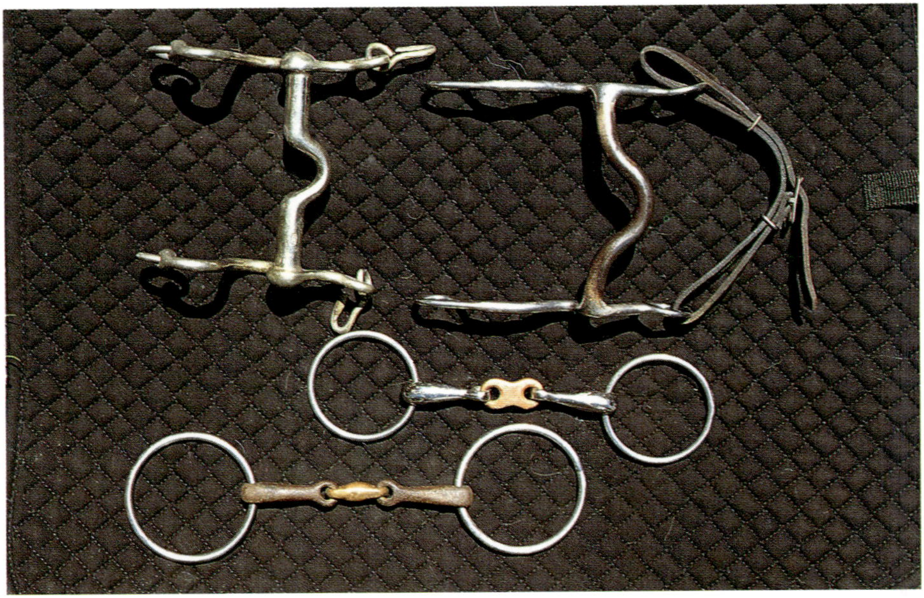

Gebisse aus verschiedenen Metallegierungen regen die Kautätigkeit an

Aufeinandertreffen beriechen sie sich zunächst und finden so heraus, ob es sich bei ihrem Gegenüber um Hengst, Stute oder Wallach handelt. Das schnobernde Pferd erfährt, ob die Stute vielleicht rossig ist - ein erfahrener Hengst erkennt sogar genau den Zeitpunkt des Eisprungs. Zwecks Erforschung einer neuen Umgebung beschnuppert das Pferd den Boden, wobei eventuell noch vorhandene Kothaufen anderer Pferde besonders interessant sind. Natürlich werden auch Futter und Wasser einer solchen Geruchsprüfung unterzogen.

Auch den Menschen möchte ein Pferd beriechen. Es prägt sich unseren Duft genauso ein wie unsere Stimme. Möglicherweise helfen ihm unsere je nach Gefühlslage schwankenden Ausdünstungen sogar bei der Erfassung von Stimmungen und Ängsten seines Reiters und Pflegers.

Der Geschmackssinn des Pferdes ist sehr fein - soweit er nicht vom Menschen verdorben wird. Reichliche Zukkergaben und Futtermittel mit Geschmacksverstärker können nicht nur Karies verursachen, sondern machen das Pferd unempfindlich für Geschmacksreize.

Besonders Robustpferde sind, was den Geschmackssinn angeht, noch sehr instinktsicher. Sie meiden Giftpflanzen mit größerer Wahrscheinlichkeit als hochblütige Pferde - aber darauf darf man sich natürlich nicht verlassen!

Beim Reiten und besonders bei der Korrektur von Problempferden nutzt man den Geschmackssinn des Pferdes, indem man ihm Gebisse aus Kupfer oder anderen Metallegierungen gibt. Wenn ihm das schmeckt, wird das Einlegen des Gebisses positiv besetzt. Außerdem fördert der gute Geschmack die Kautätigkeit, die Ohrspeicheldrüse wird zur Arbeit angeregt, das Pferd entspannt sich und kommt besser an den Zügel.

Tastsinn

Das Pferd ertastet unbekannte Gegenstände mit Hilfe der Tasthaare im Oberlippenbereich. Neben dem Geruchssinn helfen sie ihm dabei, sich „ein Bild" davon zu machen, was man ihm da hinhält oder woran man es vorbeiführen will. Es ist also sinnvoll, ein Pferd dazu zu ermutigen, furchteinflößende Gegenstände zu berühren. Die Tasthaare dürfen auf keinen Fall aus zweifelhaften Schönheitserwägungen abgeschoren werden. Das gilt auch für die Haare in den Pferdeohren.

Die Tasthaare helfen dem Pferd, sich zu orientieren

Besonders hochblütige Pferde sind sehr hautempfindlich. Das Pferd bemerkt selbst winzigste Reize, wie etwa die Landung einer Fliege auf seinem Fell.

Fast alle reiterlichen Hilfen arbeiten mit Berührungsreizen. Das Pferd fühlt, ob der Schenkel angelegt oder das Gewicht verlagert wurde. Es ist überaus wichtig, das Pferd nicht gegenüber leichten Hilfen abzustumpfen. Leider geschieht genau das immer wieder: Hilfen werden unpräzise gegeben, das Pferd reagiert anders, als der Reiter erwartet hat. Der Reiter bestraft die vermeintliche Widersetzlichkeit. Falls sich das in jeder Reitstunde wiederholt, entschließt sich das Tier früher oder später, das Gehampel auf seinem Rücken einfach nicht mehr zur Kenntnis zu nehmen.

Erhält man ein solches Pferd zur Korrektur, so muß mit viel Überlegung und Vorsicht die Bereitschaft, auf Hilfen zu reagieren, wieder aufgebaut werden. Oft bedient man sich dazu zunächst anderer Hilfen, zum Beispiel visuell wahrnehmbare Signale (Körpersprache) und Stimmhilfen, damit das Pferd sich dem Menschen überhaupt wieder zuwendet.

Der „sechste Sinn"

Es gibt mannigfaltige Beweise für außersinnliche Wahrnehmungen (ASW) bei Pferden.

Der englische Bereiter Blake hat viele davon ausführlich beschrieben und sie mit Hilfe komplizierter Versuchsanordnungen erforscht. Es dürfte demnach sicher sein, daß Pferde zumindest empathisch sind, also Gefühle und Stimmungen empfangen und übermitteln können. Auch Beweise für Telepathie zwischen Pferd und Pferd und Pferd und Mensch legt Blake vor. ASW ist allerdings – bei Pferden ebenso wie bei Menschen - eine äußerst subjektive Angelegenheit. Es funktioniert nicht zwischen beliebigen Partnern, sondern ist meist eine Frage von persönlicher Affinität, augenblicklicher geistiger und körperlicher Verfassung und vieler anderer Faktoren. Man kann den Einsatz von ASW auch nur in begrenztem Maße erlernen - entweder man hat's, oder man hat's nicht.

Trotzdem sollte man sich immer über die Existenz von ASW im klaren sein, denn sie kann bei jedem Umgang mit Pferden mitspielen. Ein Pferd spürt zum Beispiel die Furcht seines Menschen - auch wenn es nicht immer begreift, daß es selbst die Angstquelle ist! Es bemerkt mangelnde Konzentration des Reiters. Depression - aber auch Mut und Zuversicht - können sich übertragen. Wer mit Problempferden arbeitet, sollte deshalb darauf achten, sich nicht auf Experimente einzulassen, wenn er mißgestimmt oder in Eile ist. Mentales Training - also ein vorheriges geistiges Durchspielen der für den jeweiligen Tag geplanten Arbeit mit dem Pferd und eine positive Einstimmung darauf - ist eine Grundvoraussetzung für erfolgreiche Arbeit.

Wichtig ist auch, jede Arbeit mit dem Pferd mit einem Erfolgserlebnis enden zu lassen. Möglichst mit einem für Pferd und Reiter. Das Pferd spürt nämlich genau, ob sein Reiter mit ihm zufrieden war oder nicht.

Kommunikation

Die Kommunikation von Pferd zu Pferd vollzieht sich überwiegend über körpersprachliche Signale. Ein Pferd macht ein „Drohgesicht“, das andere weicht aus.

Das „Drohgesicht“

Ein Pferd geht vor, das andere folgt. Lautsprache, also Verständigung durch Wiehern, hat einen sehr viel geringeren Stellenwert. Wiehern dient praktisch nur dem Heranrufen eines sich entfernenden Artgenossen.

Auch der Reiter sollte sich beim Umgang mit dem Pferd zunächst der Körpersprache bedienen. Viele Probleme beruhen auf der Vorstellung, das Pferd müsse auf Signale aus der Menschensprache reagieren. Dabei ist es für alle viel einfacher, wenn der intelligentere Partner die Sprache des anderen erlernt. Besonders wer mit Problempferden arbeitet, sollte sich die Mühe machen, sich zum Beispiel mit der TT.E.A.M.-Methode zur Verständigung mit Pferden näher zu befassen (Literaturhinweise im Anhang).

Um einfacher miteinander umgehen zu können, und das Pferd nicht nur vom Boden, sondern auch vom Sattel aus gewaltlos und sicher zu beherrschen, kann man es nebenbei leicht an Stimmkommandos gewöhnen. Dabei ist es aber wichtig, klare Kommandos konsequent zu benutzen – ein Pferd kann nicht heute auf „Halt“ und morgen auf „Whoa“ reagieren!

Die üblichen Mittel zur Verständigung zwischen Reiter und Pferd sind die vom Sattel aus gegebenen Kreuz-, Schenkel-, Gewichts- und Zügelhilfen. Sie nutzen zum Teil natürliche Reflexe aus, zum Beispiel die Neigung des Pferdes, sich immer unter den Schwerpunkt des Reiters zu begeben, um ihn bequem tragen zu können. Andere müssen jedoch erlernt werden, so etwa die korrekte Reaktion auf Galopphilfen. Wichtig ist auch hier, die Hilfen exakt und an genau den richtigen Stellen zu geben (siehe Kapitel „Anatomie und Muskelmechanik“).

Oft wird für den Umgang des Reiters mit dem Pferd das Wort „Beherrschen“ gebraucht. Es sollte jedoch nicht im Sinne von „Unterjochen“ gemeint sein, sondern mehr im Sinne des Beherrschens eines kostbaren Instrumentes. Wie ein Pianist wissen muß, welche Tasten er zu drücken hat, damit die Melodie entsteht, so muß auch der Reiter wissen, wie er welche Reaktion auslöst. Und genau wie beim Klavierspieler ist es letztlich das Gefühl für die letzten Feinheiten, das den Künstler vom technischen Perfektionisten unterscheidet.

Sind Pferde intelligent?

Pferde sind unzweifelhaft fähig zu lernen. Sie können sich erinnern, generalisieren und einfache Wenn-Dann-Beziehungen erkennen. Zwar nutzen die meisten reiterliche Hilfen – sofern sie korrekt gegeben werden – Reflexe des Pferdes aus, aber die Arbeit eines Reitpferdes kann auf keinen Fall nur als Anhäufung instinktmäßiger Handlungen gesehen werden. Erst recht lassen sich die verschiedenen Tricks, die kluge Pferde entwickeln, um zum Beispiel an Futter zu kommen oder ihre Haltungs-

Aufmerksamkeit und Intelligenz eines Pferdes kann man fördern

anlage zu verlassen, nicht auf diese Art erklären. Es gibt keinen Instinkt, der Tieren gebietet, Sicherungen zu lösen, um Stangen beiseite schieben zu können oder gar einen Schlüssel umzudrehen und danach die Türklinke zur Futterkammer herunterzudrücken. Pferde lernen so etwas durch Versuch und Irrtum, aber auch durch Nachahmung. Wie bei allen anderen Wesen ist die Neigung dazu, seinen Verstand zur Lösung von Problemen einzusetzen, individuell sehr verschieden. Die Intelligenz von Reitpferden kann gefördert werden, indem man sich schon mit Fohlen viel beschäftigt und sie durch Boden- und Körperarbeit dazu anregt „mitzudenken".

Boden- und Körperarbeit regt Pferde dazu an, „mitzudenken"

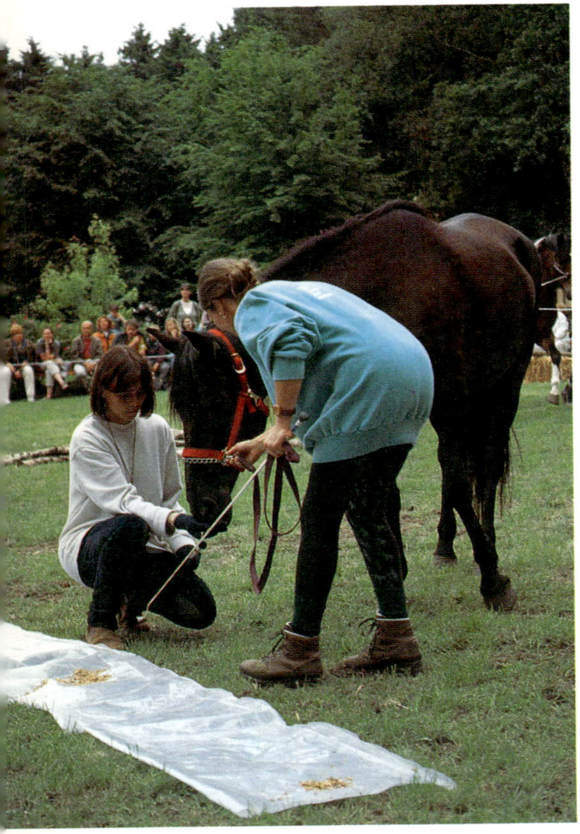

Können Pferde denken?

Für Menschen ist denken mit Sprache gekoppelt. Überlegungen laufen meist verbal ab, also etwa in der Form von „Ich könnte dies oder das noch besorgen". Mitunter erscheint dabei vor dem inneren Auge auch noch ein Bild des erwünschten Gegenstandes, oder, so es ein Nahrungsmittel ist, hat man dessen Geschmack auf der Zunge. Diese Imaginationen werden aber mehr als Begleiterscheinungen des Denkprozesses angesehen und nicht besonders registriert.

Für ein Wesen, dem keine Sprache zur Verfügung steht, sind sie jedoch konstituierende Faktoren des Denkprozesses. Ein Pferd denkt – wie im übrigen auch ein Kleinkind – in Bildern. Und es gibt Beweise dafür, daß sich zwischen Pferden und Pferden und Reitern und Pferden auch ein „Gedankenaustausch" in Bildern vollzieht (siehe Kapitel „Der sechste Sinn"). So hört man von Reitern immer wieder Aussprüche wie diesen: „Ich wußte, mein Pferd würde da scheuen! Ich habe es vor meinem inneren Auge gesehen."

Ebenso, wie man durch eine solche unbewußte Vermittlung von Gedankenbildern ein Scheuen auslösen kann, kann man ihm durch bewußten Einsatz positiver Gedanken auch vorbeugen. Diese Technik läßt sich leicht erlernen. Fixieren Sie einfach einen Gegenstand, der Ihr Pferd möglicherweise ängstigen könnte, atmen Sie ruhig und versuchen

Jedes Pferd lernt schnell, was es unter einem Elektrozaun zu verstehen hat

Sie, ein Gefühl von Unbesorgtheit zu vermitteln. Wir werden an anderer Stelle noch genauere Hinweise dazu geben, wie sich das machen läßt. Wenn Sie einen guten Draht zu ihrem Pferd haben, wird es das Ding dann „mit Ihren Augen" sehen und sich so von dessen Ungefährlichkeit überzeugen lassen.

Grundlagen der Lernpsychologie

Ein Pferd lernt, wie alle anderen Säugetiere, durch Erfahrung (Versuch und Irrtum), Nachahmung, Wiederholung und positiver und/oder negativer Verstärkung. Meist spielen mehrere dieser Faktoren mit. So probiert ein junges Pferd beispielsweise aus, wie das Tor zu seiner Haltungsanlage zu öffnen ist. Es spielt dazu an der Klinke herum, wie es das bei seinem menschlichen Betreuer beobachtet hat. Nach mehreren vergeblichen

Versuchen drückt es die Klinke richtig herunter, und das Tor öffnet sich. Das Pferd geht hindurch, kommt auf die Weide und erfährt damit positive Verstärkung. Nachdem es nun die Erfahrung gemacht hat, daß ein Ausbruch erfolgreich in die Wege zu leiten ist, wird es immer wieder versuchen, das Tor zu öffnen – bis sein Betreuer es mittels eines Elektrozauns sichert. Sobald das Pferd nun versucht, die Elektrolitze zu öffnen, erhält es einen Schlag. Es erfährt, wie die Psychologie es ausdrückt, eine negative Verstärkung. Nach spätestens zwei weiteren Versuchen wird es die „Arbeit" am Tor aufgeben.

Das Pferd hat damit gelernt, was es unter einem Elektrozaun zu verstehen hat. Was nun noch fehlt, ist die Generalisierung, das heißt, es muß lernen, auch einen etwas anders aussehenden E-Zaun als solchen zu erkennen. Dazu wird es vielleicht einen weiteren Berührungsversuch starten, wenn es demnächst auf einer Weide steht, die nicht mit Elektrolitze, sondern glattem Draht eingezäunt ist. Die Erfahrung „E-Draht" ist aber so nachdrücklich, daß das Pferd die Generalisierung schon aus Vorsicht schnell vollzieht.

Generalisierung ist wichtig für jedes Lernen. Die Fähigkeit dazu ermöglicht dem Menschen zum Beispiel, verschiedene Handschriften mühelos zu lesen. Man erkennt die Buchstaben, obwohl jeder bei ihrer Schreibweise kleine Variationen einbaut.

Dem Pferd hilft die Fähigkeit zur Generalisierung, die Hilfen unterschiedlicher Reiter richtig zu interpretieren, oder, zum Beispiel im Trailparcours, die Ungefährlichkeit einer Plastikplane zu erkennen, auch wenn diese eine andere Farbe hat als die Übungsplane zu Hause.

Neben der Fähigkeit zur Generalisierung macht die Fähigkeit zur Unterscheidung den erfolgreichen Lernprozeß aus. Dem Menschen ermöglicht sie zum Beispiel, einander ähnliche Buchstaben wie das d und das b problemlos auseinanderzuhalten. Beim Pferd ist sie erkennbar, wenn es einander ähnliche Hilfen, wie etwa die zum Angaloppieren und die zum Seitwärtstreten, genau auseinanderhält. Der Reiter sollte die Fähigkeit dazu aber nicht überstrapazieren. Zum Beispiel wäre es Unsinn, von einem Pferd zu verlangen, das lobende „Fein!" vom mißbilligenden „Nein!" zu unterscheiden.

Lob und Strafe

Negative Verstärkung ist Erziehung durch Strafe. Sie ruft Angst und Unlustgefühle hervor und schafft vielleicht ein gehorsames, aber kein freudig mitarbeitendes Pferd. Durch negative Verstärkung kann man ein Lebewesen leicht dazu bringen, etwas zu lassen, aber nur schwer, etwas zu tun!

Wenn wir einem Pferd also etwas beibringen wollen, so bedienen wir uns in erster Linie der positiven Verstärkung, also des Einsatzes von Lob und Belohnung. Dazu schaffen wir zunächst eine Situation, die es dem Pferd ermöglicht, das von uns erwünschte Verhalten zu zeigen. So geben wir zum Beispiel eine möglichst deutliche Hilfe. Wir tippen das Pferd etwa mit der Gerte auf der Kruppe an, um es vorwärts zu treiben, und geben dazu das Stimmkommando „Los". Kommt es dieser Aufforderung nach, so loben oder belohnen wir es. Geht es dagegen rückwärts oder tut gar nichts, so intensivieren wir die Hilfe und äußern vielleicht sogar leichten Unmut. Pferde lernen das Wort „Nein!“ sehr schnell.

Wird dieses Verfahren einige Male wiederholt, so versteht das Pferd, welches Verhalten erwünscht ist, und setzt sich bald allein auf das Stimmkommando hin in Bewegung. Es ist dann sehr wichtig, es direkt dafür zu loben. Viele Reiter haben die schlechte Angewohnheit, nur Tadel deutlich auszusprechen und richtiges Verhalten des Pferdes als selbstverständlich hinzunehmen.

Sofern man mehrere Pferde hält, kann man sich auch die Neigung der Tiere zur Nachahmung zunutze machen. Beim Springtraining oder bei ersten Wasserdurchquerungen läßt man ein erfahrenes Pferd vorgehen und lobt den Lehrling überschwenglich, wenn er artig folgt.

Richtig eingesetzt erzieht dieses Training keineswegs zum Kleben, wie häufig behauptet wird. Schließlich läßt man das junge Pferd ja nicht permanent hinter dem älteren herlaufen, sondern bedient sich nur beim Heranführen an bestimmte Aufgaben des Herdentriebes. Die Ursachen extremen Klebens liegen viel tiefer. Sie werden in einem der späteren Kapitel behandelt.

Es ist Aufgabe des Menschen, dem Pferd das Lernen möglichst leicht zu machen. Und es spricht nichts dagegen, dazu natürliche Neigungen und Bedürfnisse zu nutzen. Viele Reiter glauben nicht, wieviel Zeit und Energie man spart, indem man eine Aufgabe langsam angeht, in kleine Schritte aufteilt und sich die Erkenntnisse der Lernpsychologie dabei zunutze macht. So wird man zum Beispiel in fast jedem Reitstall belächelt, wenn man zwei Wochen lang täglich zehn Minuten daran setzt, ein Pferd ans Verladen zu gewöhnen. Falls Sie jedoch einmal umrechnen, wieviel Stunden die Spötter in jeder Turniersaison damit zubringen, ihre unwilligen Pferde in den Hänger zu prügeln und zu zerren, und wieviel im Wettkampf sinnvoller einzusetzende Energie dabei verloren geht, so sieht die Rechnung schon völlig anders aus!

Lob ist immer besser als Strafe

Konzentration

Wer etwas lernen will, muß sich auf seine Aufgabe konzentrieren – das ist beim Pferd nicht anders als beim Menschen. Konzentration ist jedoch nicht unbeschränkt möglich. Nach einer gewissen Zeit ermüdet man und hat Schwierigkeiten, die Aufmerksamkeit bei der Sache zu halten.

Konzentration auf den Reiter und die Aufgabe muß sein

Wie lange ein Wesen sich konzentrieren kann, hängt von seinem Alter, von Übung und Selbstdisziplin ab. Grundschulkinder der Klassen 1 und 2 können sich zum Beispiel altersbedingt maximal 20 Minuten auf den Lehrstoff konzentrieren. Fernseh- und Filmschaffende klagen, daß der durchschnittliche Zuschauer nicht mehr willens ist, sich länger als fünf bis zehn Minuten auf einen Film einzulassen. Kommt dann immer noch kein Gag und hält ihn bei der Stange, so greift er zur Fernbedienung.

Diese Beispiele aus dem menschlichen Bereich sollten wir uns vor Augen halten, wenn wir von einem Pferd verlangen, ganze 60 Minuten lang in dressurmäßig edler Haltung, voll auf die Hilfen des Reiters konzentriert in der Reithalle herumzutraben. Versuchen wir dann noch in den letzten zehn Minuten, ihm den Unterschied zwischen Traversale und Schulterherein beizubringen, so ist es garantiert überfordert und reagiert mit Widersetzlichkeit.

Ein junges Pferd kann sich maximal 20 Minuten am Stück konzentrieren, und beim Anreiten sollten die Arbeitssequenzen auch nicht länger sein. Es ist schließlich besser, das Tier arbeitet 20 Minuten freudig mit, als daß es nach 40 Minuten psychisch und physisch erschöpft in den Stall kommt.

Erwachsene Pferde kann man natürlich länger reiten. Auch hier sollten jedoch neue Aufgaben in der ersten Hälfte der Reitstunde angegangen werden. In der zweiten wiederholt man dann schon Gekonntes. Eine Einhaltung dieser Regel ist übrigens auch für den Reiter sinnvoll, denn gerade Dressurreiten fordert ihm physische und psychische Anstrengung ab. Genau wie unser Pferd sind wir zu Anfang der Stunde frischer und geduldiger!

Disziplin

Ein guter Ausbilder wird immer versuchen, dem Pferd das Lernen zu einer Freude zu machen. Das Ziel der Ausbildung ist schließlich ein williges, angenehmes Reitpferd. Nichtsdestotrotz ist Lernen aber auch Arbeit, und als solche erfordert es Konzentration und Disziplin von Reiter und Pferd. Es ist Aufgabe des Ausbilders, auf diese Disziplin zu halten und sie - im Bedarfsfall auch mit Strenge - durchzusetzen.

Ein Reiter kann zum Beispiel erwarten, daß das Pferd während des Reitens darauf verzichtet, den Kopf zum Fressen ins Gras zu senken. Wenn es gestern und vorgestern artig die Hufe geben konnte, so hat es das auch heute zu tun - selbst wenn eventuell ein anderes Pferd zu Besuch ist und neben ihm angebunden wurde.

Besonders viele Freizeitreiter empfinden solche Forderungen als eine Art „Eingriff in die Persönlichkeitsrechte" ihres Pferdes und meinen, sich dadurch bei ihm unbeliebt zu machen. Statt konsequent nur dann zu loben, wenn das Pferd wirklich etwas richtig gemacht hat, stopfen sie es während des gesamten Umgangs mit Leckerchen voll. Das Pferd merkt das natürlich schnell und kümmert sich bald gar nicht mehr um ihre Anweisungen. Ihre Ranghoheit dem Pferd gegenüber bröckelt so immer mehr ab, und bald sind sie „Reiter von des Pferdes Gnaden".

Oft sind es gerade die kleinen Dinge, die ein Pferd verderben und zum Ungehorsam erziehen. Pferde merken genau, ob sie sich ein Lob verdient haben oder nicht und ob sie gerecht oder ungerecht gestraft wurden. Der richtige Einsatz von Lob und Strafe verscherzt keineswegs Sympathien. Der Reiter verlangt damit nur die Achtung und den Respekt, den das Pferd auch einem ranghöheren Artgenossen entgegenbringen würde.

Disziplin bei der Arbeit muß sein - auch schon bei jungen Pferden

Wenn Lernen unmöglich wird

Es gibt gewisse Bedingungen, unter denen die Lernfähigkeit eines Pferdes eingeschränkt oder blockiert ist. Das ist erstens der Fall, wenn die Aufmerksamkeit aus gewichtigen Gründen völlig von der Aufgabe abgezogen ist. So wird zum Beispiel eine zum ersten Mal von ihrem Fohlen getrennte Stute kaum in der Lage sein, sich auf das Erlernen einer neuen Fertigkeit zu konzentrieren. Ein ähnlicher Effekt wird erzielt, sobald das Pferd von innerer Unruhe erfüllt ist. Ein Tier, das gerade 23 Stunden in einer Box verbracht hat, will die aufgestaute Unlust durch Bewegung abbauen. Es wird nur schwer dazu zu bewegen sein, gemessenen Schrittes über Bodenhindernisse zu steigen.

Der wichtigste Grund für eine Lernblockade ist jedoch Panik und Angst. Ein Lebewesen, das von Panik erfaßt und an der Flucht gehindert wird, erstarrt buchstäblich - geistig und körperlich. Bei Pferden erkennt man das am Heben des Kopfes und Anspannen der Hals- und Rückenmuskulatur. Die Augen sind weit geöffnet, starr und angstvoll. Ein so erregtes Pferd muß immer erst zur Ruhe gebracht werden, bevor es erneut auf Hilfen und Ansprache reagieren kann. Es bedeutet keine Niederlage für den Reiter, die Arbeit mit ihm abzubrechen, wenn es sich derart in Panik hineingesteigert hat. Man kann den Aufbau solcher Erregung allerdings vermeiden, indem man die gemeinsame Arbeit ruhig und in kleinen Schritten angeht.

Die Arbeit mit Problempferden

In mancher Hinsicht unterscheidet sich die Arbeit mit Problempferden von der mit jungen Tieren. Hier geht es nämlich nicht nur um das Erlernen neuer Verhaltensweisen, sondern auch um das Verlernen falscher. Das ist um so schwieriger, da es sich dabei nicht nur um eingefleischte Verhaltensweisen handelt, sondern oft auch um - aus der Sicht des Pferdes - außerordentlich erfolgreiche. Starke, ranghohe Problempferde haben schlechte Erfahrungen mit Menschen gemacht und daraus resultierend Strategien entwickelt, sich die Quälgeister vom Leibe zu halten. Man muß sie nun gleichzeitig davon überzeugen, daß Menschen zwar doch nett sind, andererseits aber nicht bereit, ihre Unarten zu dulden. Dies erfordert Konsequenz - und oft kommt man dabei um den Einsatz negativer Verstärkung nicht herum.

Bei ängstlichen, rangniedrigen Problempferden hat man es häufiger mit panikbesetzten Verhaltensmustern zu tun. Auf bestimmte Maßnahmen in seiner Ausbildung hat das Pferd mit einem Fehlverhalten reagiert (zum Beispiel auf Anbinden mit Zurückzerren oder auf Annehmen der Zügel mit Steigen) und sich darauf festgelegt. Nun spult es dieses Verhalten reflexhaft ab, sobald die Situation wieder auftritt. In der Korrektur müssen diese Verhaltensweisen umgewandelt werden. Mehr darüber in den Kapiteln zu konkreten Problemen.

Anatomie, Exterieur, Muskelmechanik und Reiterhilfen

Viele Probleme mit Pferden gehen auf Exterieurschwächen und die mangelnde Fähigkeit oder Bereitschaft des Reiters, darauf Rücksicht zu nehmen, zurück. Informationen über die Zusammenhänge zwischen Anatomie und Reiteignung, bzw. Anatomie und Hilfengebung werden im Theorieunterricht unserer Reitschulen kaum vermittelt. Die jungen Reiter lernen zwar, die Körperteile des Pferdes zu benennen und auf die Dauer auch ein gut gebautes Pferd von einem weniger guten zu unterscheiden. Man vermittelt ihnen aber selten, daß es für diese Klassifizierung andere als nur ästhetische Gründe gibt. Auch der Zusammenhang zwischen Muskelmechanik und Hilfengebung (bei Pferd und Mensch!) wird so gut wie nie erklärt. Daraus resultieren dann Schenkel- und Zügelhilfen im falschen Moment, die wiederum Verspannungen und Unmutsäußerungen beim Pferd hervorrufen.

Aus Platzgründen können wir auch in diesem Buch nur die wichtigsten Zusammenhänge darstellen, und müssen den Schwerpunkt auf Exterieurschwierigkeiten und die Möglichkeit des Reiters, ihnen entgegenzuwirken, legen. Wir setzen diesen Ausführungen aber einen kleinen Einblick in den Muskelaufbau voraus. Dabei beschränken wir uns auf die Muskulatur, auf die der Reiter mit seiner Hilfengebung direkt einwirkt. Falls Sie mehr wissen wollen, empfehlen wir Ihnen die – zugegebenermaßen trockene – Lektüre der alten Meister der Reitkunst, allen voraus die

Die Muskulatur des Pferdes

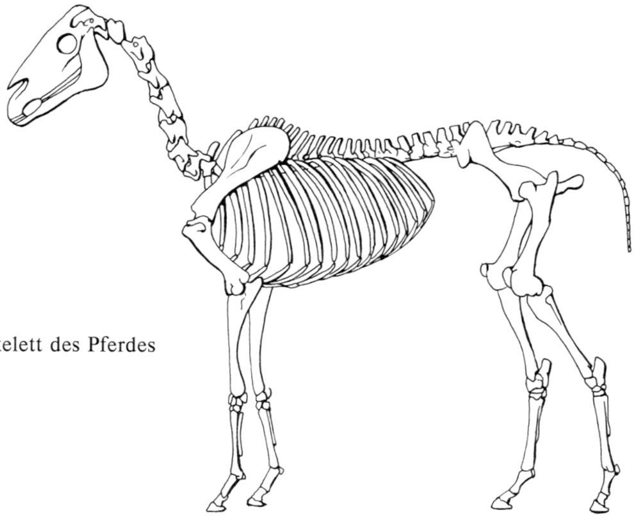

Das Skelett des Pferdes

Werke des Peter Spohr. Springreiter und solche, die es werden wollen, finden bei Rolf Becher genauere Informationen.

Das Zusammenspiel von Muskeln und Sehnen im Wirbelsäulenbereich

Die Wirbelsäule des Pferdes besteht aus 7 Halswirbeln, 17–19 Rückenwirbeln, 6 Lenden- und 5 miteinander verschmolzenen Kreuzbeinwirbeln, dazu 18–20 Schweifwirbeln. Im Hohlraum der Wirbelsäule liegt das Rückenmark, durch das die Wirbelsäule mit dem Gehirn und, durch zwischen den Wirbeln austretende Nervenstränge, mit allen anderen Körperteilen und inneren Organen verbunden ist. Diese Verbindung bewirkt, daß Rückenprobleme auch mit Belastungen und Schädigungen anderer Organe verbunden sein können. So können zum Beispiel Nierenerkrankungen Rückenschmerzen auslösen, andererseits aber auch Verspannungen und Verformungen der Wirbelsäule Auswirkungen auf Verdauungsapparat, Stoffwechsel usw. zeigen.

Beweglichkeit

Die Beweglichkeit der Rückenwirbelsäule ist in der Lendengegend am größten, im Brustbereich am geringsten. Sehr viel flexibler ist die Halswirbelsäule, wofür neben der Vielzahl an Wirbelgelenken vor allem das sehr elastische Nackenband verantwortlich ist. Es zieht sich vom Nacken über den Hals und verbindet ihn über die Dornfortsätze der Wirbel mit dem gesamten Rücken bis hin zu den Lenden.

Das Nackenband unterstützt die Streckmuskeln des Halses und spannt beim Abwärtsbiegen des Genicks und Strecken des Halses die Wirbelsäule. Es ist auch im Rückenbereich mit vielen

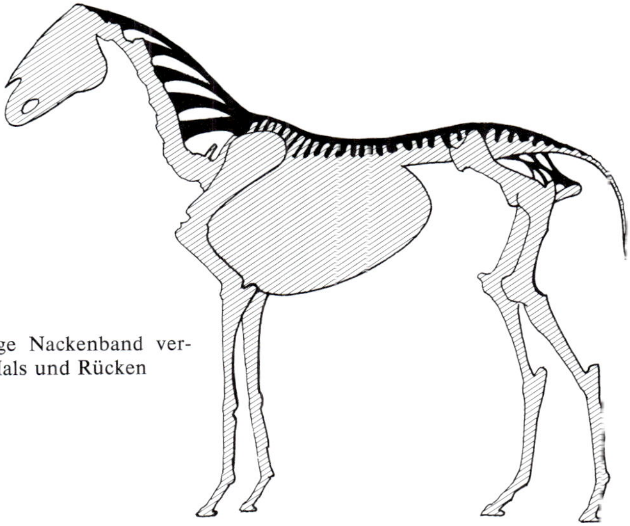

Das lange Nackenband verbindet Hals und Rücken

Muskeln, u. a. dem langen Rückenstrekker, verbunden. Dieser stärkste Rückenmuskel steht weiterhin mit der Halsmuskulatur in Verbindung und kann dem Pferd das Untertreten erleichtern, indem er die Vorhand hebt. Er kann es aber auch durch Gemeinschaftsarbeit mit der Kruppenmuskulatur erschweren. Der Reiter vermag durch Sitz (Gewichtsverlagerung, leichter Sitz oder Vollsitz) und Zügelhilfen (über die Halsmuskulatur) auf seine Arbeit Einfluß zu nehmen. Schenkelhilfen wirken auf verschiedene, den Rückenstrecker überziehende Muskeln ein, die mit den Rippen verbunden sind. Zum Teil ziehen sie die Rippen nach vorn und sind mitverantwortlich für das Untersetzen der Hinterhand. Auch beim Ein- und Ausatmen wirken sie mit, womit wieder eine Verbindung da ist, an die nur wenige Reiter denken: Wenn ein Pferd angespannt und ängstlich ist, wirkt sich das auf die Atemfrequenz aus. Die wiederum beeinflußt die Muskulatur, die weite Gänge ermöglicht oder hemmt. Das Pferd als Ganzes verspannt sich.

Weiteren Einfluß auf die Haltung des Pferdes hat die Bauchmuskulatur. Sobald sie sich zusammenzieht, wird der Rücken aufgewölbt und das Untersetzen der Hintergliedmaßen gefördert.

Der Rücken als Brücke

Den Pferderücken als Ganzes kann man sich als Brückenkonstruktion vorstellen, die auf den Pferdebeinen als Säulen ruht. Wenn Sie sich nun erfolgreiche Brückenkonstruktionen vergegenwärtigen, so werden Sie unweigerlich an „Bockbrücken" denken, denn Hängebrücken haben sich technisch nicht bewährt. Auch den Pferderücken gilt es also eher „anzuheben", als erschlaffen zu lassen. Das erreicht man zunächst mittels des Reitens in Dehnungshaltung. Das Pferd streckt sich nach vorwärts-abwärts, das Nackenband spannt

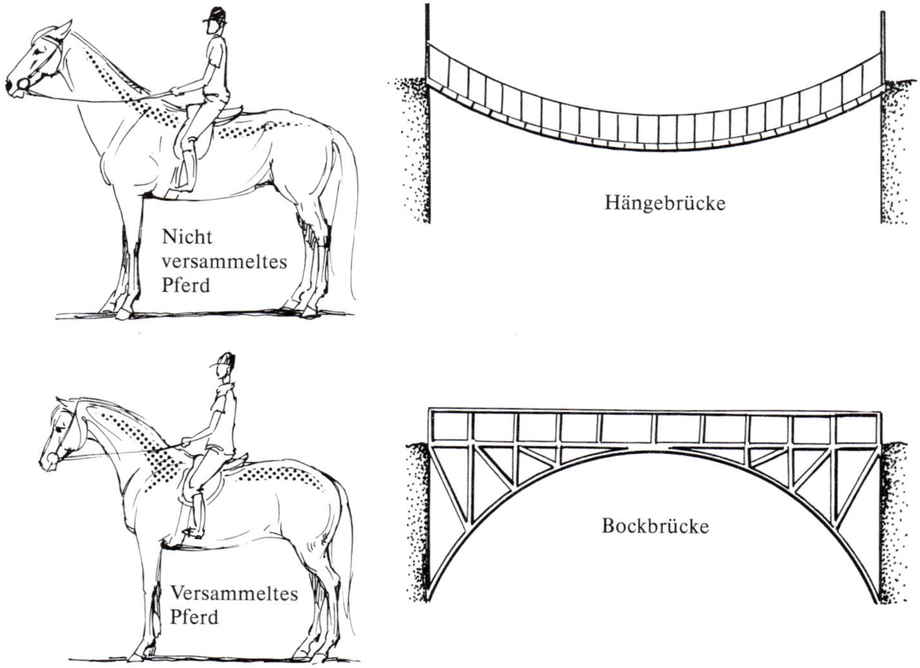

Der Pferderücken als Brücke

sich über den Pferderücken, und die Hinterhand übernimmt vermehrt das Gewicht von Reiter und Pferd. Diese Haltung ist auch für ein junges Pferd leicht einzunehmen, denn im Gegensatz zur Muskulatur ermüden die Bänder nicht so leicht. Die Dehnungshaltung kräftigt dann den Rückenstrecker, und man kann sich nach und nach um stärkere Aufrichtung bemühen. In der dabei entstehenden dressurmäßigen Haltung (Beizäumung) wird die Anspannung des Nackenbandes durch Abknicken im Genick erreicht. Das allerdings funktioniert erst, nachdem die Halsmuskulatur und die Ohrspeicheldrüsen durch systematische Arbeit flexibler gemacht werden. Es empfiehlt sich also nicht, sich vom ersten Tag an mittels Hilfszügel um die erwünschte Idealhaltung zu bemühen. Das Pferd leidet dabei nur Schmerzen und wird unwillig. Es verspannt sich und tritt nicht unter.

Kauen

Auch die Anregung und Kräftigung der Kaumuskulatur verhilft dem Pferd zur richtigen Haltung. Die Kaumuskeln sollen durch Spielen am Gebiß in ständiger, lockerer Tätigkeit gehalten werden. Die Gründe dafür sind vielfältig. Einmal fördert das Kauen den Speichelfluß und damit die Flexibilität der Ohrspeicheldrüse. Dann verhindert die Maulbewegung das Festbeißen am Gebiß, mittels dessen das Pferd sich der Zügeleinwirkung entziehen könnte. Zudem hat

Kauen eine beruhigende Wirkung auf die Psyche und eine lockernde Wirkung auf die gesamte Muskulatur. Beobachten Sie einmal ein weidendes Pferd, wenn ein plötzliches Geräusch es aufschrecken läßt: Es wirft sofort den Kopf hoch und stellt das Kauen ein. Erweist sich das Ganze dann als harmlos, so beginnt es erst wieder zu kauen und senkt dann den Kopf. Der „Freeze-Reflex“ (siehe Kapitel „Verladen“) wird aufgehoben, sobald das Pferd einen Leckerbissen nimmt, und mitunter verhindert, wenn man ihm vor der aufregenden Situation einen ins Maul steckt.

Auch beim Menschen wirkt Kauen übrigens beruhigend. Der große Erfolg des Kaugummis geht zum Teil auf diesen Effekt zurück.

Die Lage der Ohrspeicheldrüse

Betrifft all das nur den Dressurreiter?

Vielleicht helfen die obigen Ausführungen Ihnen zu verstehen, warum wir in den Kapiteln zu Reitproblemen immer wieder auf die Themen „Untertreten“ und „dressurmäßige Haltung“ zurückkommen werden. Wenn ein Pferd lange geritten werden, gesund bleiben und freudig mitarbeiten soll, muß sichergestellt werden, daß ihm nichts wehtut. Es muß lernen, seine Kräfte sinnvoll zum Tragen des Reitergewichts einzusetzen und die dazu optimale Haltung zwanglos einzunehmen. Hilft ihm der Reiter nicht dabei oder arbeitet er sogar dagegen, so wird das Pferd versuchen, Ausgleichshaltungen zu finden: Meist arbeitet es mit durchgedrücktem Rücken (Hängebrücke!) und ausgeprägtem Unterhals (verspannte Muskulatur - psychische Anspannung). Dabei stemmt es das Maul gegen den Zügel (Einstellung der Kautätigkeit). Diese Haltung fördert wiederum Rückenschmerzen, auf die das Pferd mit Widersetzlichkeit antwortet. Der Teufelskreis, der es zum Problempferd werden läßt, ist da.

Gebäudeschwierigkeiten

Kopf und Hals

Erfahrene Reiter können aus der Kopfform eines Pferdes Schlüsse auf seinen Charakter ziehen. Im Rahmen der TT.E.A.M.-Methode wurde das zu einer regelrechten „Wissenschaft“ ausgebaut. Sie ist aber schwerer erlernbar, als die meisten Ausbilder uns glauben lassen. Jeder Reiter kann allerdings aus dem Bau der Ganaschen und des Halses schließen, ob sein Pferd sich mehr oder weniger leicht in Dehnungshaltung und dann auch in dressurmäßiger Haltung (Beizäumung) reiten läßt.

Dabei erleichtert eine schräge Halsaufsatzfläche und eine gerade aufsteigende Kehllinie dem Pferd das Tragen

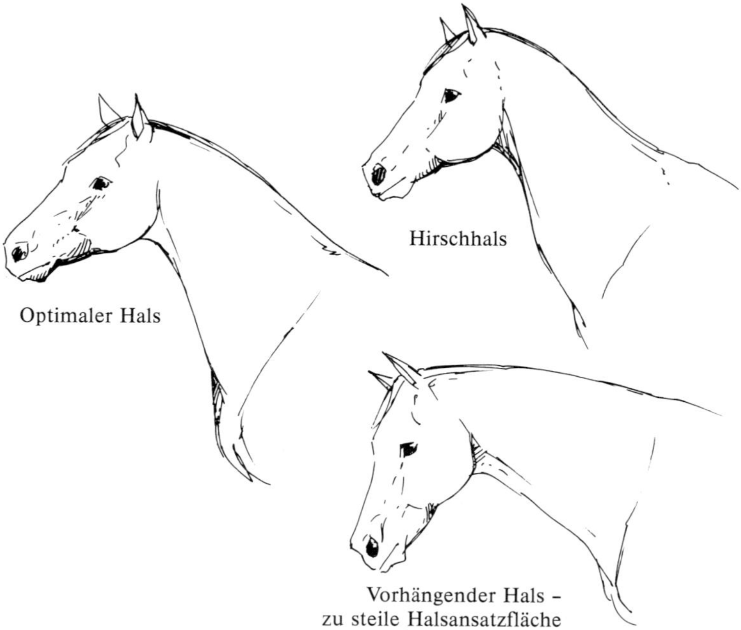

des Kopfes und damit auch die Aufrichtung unter dem Reiter. Bei steiler Aufsatzfläche und vorhängendem Hals dagegen kann nur eine geringe Aufrichtung erreicht werden. Das erschwert die Verlagerung des Schwerpunktes von Reiter und Pferd nach hinten und damit das Reiten in Versammlung. Achten Sie hier unbedingt darauf, die Streckung nach vorwärts-abwärts nicht mit dem Laufen auf der Vorhand zu verwechseln!

Besteht eine Neigung zum Hirschhals bei sonst gutem Halsansatz, so ist das für einen guten Reiter kein Problem. Mit Geduld und Einsatz der richtigen Hilfen kann ein solches Pferd leicht in Dehnungshaltung an den Zügel geritten werden. Greift man aber gleich zum Hilfszügel, so wird das Pferd sich dagegen stemmen und einen kräftigen Unterhals ausbilden. Und schon hat man den typischen Puller und Durchgänger . . .

Beizäumung verlangt eine völlige Anlehnung der Backenränder an die Ohrspeicheldrüsen. Voraussetzung dafür ist eine genügende Weite der Ganaschen und Training der oberen Halsmuskulatur durch vorsichtiges Heranführen an die Aufrichtung (siehe unten!). Diese Arbeit wirkt auch auf die Ohrspeicheldrüsen ein und läßt sie weich und locker werden.

Jede Einwirkung auf die Kopf-Hals-Haltung des Pferdes unter dem Reiter muß durch die freie Bewegung des Tieres nach vorwärts unterstützt werden. Dabei darf nur die Reiterhand auf den Zügel einwirken. Lederne Hilfskonstruktionen bringen die erforderliche Sensibilität nicht auf. Die Einwirkung besteht aus leichtem Annehmen der Zügel (wenig mehr als Gegenhalten) abwechselnd mit der rechten und der linken Hand. Sie erfolgt immer nur dann, wenn der entsprechende Hinterhuf gerade vorschwingt, sich also noch in der Luft befindet. In diesem Moment sucht das Pferd eine Stütze und nimmt die von der Reiterhand gebotene gern an. Der im selben Moment eingesetzte treibende Schenkel unterstützt dieses bereitwillige Herantreten an den Zügel.

Dehnungshaltung nach vorwärts-abwärts

Schlaufzügelhaltung

Paraden

Falsch!

Richtig!

Kommt Zügeleinwirkung dagegen erst, wenn der Huf wieder abschiebt und das Bein sich streckt, so stützt sie das Pferd nicht, sondern arbeitet der Bewegung entgegen. Das irritiert das Pferd und fördert Verspannungen und Widersetzlichkeit.

Sehr wichtig bei der Arbeit mit dem jungen wie mit dem problematischen Pferd mit mehr oder weniger korrekter

Halsung ist die Seitwärtsbiegung von Hals und Genick. Das übt die abwechselnde Spannung und Entspannung der Streckmuskulatur des Halses und macht das Pferd flexibler und gehorsamer. Das dabei wünschenswerte Abkauen erreicht man mit Spielen am Gebiß und unterstützt es mit der Verabreichung einer Möhre vom Sattel aus. Mit gebogenem Hals kann das Pferd übrigens seine Bauchmuskulatur nicht mehr anspannen und damit auch nicht den Rücken aufwölben. Das Training der Biegung ist deshalb besonders bei Bucklern hilfreich.

Nicht jedes Gebiß paßt zu einer so kurzen Maulspalte

Die Maulspalte

Die Maulspalte ist bei Warmblütern etwa 9 cm lang und länger. Bei Ponys kann sie erheblich kürzer sein. Bei der Wahl des Gebisses muß diesen Unterschieden Rechnung getragen werden. So eignet sich zum Beispiel kaum ein Ponymaul für die Kandare. Trensen wählt man bei kleinen Mäulern nicht zu dick. Dicke Gebisse wirken zwar „weicher" als dünne, aber falls das Pferd das Maul bei eingelegter Trense kaum schließen kann, hat es davon auch nichts.

Der Rücken

Pferde mit einem sehr langen Rücken haben oft Schwierigkeiten beim Untersetzen der Hinterbeine unter den Schwerpunkt des Reiters. Besonders, wenn der Rücken in der Lendengegend lang ist, besteht auch meist eine Rückenschwäche und Neigung zur Empfindsamkeit.

Der Reiter muß einen langen Rücken also zunächst entlasten, gleichzeitig aber auf besseres Untersetzen hinwirken. Flotte Trabarbeit mit Schenkeleinsatz im richtigen Moment (siehe oben) kräftigt die Bauch- und Rückenmuskulatur und begünstigt damit die Anhebung des schwachen Rückens. Seitengänge sind nützlich, wobei die Abstellung aber flach sein soll, damit die Unterstützung der Lendengegend durch die untertretende Hinterhand gewahrt bleibt.

Viele Pferde mit langem Rücken sprechen gut auf Stangenzäumungen an. Sie erleichtern den Pferden die Aufrichtung und fördern die Arbeit der für die Tragkraft des vorderen Rückenbereichs verantwortlichen Muskulatur.

Ein kurzer Rücken ist im allgemeinen wünschenswert, da sehr stark. Pferde mit kurzem Rücken sind meist wendig und leichtrittig. Gelegentlich veranlaßt die Kürze der Rücken-, Rippen- und Bauchmuskeln das Pferd aber auch zum Festhalten, besonders in Verbindung mit einer ungünstigen Kopf-Hals-Stellung. Solche Pferde neigen zum Bocken, sofern sie nicht von Anfang an gelöst geritten werden. Wichtig ist hier zu-

Langer Rücken

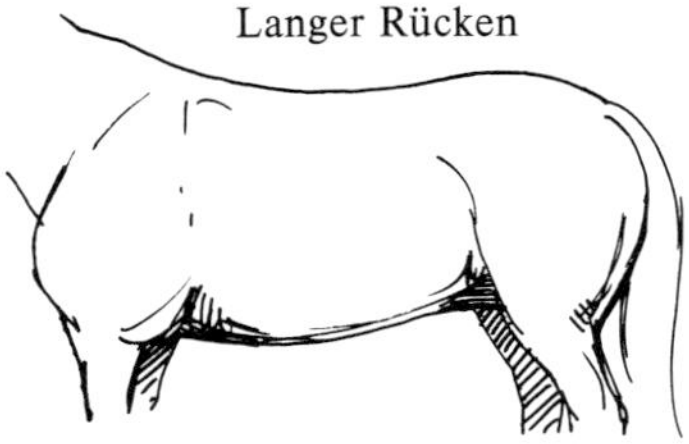

Senkrücken

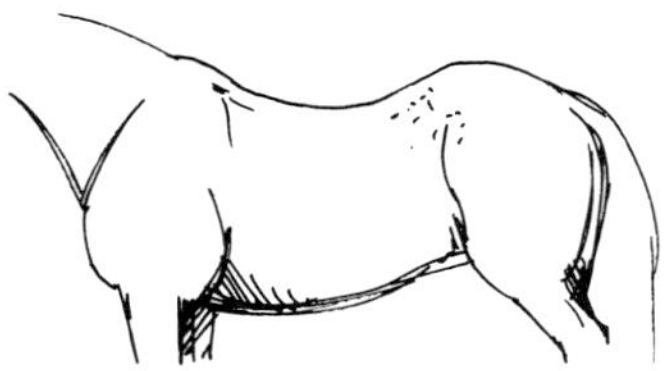

Kurzer Rücken

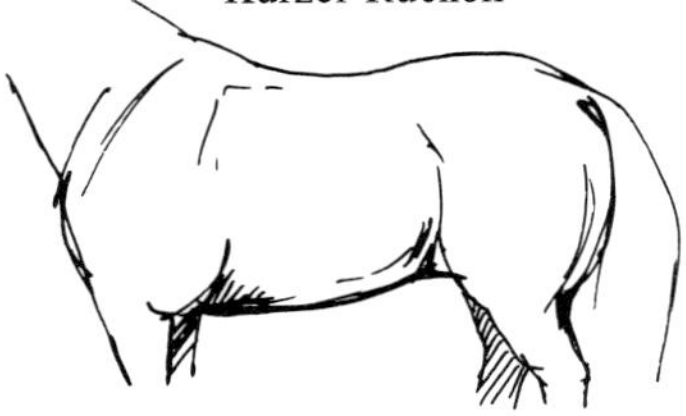

Überbautes Pferd

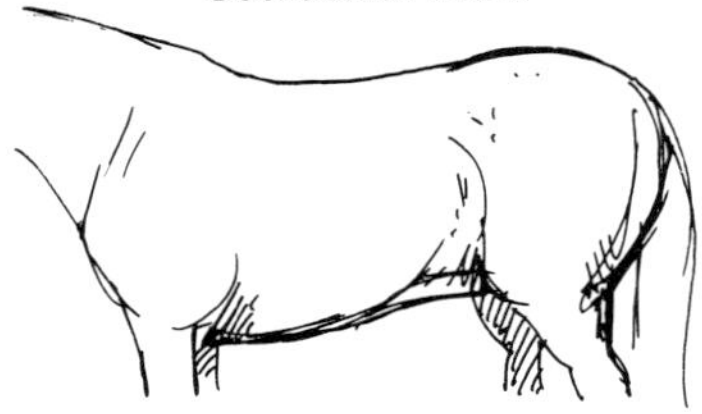

Karpfenrücken

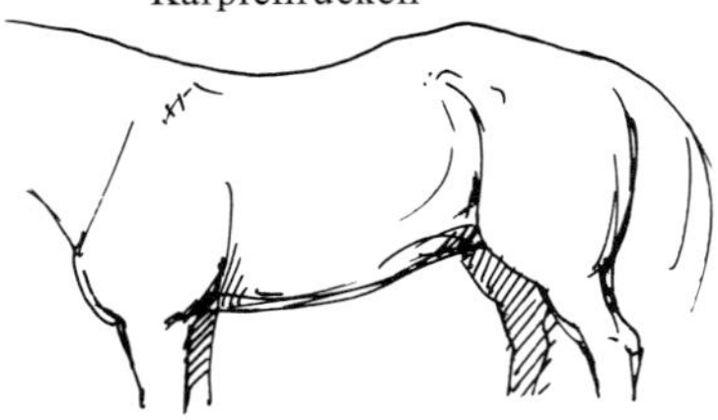

nächst die Förderung langer Trabbewegungen und Streckung nach vorwärts-abwärts. Später tragen wieder Seitengänge zur Lockerung und Sensibilisierung auf Reiterhilfen bei. Hierzu biegt man das kurzrückige Pferd möglichst stark.

Bei einem Pferd mit Karpfenrücken verfährt man genauso, bemüht sich aber um besonders hohe Aufrichtung. Wichtig ist hier, die abschiebenden Streckbewegungen der Hinterbeine zu fördern. Kontrollieren Sie die Sattellage des karpfenrückigen Pferdes stets besonders sorgfältig auf Druck. Sie ist sehr empfindlich.

Das von Natur aus senkrückige Pferd neigt dazu, den Kopf zu hoch zu tragen und zu trippeln, statt ordentlich unterzutreten. Auch hier muß konsequent mit richtigen Zügel- und Schenkelhilfen gearbeitet werden. Die Streckung nach vorwärts-abwärts und die Arbeit der Hinterhand muß besonders im Galopp gefördert werden. Der Schwung der gesprungenen Gangart erleichtert das Untertreten. Besonders im Galopp auf dem Zirkel muß das Pferd die Hinterhand unterschieben, wenn man ihm nicht erlaubt, auszufallen.

Beim überbauten Pferd steht die Hinterhand meist zu steil und tritt deshalb nicht gut genug unter, um das Reitergewicht aufzunehmen. Man legt hier zunächst großen Wert auf Reiten im Entlastungssitz und in Dehnungshaltung. Erst wenn das Pferd gelernt hat, weiter unterzutreten, kann an der Beizäumung gearbeitet werden.

Fehlstellungen der Beine

Idealerweise sollte ein Pferd gerade auf den Beinen stehen. Steht es mit den Vorder- oder Hinterbeinen vor- oder unterständig, bodeneng oder bodenweit, so soll das die Aktion und das Finden des Schwerpunktes behindern und die Pferde damit weniger trittsicher machen. Oft erweisen sich solche Lehrweisheiten aber als graue Theorie. Viele Pferde – besonders Gangpferde – stehen alles andere als lehrbuchgerecht, durchqueren damit aber mühelos auch schwierigstes Gelände und werden uralt.

Positiv beim Gangpferd und Distanzpferd wirken sich zum Beispiel bodenweit stehende Hinterbeine aus. Diese Stellung verhindert sicher das Greifen im Trab. Bodenenge Stellungen bei Vorder- wie Hinterbeinen fördern dagegen dieses Problem.

Unterständige Hinterbeine erleichtern die Versammlung beim klassischen Dressurpferd. Beim Warmblüter sind sie weniger erwünscht, weil die moderne Dressurreiterei mehr Wert auf Raumgriff als auf erhabene Gänge und Schulen über der Erde legt. Pferde mit rückständigen Hinterbeinen neigen besonders zur Widersetzlichkeit, denn sie reagieren stark auf jeden Fehler im Rhythmus des Schenkel- und Zügeleinsatzes. Sie sind auch sehr anfällig für Gelenkerkrankungen. Am besten bemüht sich der Reiter lange um einen Vorwärtssitz und beginnt erst mit Übungen zum Rückwärts- und Seitwärtsgehen, nachdem das Pferd gutes Untertreten in Dehnungshaltung gelernt hat.

Vorständige wie rückständige Vorderbeine bedingen meist mangelnden Raumgriff. Durch Rückwärts- und Seitwärtsgänge kann die Muskulatur jedoch gestärkt werden. Auch wenn das Pferd im Laufe seiner Ausbildung lernt, das Gewicht des Reiters und sein eigenes verstärkt mit der Hinterhand aufzunehmen, wird die Vorhandaktion etwas besser. Allen Problemen durch Fehlstellungen der Beine ist durch häufiges Training der Seitwärtsgänge entgegenzuwirken. Die Arbeit am Schulterherein und Travers ist also auch Reitern anzuraten, die den Schwerpunkt ihrer Reiterei nicht in der Dressur sehen. Sie brauchen nicht ständig ein Viereck aufzusuchen: Seitengänge können gut ins Gelände verlegt werden und den Ausritt auflockern.

Vorhand

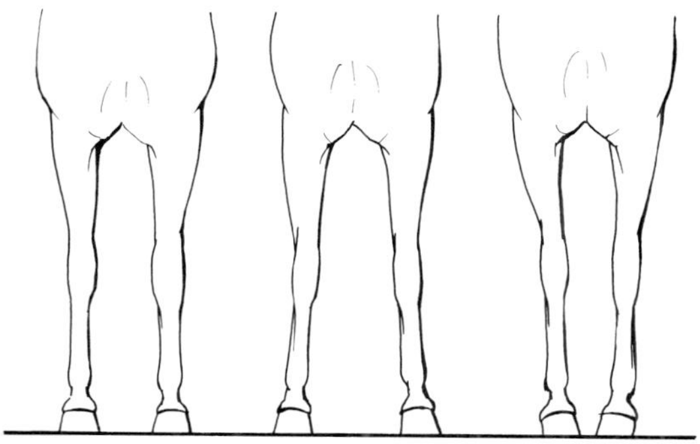

Korrekt — Bodenweit — Bodeneng Zeheneng

Hinterhand

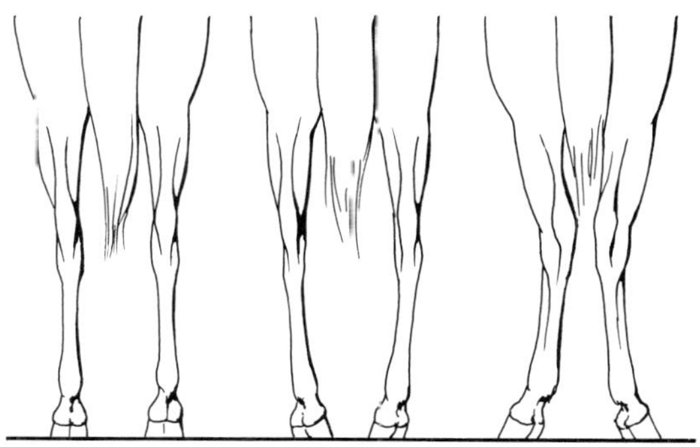

Korrekt — Bodeneng Zeheneng Faßbeinig — Bodenweit Zehenweit Kuhhessig

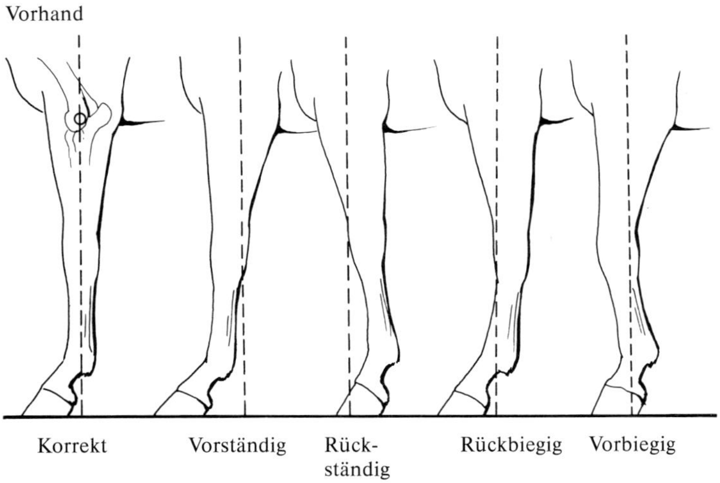
Vorhand
Korrekt
Vorständig
Rück-
ständig
Rückbiegig
Vorbiegig

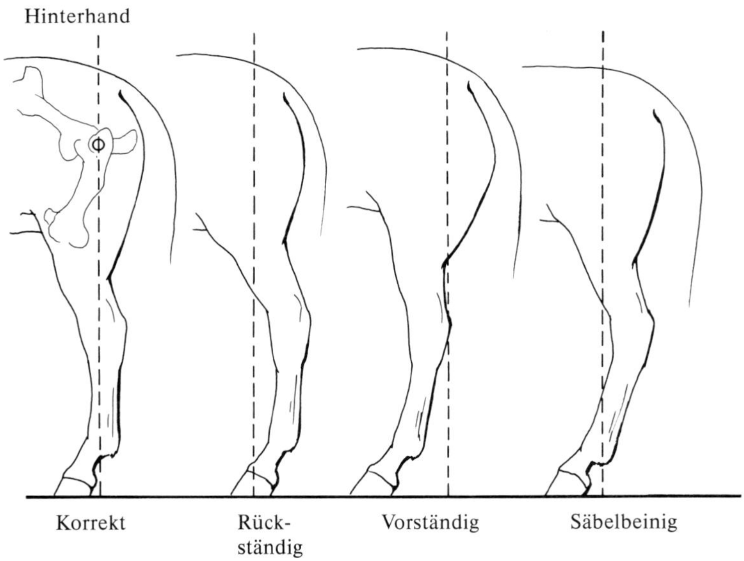
Hinterhand
Korrekt
Rück-
ständig
Vorständig
Säbelbeinig

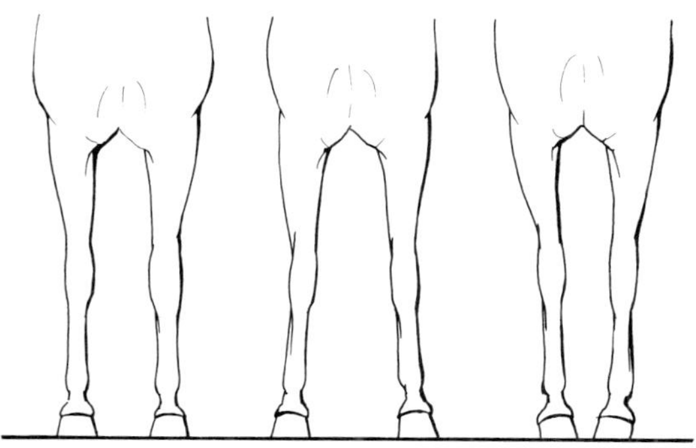

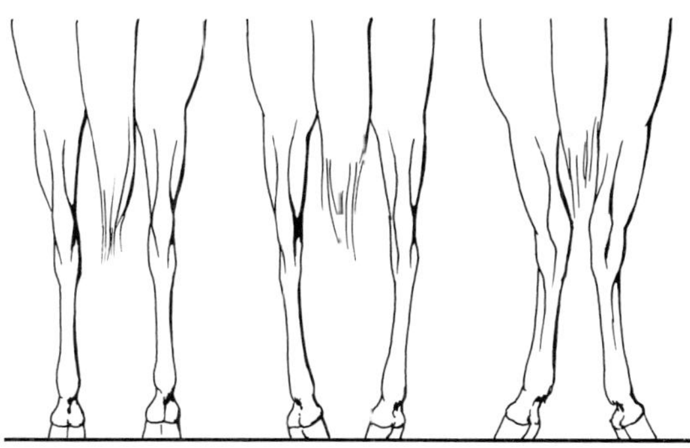

Vorhand

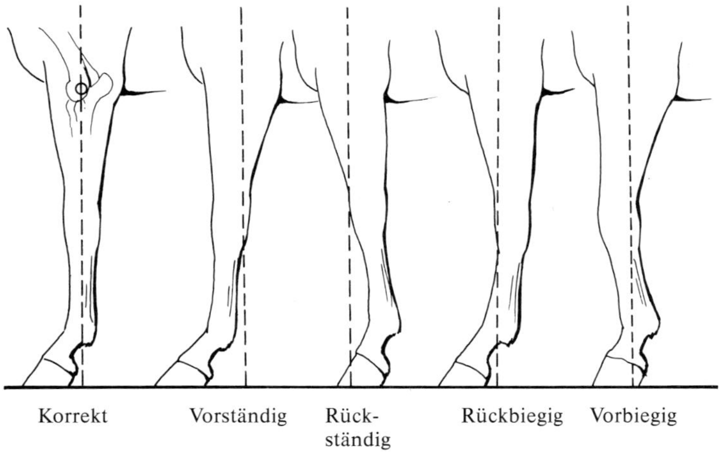

Hinterhand

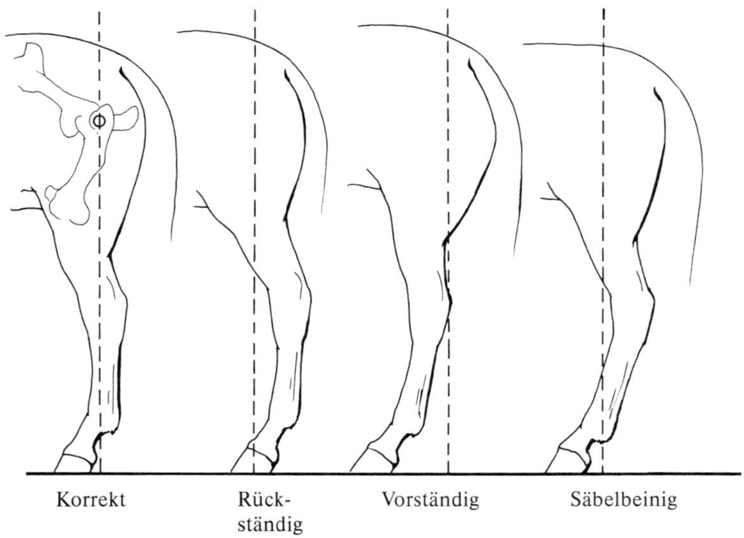

Spezielle Probleme gezielt angehen

Wie im ersten Teil dieses Buches ausführlich dargelegt, sind Problempferde Pferde, deren Verhaltensauffälligkeiten den Umgang mit ihnen schwierig oder sogar gefährlich machen. Die Ursachen für ihre Schwierigkeiten sind meist in Fehlern im Rahmen ihrer Aufzucht, Haltung und Ausbildung zu suchen, oft spielt auch eine körperliche oder psychische Disposition für die Entwicklung bestimmter Verhaltensmuster mit. Bei der Korrektur geht es darum, das Problem zu erkennen und das Pferd zu veranlassen, unerwünschte Verhaltensmuster gegen erwünschte auszutauschen. An die Stelle von reflexhaftem Verhalten soll Konzentration auf den Reiter und daraus resultierend freundliches und gehorsames Verhalten treten.

Man erreicht das, indem man die reflexhaft gewordenen Verhaltensmuster aufbricht oder in erwünschte umwandelt. In den folgenden Kapiteln werden spezielle Verhaltensprobleme, ihre Ursachen und Methoden zur Korrektur und Vorbeugung behandelt. Da viele davon auf dieselben Fehler zurückgehen und mit ähnlichen Maßnahmen behandelt werden, haben wir besonders bei der Widersetzlichkeit unter dem Reiter die verschiedenen Probleme unter übergreifenden Themen zusammengefaßt. Sie sollten deshalb grundsätzlich alles lesen, was unter einem bestimmten Punkt steht, also zum Beispiel auch den Text zum Scheuen und Pullen, wenn Sie es tatsächlich mit Durchgehen zu tun haben und umgekehrt.

Noch etwas: Bisher haben wir uns bemüht, nicht immer nur vom „Reiter" zu sprechen, sondern auch die „Reiterin" zu erwähnen. Im weiteren Text war das leider nicht durchzuhalten. Es hätte die teilweise ohnehin schon komplizierten Zusammenhänge noch schwerer verständlich gemacht.

Die sogenannten Stalluntugenden

Koppen und Weben

Beim Koppen handelt es sich, vereinfacht gesagt, um ein Luftschlucken aus Langeweile. Man unterscheidet „Krippensetzen" und „Freikoppen". Beim ersteren setzt das Pferd die oberen Schneidezähne zum Beispiel auf der Futterkrippe oder einem Balken auf, spannt die Halsmuskulatur an und schluckt hörbar Luft ab. Der Freikopper macht es im wesentlichen genauso, braucht aber keine Aufsetzmöglichkeit. Die Verhaltensstörung führt zu schlechter Futterverwertung, Neigung zu Koliken und, beim Krippensetzer, auch zu Zahnschäden.

Die Bewegung des Webens ist ver-

Beim Weben tritt das Pferd von einem Vorderbein auf das andere

gleichbar mit der bei vernachlässigten Menschenkindern oft beobachteten Verhaltensstörung Hospitalismus. Das betroffene Pferd tritt dabei ständig von einem Vorderbein aufs andere, auch im Kopf-Halsbereich ist eine Schlenker- oder Pendelbewegung zu beobachten. Viele Weber betreiben diese Bewegungen stundenlang und scheinen sich dabei in eine Art „Trance" hineinzusteigern.

Weben belastet die Sehnen und Gelenke der Vordergliedmaßen stark und führt dadurch zu frühem Verschleiß.

Die beiden Verhaltensweisen Koppen und Weben werden hier in einem Kapitel behandelt, weil sich ihre Ursachen sehr gleichen und man auch bei der Korrektur teilweise ähnliche Methoden anwendet.

Ursachen der Verhaltensstörung

Koppen und Weben sind Ersatzhandlungen. Das Pferd entwickelt sie, wenn es daran gehindert wird, seine natürlichen Bewegungs- und Beschäftigungsbedürfnisse auszuleben. Auch Kontaktmangel, Langeweile und Mangel an Zuwendung spielen bei der Ausbildung dieser Verhaltensstörungen mit.

Dabei schafft Koppen dem Pferd offensichtlich das, was wir Menschen „orale Befriedung" nennen. Während wir aus Nervosität zur Zigarette oder zum Schokoriegel greifen, schluckt das Boxpferd mangels anderer Möglichkeiten Luft ab. Nicht gar so problematisch, aber oft aus denselben Ursachen erwachsend, ist die Neigung anderer Pferde, alles erreichbare Holz anzuknabbern oder das gesamte Stroh in der Box zwanghaft in sich hineinzufressen.

Mitunter wird die Neigung zum Koppen auch auf ein zu frühes Absetzen des Fohlens von der Mutter zurückgeführt. Wir haben es allerdings auch schon bei Jungpferden beobachtet, die man jahrelang saugen ließ.

Die offensichtlichste Ursache für das Weben ist Bewegungsmangel. Auch andere Dinge, wie große innere Unruhe, Einsamkeit und Mangel an Ansprache, spielen mit hinein.

Artgerecht aufgezogene Pferde zeigen selten Untugenden

Sowohl Koppen als auch Weben tritt praktisch nur bei Boxpferden auf. Bei artgerecht gehaltenen Tieren sind diese Untugenden allenfalls dann zu beobachten, wenn sie erst kürzlich umgestellt wurden oder sie trotz der Umstellung längere Zeit beibehalten. Diese Neigung, trotz verbesserter Lebensumstände bei der Untugend zu bleiben, ist besonders bei Koppern ein Hauptproblem der Korrektur. Die Ersatzhandlung nimmt relativ schnell Suchtcharakter an.

Sowohl Koppen als auch Weben ist übrigens „ansteckend". Sehr häufig übernehmen andere, unter denselben ungünstigen Bedingungen lebende Pferde diese Verhaltensweisen vom Kopper oder Weber.

Disposition als Ursache der Verhaltensstörung

Natürliche Veranlagung spielt bei der Neigung zum Koppen und Weben kaum eine Rolle. Die Verhaltensstörungen lassen sich stets auf Fehler in Haltung und Aufzucht zurückführen. Es gibt allerdings Anhaltspunkte dafür, daß Pferde mit hohem Bewegungsbedürfnis, also hochblütige, junge und sehr große Pferde eher zu ihrer Ausbildung neigen als andere.

Vorbeugung

Die beste Vorbeugung gegen Koppen und Weben ist artgerechte Haltung von Fohlen an. Das junge Pferd braucht zunächst die Zuwendung der Mutter. Die häufig gehandhabte Praxis, ein Fohlen bereits mit drei Monaten zum Absetzen in eine einsame Box zu sperren, ist Gift für seine psychische Entwicklung! Nach dem Absetzen benötigt es viel Auslauf und die Gesellschaft anderer Jungpferde, damit Langeweile gar nicht erst aufkommt.

Falls sich Boxhaltung beim erwachsenen Pferd nicht vermeiden läßt, sollte wenigstens für regelmäßigen Auslauf gesorgt werden. Auch in der Box kann man Beschäftigung schaffen. So ist es in den USA zum Beispiel üblich, jungen Boxpferden Spielzeuge, wie Plastikbälle oder rotweiße Begrenzungshütchen, in die Box zu geben. Weiterhin vertreiben Zweige zum Abnagen die Langeweile, und wenn die Heuportion mit Stroh vermischt wird, braucht das Pferd mehr Zeit, sie aufzufressen. Sofern die Box dann noch groß und hell und die tägliche Arbeit abwechslungsreich ist, dürfte kein Pferd zum Kopper oder Weber werden.

Korrektur

Sowohl Koppen als auch Weben sind schwer vollständig abzustellen. Das Pferd wird immer wieder darauf zurückkommen, sobald neue Haltungsfehler gemacht werden. Beide Verhaltensstörungen stellen deshalb eine Wertminderung des Pferdes dar.

Grundlage ihrer Korrektur ist auf jeden Fall eine Haltungsänderung. Das Pferd braucht Auslauf und Pferdegesell-

Behutsames Langziehen der Ohren beruhigt

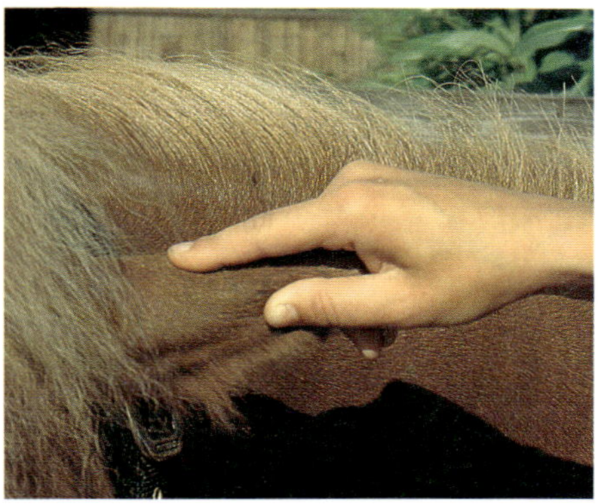

Die Arbeit im Maulbereich: Die Oberlippe wird in eine kreisende Bewegung geführt

TTouch im Maul

schaft, um „auf andere Gedanken zu kommen". Weiterhin wichtig ist regelmäßige Arbeit. Körperliche Auslastung des Tieres vermindert die innere Unruhe. Wer den Tellington-TTouch beherrscht, kann alle beruhigenden TTouches, vor allem die Arbeit im Ohrbereich und im Maulbereich anwenden.

Bei schon korrigierten Koppern und Webern kommt es relativ häufig vor, daß sie sich erneut auf ihre Untugend besinnen, wenn sie Aufmerksamkeit erregen wollen. Sie setzen sie dann gezielt ein, indem sie zum Beispiel beim Anblick ihres Menschen weben, bis er sie außer der Reihe füttert. Hier gibt man am besten klein bei und beschäftigt den vierbeinigen Erpresser mit etwas Heu, solange man sich im Stallbereich aufhält. Idealerweise läßt man ihn gar nicht erst zum Koppen oder Weben kommen, sondern füttert ihn grundsätzlich als ersten. Das ist zwar Verwöhnung, aber immer noch besser, als einen dauerhaften Rückfall in altes Fehlverhalten zu riskieren.

Wie man es nicht machen sollte

Noch immer ist es üblich, koppenden Pferden sogenannte Kopperriemen umzulegen. Das sind enggeschnallte Halsriemen mit Metalleinlage, die das Pferd am Anspannen der Halsmuskulatur und damit am Luftschlucken hindern sollen. Mitunter werden auch bestimmte Halsmuskeln operativ entfernt. Besonders erfolgreich sind solche Maßnahmen

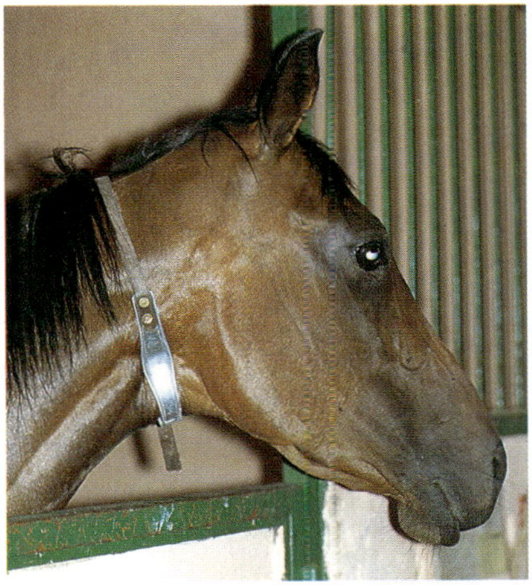

Mehr Schaden als Nutzen: Der Kopperriemen

aber selten. Zudem fügen sie dem ohnehin schon unglücklichen und verhaltensgestörten Pferd Schmerzen zu. Bei der „Korrektur" von Webern gibt es die Unsitte, Eisenketten in die Box zu hängen, an denen sich das Tier beim Weben den Kopf stoßen und sich damit „selbst bestrafen" soll. Auch das hat natürlich höchstens die

Wirkung, das Pferd zusätzlich hysterisch zu machen.

Solche Methoden sind als Tierquälerei und Herumlaborieren an den Symptomen grundsätzlich abzulehnen!

Aggressivität (Beißen, Schlagen, Angreifen im Stall und auf der Weide)

Wie bereits erwähnt, sind Pferde Fluchttiere. Aggressive Handlungen zeigen sie im Normalfall nur gegenüber Artgenossen oder anderen Weidetieren. Domestizierte Pferde jagen auch schon mal die Stallkatze oder einen aufdringlichen Hund aus dem Auslauf. Aggressionen zum Zweck der Verteidigung des eigenen Lebens bzw. des Fohlens oder der Herde sieht man dagegen fast nur in aussichtslosen Situationen, wenn Flucht nicht mehr möglich ist. Dann ist das Pferd jedoch ein ernstzunehmender Gegner! Ein Mensch, der sich ohne Peitsche oder andere „Bewaffnung" einem angreifenden Pferd gegenüber findet, hat kaum eine Chance. Hochaggressive Pferde sind deshalb extrem gefährlich im Umgang. Zum Glück sind sie in der Praxis selten. Meist hat man es nur mit vergleichsweise „harmlosen" Unmutsäußerungen zu tun, also mit Beißen beim Aufhalftern oder Führen oder raschem Ausschlagen beim Putzen.

Ursachen der Verhaltensstörung

Bei der Betrachtung von Aggressivität bei Pferden muß man „Angstbeißer" und wirklich aggressive Tiere auseinanderhalten. Erstere sind unter Pferden relativ selten. Ein extrem ängstliches Pferd gibt wehriges Verhalten meist nach den ersten ein oder zwei Bestrafungen auf. Es neigt dann eher zum Erstarren in völliger Verspannung. Gerät man doch einmal an einen „Angstbeißer", so hört man einfach damit auf, ihn beim Einfangen in die Ecke zu drängen. Mehr darüber beim Thema „Einfangen auf der Weide".

Das wirklich aggressive Pferd greift dagegen nicht aus Panik an, sondern setzt seine Kräfte strategisch geschickt zur Verfolgung seiner Ziele ein. Es möchte nicht im Bereich des Euters geputzt werden – deshalb schlägt es nach dem Pfleger. Das Führen geht ihm nicht schnell genug – es beißt nach dem Führenden. Menschen auf der Weide passen ihm nicht – also greift es sie an und jagt sie weg. Damit verhält es sich dem Menschen gegenüber genauso wie gegenüber seinen Artgenossen – genauer gesagt seinen rangniedrigeren Artgenossen! Es betrachtet sich seinem Menschen gegenüber als Chef.

Oft wird der Grundstein für solche Verhaltensweisen schon in der Fohlenzeit gelegt. Das niedliche Fohlen wird verwöhnt, man findet es „herzig", wie es bettelt, hinter seinem Menschen herläuft und ihn vielleicht sogar anspringt. Gelegentliches Kneifen wird geduldet oder höchstens mit leichtem Schimpfen geahndet.

Wenn das Fohlen größer wird und seine Angriffe Schmerzen verursachen, „kauft man sich frei": Das Pferd wird mit Leckerbissen „bestochen", damit es einen duldet. Tut es das nicht, so flieht man von der Weide, sobald es sein „Drohgesicht" aufsetzt.

Ein angreifendes Pferd bietet einen erschreckenden Anblick

Eine solche Entwicklung vollzieht sich besonders häufig bei Pferden im Besitz von Kindern und ihren unkundigen Eltern. Gehört das Pferd Erwachsenen, so verläuft sie meist subtiler: Der Reiter signalisiert zum Beispiel gleich beim Betreten der Box, daß er sich eigentlich vor Pferden fürchtet. Statt es ruhig und geschickt aufzuhalftern und herauszuführen, zeigt er sich dem Pferd gegenüber nervös und unentschlossen. Falls er ihm Weidegang ermöglicht, verläßt er die Wiese fluchtartig, sobald er es losgelassen hat. Entspanntes Zusammensein mit dem freien Tier auf der Weide oder in einem Auslauf ist ihm nicht möglich.

Einem Pferd bleibt es nie verborgen, wenn der Reiter sich ihm gegenüber derartig „klein macht". Auch und gerade dann nicht, wenn er versucht, seine Unsicherheit zu überspielen, indem er herumschreit und mit der Gerte fuchtelt. Ob das Pferd seine Ranghoheit gegenüber dem Menschen ausnutzt oder nicht, ist dann nur eine Frage seiner psychischen Ausgeglichenheit. Ein unzufriedenes, unausgelastetes Pferd wird eher beißen oder schlagen als ein ruhiges und gelassenes, denn Frustration erzeugt Aggression - das gilt beim Pferd ebenso wie beim Menschen! Das unter seinen Artgenossen eher rangniedrige Pferd neigt deshalb stärker dazu, sich nun wenigstens gegenüber dem Reiter zu behaupten, als das ranghohe. Sofern der Herdenchef zufrieden und ausgeglichen ist, wird er die Ungeschicklichkeiten des Menschen eher einmal dulden. In jedem Fall aber ist der rangniedrige Reiter den Launen seines Pferdes gänzlich ausgeliefert. Dieser Zustand muß unbedingt geändert werden!

Disposition als Ursache aggressiven Verhaltens

Aggressive Pferde sind meist von Natur aus ranghohe Pferde - auch wenn sie in der aktuellen Herde vielleicht gerade keine Chef-Stellung einnehmen, weil andere Tiere größer und stärker sind. Unter den Nachfahren des Ramskopfpferdes und des nordischen Ponys findet man sie häufiger als bei vollblütigen Typen, bei Kreuzungsprodukten öfter als bei durchgezüchteten Pferderassen. In Pferderassen, die hauptsächlich auf spezielle Selektionsmerkmale wie etwa großes Springvermögen oder hervorragende Gangveranlagung gezüchtet werden, gibt es Hengstlinien, in denen hochaggressive Nachkommen gehäuft vorkommen. Es ist ratsam, dies bei der Hengstwahl zu beachten, sofern man mit der eigenen Stute züchten will! Die Neigung zu übertriebener Aggressivität vererbt sich stark.

Vorbeugung

Der Mensch muß im Umgang mit dem Pferd immer die ranghöhere Position einnehmen. Das ist schon bei der Erziehung des Fohlens wichtig. Auch in der Natur beachtet die Pferdeherde gewisse „Erziehungsprinzipien" beim Umgang mit dem Nachwuchs. Es fiele einem erwachsenen Pferd niemals ein, sich von einem Fohlen beißen und schlagen zu lassen oder ihm zu erlauben, sich an der Futterkrippe vorzudrängeln. Gewöhnlich reicht ein kurzer Biß oder auch nur das Aufsetzen eines „Drohgesichtes", um das aufmüpfige Jungtier in seine Schranken zu weisen.

Auch wir Menschen können verlangen, daß der Nachwuchs uns zum Beispiel beim Schubkarreschieben Platz macht und uns beim Toben nicht umrennt. Kleine Gehorsamsübungen wie Hufegeben sollte man schon mit dem Saugfohlen durchführen. Diese erste Erziehung muß freundlich, aber konsequent erfolgen, denn sie legt den Grundstein für jeden weiteren Umgang mit dem Pferd.

Zeigt sich das Fohlen extrem aggressiv, obwohl man bei der Erziehung alles richtig macht, so wird man gelegentlich zu Zwangsmaßnahmen greifen müssen.

Wenn der Mensch kommt, muß das Jungpferd Platz machen

Auch ein erwachsenes Pferd würde ein freches Jungpferd mit Zähnen oder Hufen in seine Schranken weisen. Bei so auffälligen Fohlen empfiehlt es sich, nachzuforschen, wie es mit erblicher Anlage zur Aggressivität aussieht. Falls sich eine solche herausstellt, sollte die Anpaarung der Mutterstute mit dem Vatertier auf keinen Fall wiederholt werden! Ist die Mutter selbst aggressiv, so setzt man das Fohlen möglichst früh ab (auf keinen Fall jedoch, bevor es vier Monate alt ist!) und stellt es mit fügsamen und wohlerzogenen Pferden zusammen. Ein eventueller Verkauf des aggressiven Jungpferdes muß gut überlegt werden. Auch wenn man selbst seine Schwierigkeiten im Griff hat - bei seinem neuen Besitzer wird es wieder versuchen, sich durchzusetzen.

Erwachsene Pferde erzieht man durch Verwöhnung und übertriebene Toleranz gegenüber Unarten zum Beißer und Schläger. Sie beugen einer Entwicklung dazu vor, indem Sie grundsätzlich jede Aggression strafen - auch eine unbeabsichtigte. Es kommt gelegentlich vor, daß ein in der Herde lebendes Pferd nach einem Artgenossen beißt oder schlägt und dabei versehentlich den Menschen trifft. Das ist ihm dann sehr unangenehm - muß aber nichtsdestotrotz gestraft werden! Sie sollten zumindest mit dem Tier schimpfen und es energisch von sich wegtreiben. Auch ein ranghöherer Artgenosse würde ohne vorherige „Schulddiskussion" nach ihm beißen und es verjagen.

Korrektur

Das Streben eines rangniedrigen Pferdes nach einem höheren Rangplatz bedeutet

Gehalten von zwei Seiten kann das Pferd nicht angreifen

Kampf. Auch dem Menschen, der sich von seinem Pferd hat dominieren lassen, steht folglich eine Auseinandersetzung bevor. Sie wird sich auf keinen Fall einfach gestalten, und es hilft auch nur sehr bedingt, sich durch ein intensives Studium der „Pferdesprache" darauf vorzubereiten. Das Kommunikationssystem von Pferden untereinander ist schließlich keine Computersprache, bei der der „Angesprochene" gar nicht anders kann, als zu reagieren, solange nur der Befehl richtig gegeben ist.

Das Pferd hat durchaus die Möglichkeit, eine Aufforderung mit „Nein!" zu beantworten oder ihr zu „widersprechen". Wenn Sie sich zum Beispiel beim Führen vor das Pferd schieben und ihm damit bedeuten: „Ich, der Chef, befehle dir, anzuhalten“, so kann es Sie ignorieren und über den Haufen rennen, oder es kann sogar nach Ihnen beißen bzw. sich auf die Hinterbeine stellen und nach Ihnen schlagen. Dann haben Sie ohne Zwangsmittel extrem schlechte Karten. Arbeiten Sie aggressive Pferde deshalb grundsätzlich mit Nasenkette und Gerte! Oft ist es sinnvoll, gemeinsam mit einem Helfer zu arbeiten und das Pferd an zwei Ketten zu führen.

Auch bei der Pferdesprache spielt im übrigen der „Tonfall“ mit. Die Art, wie Sie körpersprachliche Signale geben, sagt dem Pferd, ob Sie fest zum Durchgreifen entschlossen sind oder nicht. Das macht die Arbeit mit aggressiven Pferden besonders schwierig, denn die Angst des Reiters vor ihren Handlungen läßt sich schließlich nicht durch einen Willensakt abstellen.

Sie sollten sich also ernsthaft überlegen, ob Sie sich die Korrektur eines aggressiven Pferdes wirklich zutrauen. Vielleicht ist es für alle Beteiligten besser, das Pferd zunächst von einem Profi korrigieren zu lassen und ihm anschließend einen neuen Besitzer zu suchen. Beruht ein solcher Entschluß auf der realistischen Einschätzung der eigenen Möglichkeiten, so hat das nichts mit Feigheit zu tun!

Falls Sie aber entschlossen sind, es zu wagen, so **gehen Sie folgendermaßen vor:**

Halten Sie das schwierige Pferd nicht auf der Weide, sondern in einem höchstens mittelgroßen Auslauf. Am besten sollte es den für sich allein haben, denn es könnte bei den entscheidenden „Kampfhandlungen“ versuchen, sich hinter dem Kameraden zu verstecken. Dann stehen Sie vor dem Problem, das sanfte Tier wegzuscheuchen und sich ihm grundlos aggressiv zu nähern.

Falls Einzelhaltung nicht möglich ist, stellen Sie das schwierige Pferd mit einem ranghöheren zusammen, auf gar keinen Fall mit einem rangniedrigeren! Die Möglichkeit, ein anderes Pferd zu terrorisieren, stärkt nämlich sein Selbstbewußtsein.

Die ideale Unterbringung des aggressiven Pferdes während der Korrektur bietet ein kleiner Extra-Auslauf neben der Gemeinschaftshaltung.

Wenn Sie nun zu dem schwierigen Pferd hereingehen, nehmen Sie eine Gerte oder Peitsche und einen großen Kanister mit. Der Kanister kann Ihnen helfen, das gefährliche Pferd abzuwehren. Ein Herumfuchteln oder ein Wurf damit läßt es mit ziemlicher Sicherheit zurückweichen.

Der Angriff des Pferdes erfolgt wahrscheinlich aus einer Ecke heraus, die es vorher schon zu seinem Lieblingsplatz erkoren hat. Sie reagieren dann ihrerseits aggressiv und treiben das Pferd mit der Peitsche energisch zurück. Noch wirkungsvoller ist der Wurf oder der Stoß mit dem Kanister. Am besten sollten Sie das Pferd an der Schulter oder etwas über dem Schulterbereich am Hals treffen. Bedenken Sie aber, daß nach einem Wurf Ihr „Schutzschild“ weg ist. Falls das Pferd sehr schwierig ist, wird es wieder angreifen, während Sie den Kanister zurückholen. Besorgen Sie sich also mehrere Kanister, oder rüsten Sie Ihr Wurfgeschoß mit einem Rückholband aus.

Wenn das Pferd wieder in seiner Ecke ist, folgen Sie ihm nicht, sondern ziehen sich Ihrerseits in einen „Privatbereich“ des Auslaufs zurück. Das Pferd soll Zeit zum „Denken“ haben und überlegen, ob es noch einmal angreifen will oder das besser läßt. Greift es wieder an, so wiederholen Sie das Spiel.

Irgendwann wird das Pferd die Sache aufgeben und sich bei Ihrem Anblick grundsätzlich in seine sichere Ecke zurückziehen. Damit haben Sie Ihren ersten Sieg errungen, denn es hat gelernt, Menschen zu akzeptieren und nicht ungestraft ihre „Privatsphäre" zu verletzen.

Da Sie aber mehr erreichen wollen als gegenseitige Duldung, gehen Sie jetzt zum nächsten Schritt über: Sie brechen Ihrerseits in die „Privatsphäre" des Pferdes ein und nehmen sich damit das Recht des Ranghöheren. Im allgemeinen macht das Pferd dabei keine Schwierigkeiten, sondern verläßt seine Zuflucht bereitwillig, sobald Sie „angreifen". Da Sie es vorher lange genug in Sicherheit gewiegt haben, ist nun nämlich der Überraschungseffekt auf Ihrer Seite!

Wiederholen Sie auch dieses Vorgehen mehrfach. Treiben Sie das Pferd aus seiner Ecke, vom Futter oder Wasser weg oder quer durch den Auslauf. Sobald das mit Peitsche und Kanister funktioniert, betreiben Sie es eine Zeitlang nur mit Kanister und versuchen Sie es dann mit dem Einsatz Ihrer frisch erworbenen Kenntnisse der Körpersprache. Das Pferd soll auf kleinste „Hoheitszeichen" Ihrerseits ausweichen. Erst wenn das sitzt, können Sie sich auch wieder freundlich nähern. Auf keinen Fall dürfen Sie zwischendurch mit Leckerli in den Auslauf kommen. Widersprüchliche Verhaltensweisen verwirren das Pferd nur und bestärken es in seinem Fehlverhalten.

Natürlich dürfen Sie diese Anweisungen aber auch nicht so verstehen, daß Sie das Pferd während der Korrekturphase täglich stundenlang durch den Auslauf treiben sollen. Verbinden Sie die Korrekturarbeit statt dessen mit den ohnehin im Auslauf zu erledigenden Aufgaben. Sie treiben das Pferd zum Beispiel in seine Ecke – und lassen es dort, während Sie ausmisten. Sie verjagen es vom Wasser, wenn Sie den Trog auffüllen. Sie halten es von der Heuraufe fern, während Sie sie füllen.

Die meisten Pferde greifen an, indem sie sich auf die Hinterbeine stellen und mit den Vorderbeinen schlagen. Nur sehr schwierige Fälle schlagen auch gezielt mit der Hinterhand. (Spontanes, reflexhaftes Schlagen sonst ungefährlicher Pferde kommt dagegen häufig vor und ist meist eine Schreckreaktion.) Es ist ausgesprochen schwer und gefährlich, ein solches Pferd zu korrigieren, denn sein Aktionsradius ist ungleich größer als der des „einfachen" Angreifers. Laien sind mit dieser Aufgabe im allgemeinen überfordert, Profi-Bereiter greifen zu extremen Zwangsmitteln, die bis zum Umwerfen und/oder Hobbeln (Fesseln) der Hinterbeine reichen.

Die vergleichsweise harmloseste Art der Korrektur ist hier der Versuch, das Pferd durch Futter- und Wasserentzug „ansprechbar" zu machen. Man stellt es dazu in eine Box und reicht ihm Kraftfutter und Wasser nur aus der Hand. Sobald es auch nur den Anflug einer Aggression zeigt, geht der Mensch und nimmt die Nahrung mit. Die Methode klingt einfach und für Menschen sehr plausibel. Für das Pferd ist sie aber weit schwerer zu durchschauen als die vorher beschriebene Sache mit den Ecken als Privatbereiche. Sie erfordert weit mehr „logisches Denkvermögen", also Verständnis von „Wenn-dann-Beziehungen". Nun sind allerdings die meisten aggressiven Pferde recht intelligent und kommen damit zurecht. Auch vom Menschen verlangt die Methode mehr Erfahrung, als es zunächst scheint. Sie müssen genau wissen, wann Sie es riskieren können, in die Box zu gehen. Sie müssen über hohe Reaktionsschnelligkeit und Körperbeherrschung verfügen, um schnell flüchten zu können, falls Sie sich verschätzt haben. Sie müssen immer einen Fluchtweg im Auge behalten, und Sie brauchen einen ebenso mutigen Helfer, der Sie im Zweifelsfall deckt. Mit anderen Worten: Überlassen Sie die Arbeit mit solchen Pferden Berufsreitern. Falls Sie es nämlich nicht schaffen, sind Sie nicht nur unnötige Risiken eingegangen, sondern haben auch das Pferd noch aggressiver gemacht. Jeder gelungene Angriff bestärkt es in seinem Verhalten und läßt die Chancen für eine erfolgreiche Korrektur sinken.

Für den Laien einfacher zu handhaben ist ein alter Kavallerietrick zur Korrektur von Beißern. Dazu füllt man ein dünnes Tuch mit etwas Ekelerregendem - sehr bewährt hat sich angegammelte Leberwurst - oder etwas Scharfem wie etwa Tabasco oder Cheyennepfefferpaste. Wenn es einem gelingt, das Pferd dazu zu bringen, da hineinzubeißen, ist es meist fürs Leben kuriert. Die Methode funktioniert natürlich nur bei Pferden, deren Beißerei sich auf Schnappen, zum Beispiel nach dem Arm ihres Führers beschränkt, nicht bei angreifenden Pferden.

Füttern aus der Hand?

„Belohnungen aus der Hand - ja oder nein?“ - das ist ein stark umstrittenes Thema sowohl bei der Korrektur von Problempferden als auch bei der Ausbildung von Jungpferden. Die Gegner der Handfütterung argumentieren damit, daß die Reichung von Leckerbissen das Beißen fördert und häufig in Bestechungen ausartet. Die Pferde neigen dann zur Aufdringlichkeit, durchsuchen ständig die Taschen ihrer Reiter und werden aggressiv, sobald sie nichts mehr erhalten. Andererseits sind Leckerbissen nun einmal die einfachste und wirkungsvollste Belohnung für ein Pferd. Besonders, wenn ein Kunststück erlernt, eine Trailaufgabe eingeführt oder gar etwas Beängstigendes eingeübt wird, wirkt der Leckerbissen verstärkend und beruhigend - gleichzeitig kauen und sich aufregen ist für ein Pferd fast unmöglich. Man kann hier natürlich auf eine am Rand der Reitbahn stehende Futterschüssel zurückgreifen, aber die Belohnung ist doch nicht so unmittelbar verfügbar wie die Möhre in der Tasche.

Letztlich ist die Fütterung aus der Hand - wie praktisch alles im Umgang mit Pferden - in erster Linie ein Rangordnungsproblem. Sofern Sie eindeutig der Chef in Ihrer Pferdeherde sind, können Sie ohne weiteres mit einer Tasche voller Leckerli in die Gruppe gehen und das Futter in beliebiger Reihenfolge an die Pferde verteilen. Schließlich genügen ein Blick, ein Befehl oder eine kurze Handbewegung von Ihnen, um Schlägereien unter den Tieren zu unterbinden. Ein Angriff auf Sie ist erst recht undenkbar. Eine so eindeutige Führungsposition in einer Pferdeherde haben aber nur wenige Reiter. Im allgemeinen ist es besser, Konfrontationen zu vermeiden und auf der Weide nicht zu füttern. Grundsätzlich sollte auch nur dann gefüttert werden, wenn ein Pferd eine Aufgabe zur Zufriedenheit erledigt hat.

Pferde können den Zusammenhang zwischen guter Arbeit und verdienter Belohnung durchaus begreifen. Wenn sie dann noch beim ersten Versuch, sich den Leckerbissen durch „Griff in die Jackentasche“ zu erschleichen, energisch gemaßregelt werden, gewöhnen sie sich auch nicht das Beißen an.

Aufdringlich können jedoch auch so erzogene Pferde einmal werden. Besonders menschenfreundliche Jungpferde kommen gern heran, während man sich im Auslauf aufhält, und spulen, um einen Leckerbissen zu verdienen, ihr gesamtes Programm an Kunststücken ab. Sie müssen dann selbst entscheiden, ob Sie das niedlich finden oder ob Sie es unterbinden.

Bevor es einen Leckerbissen erhält, muß das Pferd eine Leistung erbringen

Probleme im Umgang

Wenn Pferde sich nicht einfangen lassen

Viele Reiter kennen das Problem des schwer zu fangenden Pferdes und finden sich mit dieser Unart langfristig ab. Sie rechnen die Zeit zum Hereinholen des Pferdes bei jedem Ritt mit ein.

Das Vorgehen der Tiere ist dabei recht variationsreich: Manche Pferde lassen sich nur fangen, wenn man zu zweit kommt. Bei anderen muß man erst die gesamte Herde eintreiben, um ihrer dann im Auslauf oder im Stall habhaft zu werden. Und bei einigen wenigen ist jede Rittplanung ein Glücksspiel, weil es Tage gibt, an denen sie auch mit List und Tücke nicht zu kriegen sind.

Für den Zuschauer ist eine solche Pferdejagd immer eine Gaudi, aber die Betroffenen finden es meist alles andere als lustig. Auch für Tierärzte und Schmiede ist es eine Zumutung, stets stundenlang abwarten zu müssen, bis ihr vierbeiniger „Kunde“ sich endlich fangen läßt. Es ist also sinnvoll, dieses Verhalten nicht als kleine „Macke“ des Pferdes abzutun, sondern als Problem zu erkennen und zu korrigieren.

Ursachen des Problems

Wenn ein Pferd sich nicht einfangen läßt, so hat es dafür immer einen Grund!

Diese Aussage klingt trivial, ist aber der Schlüssel zum Umgang mit dem

Pferde haben die verschiedensten Gründe fürs Weglaufen

gesamten Problem. Jedes Pferd hat seine individuellen Gründe für die Flucht vor dem Menschen, und es wird sein Verhalten erst nach ihrer Aufarbeitung ändern.

Sehr viele Pferde entziehen sich dem Menschen einfach deshalb, weil sie sich vor ihm fürchten. Das ist besonders bei halbwild aufgewachsenen Importpferden der Fall. Sie verbinden den Anblick eines Menschen mit den traumatischen Erfahrungen beim „Einbrechen“ vor dem Export und des Transportes in die neue Heimat. Es ist typisch für solche Fälle – sie sind besonders häufig bei Islandpferden zu beobachten –, daß sich das Pferd, sobald man es glücklich hat, anscheinend „normal“ benimmt. Oft sind die Tiere dann sogar auffällig „brav“ und lassen auch unangenehme Behandlungen zum Beispiel durch Tierarzt und Schmied ohne erkennbare Rührung über sich ergehen. Dieses angepaßte Verhalten ist aber eine Folge von Einschüchterung. Es muß mit größter Skepsis betrachtet werden!

Wenn ein Pferd sich dem Einfangen erst zu entziehen beginnt, nachdem es eingeritten wurde, so ist bei der Arbeit mit ihm etwas schiefgelaufen. Es empfindet Reiten als unangenehm oder fürchtet sich sogar davor. Reiter interpretieren seine Flucht dann gern als „Faulheit“, aber das trifft nicht zu. Schließlich bewegt sich das Pferd beim Weglaufen ja ebensoviel wie sonst unter dem Reiter, und da es sich zum Schluß meist doch fangen läßt, tut es das zusätzlich zu seiner gewohnten Arbeit.

Mitunter fliehen Pferde auch vor Überforderung. Das ist besonders bei Jungtieren zu beobachten, die zu früh unter den Sattel genommen wurden.

Andere Pferde beginnen das Weglaufen dagegen gerade bei Unterforderung! Besonders hochblütige Pferde geben ih-

Das Pferd sollte sich seinem Reiter freundlich zuwenden

ren Besitzern damit zu verstehen, daß sie sich vernachlässigt fühlen und sich mehr Beschäftigung wünschen. Ein solches Verhalten ist oft bei Arabern zu beobachten.

Mitunter beobachtet man Fälle, in denen Pferde nur vor ihren Besitzern weglaufen und sich anderen Menschen geradezu freudig nähern! Dann stimmt etwas in der Partnerschaft nicht.

Bei wieder anderen Pferden ist das „Sich-nicht-einfangen-Lassen" eine Begleiterscheinung des Klebens. Zeigt man Bereitschaft, noch ein weiteres Pferd mitzunehmen, lassen sie sich leicht greifen.

Nehmen Sie sich unbedingt Zeit, über die Ursachen der Probleme Ihres Pferdes nachzudenken, bevor Sie zu Zwangsmaßnahmen greifen oder ihm gar den Weidegang radikal streichen!

Vorbeugung

Es gibt keine speziell für die Furcht vor dem Menschen disponierten Pferde. Zwar wird einigen Rassen eine besondere Distanziertheit nachgesagt, aber das ist zu einem großen Teil erziehungsbedingt.

Wenn ein Pferd seinen Menschen mag und seine Arbeit gern tut, wird es in der Regel nicht davor weglaufen. (Ausnahmen kommen vor, zum Beispiel bei einem Einfangversuch, nachdem es gerade erst zum Fressen auf die Weide gelassen wurde.) Idealerweise sollte man das Pferd deshalb nie jagen müssen. Es sollte bereitwillig auf seinen Reiter zukommen. Das muß aber nicht unbedingt bedeuten, daß es sich beim Anblick seines Menschen von der Herde trennt und wiehernd auf ihn zutrabt. Es reicht, wenn es ein paar Schritte in seine Richtung macht oder ihn wenigstens mit einem Kopfheben und vorgestellten Ohren willkommen heißt.

Dieses Verhalten kann man fördern, indem man das Pferd für ein Kommen auf Zuruf belohnt. Besonders Pferden, die früher schlechte Erfahrungen mit Menschen gemacht haben, kann man ruhig ein Begrüßungsleckerchen mit auf die Weide bringen. Geben Sie es ihnen allerdings nicht ohne „Gegenleistung". Bevor es belohnt wird, muß das Pferd in irgendeiner Weise positiv auf Ihren Besuch reagieren. Am besten nähern Sie sich ihm nur auf etwa fünf Meter und rufen es dann heran. Gehorcht es, so hat es die Belohnung verdient. Die „Bedenkzeit", die man dem Pferd mit einem solchen Unterbrechen der Einfangaktion zugesteht, kann in manchen Fällen Wunder wirken. Bei vielen Pferden läuft das Verhaltensmuster „Mensch – Flüchten!" nämlich reflexhaft ab und wird unterbrochen, sobald der Mensch sich plötzlich nicht zielstrebig, sondern „anfragend" nähert. Erfahrene Reiter entwickeln auf die Dauer ein Gefühl dafür, wann und wie Pferde Bereitschaft zum Mitmachen signalisieren. Das ist weniger eine Frage von außersinnlicher Wahrnehmung als von Übung. Sie können es trainieren, indem Sie so oft wie möglich helfen, verschiedene Pferde hereinzuholen und sich auch beim Einfangen schwieriger Pferde als Helfer zur Verfügung stellen.

Es ist weiterhin sehr wichtig, Pferde nicht nur dann von der Wiese zu holen, wenn etwas Unangenehmes droht. Jungpferde zum Beispiel sollten nicht ausschließlich zum Impfen oder Hufebeschneiden aufgehalftert werden! Ein gelegentliches Aufzäumen zwischendurch zwecks kurzer Spaziergänge oder kleiner Übungen an der Hand legt eher den Grundstein für Arbeitsfreude.

Lassen Sie Jungpferde auf keinen Fall zu „frei" aufwachsen. Es ist eine Unsitte, die Tiere in den ersten Lebensjahren so selten wie möglich zu berühren, um sie dann in einem Kurzkurs zu Reitpferden machen zu wollen! Ein täglicher Besuch auf der Weide und eine Mineralfuttergabe sind nicht sehr zeitaufwendig, schaffen aber menschenfreundliche und zutrauliche Pferde.

Mitunter werden Pferde erst handscheu gemacht, indem man sie auf der Weide immer wieder herumtreibt, um sie zu „bewegen". Besonders bei von Natur aus eher sensiblen Pferden sollte man das lassen. Tut man es aber doch einmal – zum Beispiel um Besuchern die hübschen Gänge der eigenen Jungpferde zu zeigen –, so verläßt man die Herde nicht eher, als bis man wieder an alle Pferde herangekommen ist und sie gestreichelt und gelobt hat.

Korrektur

Die Korrektur eines scheuen Pferdes muß immer bei der Bekämpfung der Ursachen ansetzen. Oft löst sich das Problem in nichts auf, sobald man zum Beispiel den Arbeitsplan interessanter gestaltet, schlecht passendes Sattelzeug gegen besseres austauscht o. ä. Als Einstieg in diese Veränderungen ist eine Reitpause ratsam. Wenn Sie das Pferd eine oder zwei Wochen lang nur zum Füttern und Putzen einfangen, wird es neues Vertrauen gewinnen.

Kompliziert wird es allerdings bei einem wirklich menschenscheuen Pferd. Falls das Tier verspannt und verängstigt in eine Ecke flüchtet, sobald man auftaucht, und dann womöglich noch den mitgebrachten Leckerwürfel ablehnt, liegen schwere Traumata vor, derer man

Es ist wichtig, sich dem schwierigen Pferd ruhig und Richtung Schulter zu nähern

nicht leicht Herr werden kann. Sehr wichtig ist hier Zeit und vertrauensbildender Umgang. Im Grunde muß die gesamte Erstausbildung solcher Pferde wiederholt werden, um die schlechten Erfahrungen durch gute zu überdecken.

Um dem Pferd aber gute Erfahrungen mit Menschen zu vermitteln, muß man es zunächst einmal haben. **Hier also ein paar Grundregeln zum Einfangen schwieriger Pferde:**

◆ **Rennen Sie nie!** Erstens sind Sie doch langsamer als das Tier, und zweitens steckt Rennen an!

◆ **Halten Sie ein handscheues Pferd nicht in einer besonders lauffreudigen Herde.** Wenn alle davonstürmen, sobald eines galoppiert, und dabei auch noch Spaß haben, kriegen Sie es nie. Rennt allerdings nur ein Pferd und flüchtet sich zwischen die ruhigstehenden anderen Tiere, so färbt deren Ruhe ab, und Sie können es leichter fangen. Im Zweifelsfall müssen Sie zunächst alle anderen Pferde festbinden, bevor Sie sich auf die „Jagd" nach Ihrem Problemfall machen. Wahrscheinlich schlüpft der dann sehr schnell neben seinen besten Freund unter den Pferden und läßt sich da greifen.

◆ **Fixieren Sie den Schulterpunkt!** Der „magische Punkt", den man beim Einfangen eines Pferdes anzusteuern hat, liegt im Schulterbereich. Geht man auf den Kopf des Pferdes zu, kann es scheuen, fixiert man die Hinterhand, so läuft es vielleicht weg oder schlägt aus. Nähert man sich jedoch der Schulter, so kann das Pferd einen gut sehen und fühlt sich nicht angegriffen. Auch Pferde unter sich nähern sich auf diese Art, wenn sie „in Frieden kommen". Sie könne das zum Beispiel bei der gegenseitigen Aufforderung zum Mähnenkraulen beobachten. Auch Sie sollten das Pferd erst kraulen und streicheln, bevor Sie nach dem Halfter greifen. Falls es kein Weidehalfter trägt, legen Sie ihm während des Kraulens einen Baumwollstrick um den Hals. Das erleichtert das Aufhalftern. Am Anfang kann man auch auf das konventionelle Halfter verzichten und nur den Baumwollstrick als Behelfshalfter umlegen.

◆ **Versuchen Sie, „vorauszuahnen", wohin das Pferd flüchten will!** Besonders Pferde, die noch nicht fest entschlossen sind, sich Ihnen zu entziehen, verraten durch Kopfbewegungen und Blickrichtung ihren Fluchtweg. Wenn Sie den dann im Vorfeld ansteuern, verzichtet das Pferd meist auf weitere Gegenwehr.

◆ **Vorsicht beim „In-die-Ecke-Treiben"!** Wirklich verängstigte Pferde springen in Panik über jeden Zaun. Dabei können sie sich schwer verletzen. Aber auch falls sie wohlbehalten auf der anderen Seite landen, wird es schwierig. Denn in Freiheit ist ein scheues Pferd wirklich kaum zu fangen!

◆ **Wenn man ein scheues Pferd endlich hat, muß es belohnt werden.** Auf keinen Fall darf man es für sein Weglaufen strafen! Am besten läßt man das Pferd gleich wieder laufen – und wiederholt die Fangaktion!

Der bekannte Pferdeausbilder Henry Blake favorisierte eine unfehlbare, in der Praxis aber äußerst mühsame Methode zum Einfangen schwieriger Pferde. Er stellte das Pferd dazu allein auf eine Weide und begann morgens mit der Einfangaktion. Dazu ging er einfach auf das Pferd zu und folgte ihm, sobald es weglief. Das wiederholte er so lange, bis es sich bereitwillig anfassen ließ. Manchmal dauerte es fünf oder sechs Stunden, bis das Pferd aufgab, aber irgendwann klappte es immer!

Nachdem das Pferd sich zum ersten Mal hatte aufhalftern lassen, wurde es gelobt, gefüttert und wieder freigelassen. Dann wiederholte Blake die Prozedur. Beim zweiten Mal dauerte das Einfangen dann nicht ganz so lange – und nach einigen weiteren „Mammutsitzungen" war das Pferd endgültig handzahm. Die Beschreibung des Verfahrens läßt es allerdings leichter erscheinen, als es ist. Besonders beim ersten Versuch wird man nach einigen Stunden müde und mutlos – und das Pferd merkt sofort, wann man Anstalten macht aufzugeben.

Zuversicht ist überhaupt eine der wichtigsten Voraussetzungen beim Einfangen schwieriger Pferde. Wer mit der festen Überzeugung, das Pferd zu kriegen, auf die Weide kommt, wird eher Erfolg haben als ein Zweifler.

◆ **Wenn Pferde sich vor Menschen fürchten, so ist es sinnvoll, sie zunächst an unsere Nähe zu gewöhnen.** Das klappt in einem kleinen Auslauf natürlich besser als auf einer großen Weide. Zudem ist das Pferd hier auf Fütterung durch den Menschen angewiesen. Stellen Sie das Problempferd also zusammen mit einem besonders menschenfreundlichen Kameraden in einen Auslauf, und halten Sie sich dort möglichst häufig auf. Gewöhnen Sie das scheue Pferd daran, die ersten Schritte auf Sie zu zu machen. Auch wenn es sich nur einem Futtereimer nähert, den Sie fünf Meter vor sich auf den Boden gestellt haben.

Bei einem extrem menschenscheuen Pferd ist eine mehrtägige bis mehrwöchige Reitpause dringend anzuraten! Fangen Sie es zunächst nur zum Füttern und Kraulen. Tellington-TTouch ist hier Gold wert.

Das scheue Pferd sucht Schutz in der Gruppe

Achten Sie im Umgang mit Ihrem Pferd darauf, daß es sich beim Zusammensein mit Ihnen entspannt! Pferde, deren „Bravheit" auf Einschüchterung beruht, stehen bei Berührung durch den Menschen nicht gelassen still, sondern „stramm". Sie lassen den Kopf nicht lokker hängen, stellen das Hinterbein nicht auf, um zu ruhen, und schauen sich nicht nach dem mit ihnen arbeitenden Menschen um. Statt dessen sind ihre Muskeln hart und verspannt, und sie tragen den Kopf hoch. Ihr Atem geht zu schnell oder zumindest unregelmäßig, sie atmen nicht so tief wie entspannte Pferde und schnauben nicht ab. Mitunter halten sie den Atem auch längere Zeit an, genau wie es Menschen unter starker Anspannung tun. In einem so verkrampften Zustand lernen sie nicht und können nichts als angenehm empfinden. Sie sind voll auf ihre Angst konzentriert und schließen sich vor der Berührung ab. Lassen Sie sich von einer

Das Pferd ist entspannt, wenn es deutlich auf Ihre Zuwendungen reagiert

solchen Haltung nicht täuschen, sondern loben, kraulen und streicheln Sie, bis das Pferd deutlich auf die Behandlung reagiert. Oft wirkt es, ihm dabei etwas vorzusummen oder zu singen. Sie können auch tief durchatmen und ab und zu kräftig hörbar ausatmen. Manchmal steckt das an, und das Pferd atmet ebenfalls „auf“.

Ein Sonderfall bei Fangproblemen sind Pferde, die aus Lauflaune oder um ihren Besitzer zu ärgern, vor jedem Reiten „Fangen spielen“. In einem solchen Fall läßt man das Pferd grundsätzlich mit Halfter auf die Weide. Sofern es allein draußen ist, kann auch ein langer Strick am Halfter hilfreich sein, den das Pferd hinterherschleift und den man unbemerkt von ihm aufheben kann. Das geht natürlich nur bei ruhigen, weitgehend scheufreien Pferden! Wirklich ängstliche Tiere können mit Hilfskonstruktionen dieser Art völlig verdorben werden.

Wenn Pferde sich zwar packen lassen, anschließend aber gleich wieder losreißen, muß auf jeden Fall vermieden werden, ins Halfter zu fassen. Besser ist es, einen Strick mit großem Karabinerhaken mitzunehmen und im Halfter einzuhaken, bevor das Pferd dessen gewahr wird. Dazu nähert man sich dem Pferd zwangsläufig zunächst mit Kraulen und Streicheln und das Einfangen wird dadurch positiv besetzt.

Mit Halfter auf die Weide?

Es ist umstritten, ob man schwer zu fangende Pferde eher mit oder ohne Stallhalfter in die Freiheit der Weide entläßt.

Für das Halfter spricht, daß man nicht erst lange Manipulationen am Pferd vornehmen muß, wenn man es endlich hat. Man faßt einfach ins Halfter und hakt den Strick ein. Diese offensichtlich so leichte Handhabung ist natürlich verführerisch. Nur wenige Menschen machen sich die Mühe, sich zunächst an das aufgehalfterte Pferd anzuschmeicheln und es zu kraulen, bevor sie nach dem Halfter greifen. Oft nähern sie sich von vornherein nicht der Pferdeschulter, sondern dem Halfter und schlagen das Pferd damit in die Flucht. Andere schleichen sich buchstäblich an das angehalfterte Pferd an und greifen dann plötzlich nach dem Halfter. Diese schnelle Bewegung des Menschen in Richtung seines Kopfes irritiert aber das Pferd und schlägt es nun gerade in die Flucht. Der Fänger hat dann keine Chance, denn der Griff ins Halfter ist nicht sicher. Insofern ist das Herauslassen mit Halfter nur bei Pferden ratsam, die sich nicht wirklich vor Menschen fürchten, sondern lediglich ihren Spaß mit ihnen treiben wollen. Dann kann auch ein auf die Länge von etwa zehn Zentimetern gekürzter Führstrick am Halfter sinnvoll sein. An einem solchen „Bommel“ ist das Pferd nämlich leichter zu packen und besser zu halten als am Stallhalfter. Vergessen Sie nicht, auch das Ende dieses kurzen Strickes mit einem Knoten zu versehen.

Selbstverständlich muß ein Weidehalfter besonders gut sitzen. Es darf nicht zu weit sein, damit das Pferd sich beim Kopfkratzen nicht mit dem Bein darin verfangen kann, und nicht zu eng sitzen, weil es sonst scheuert. Besonders experimentierfreudige Pferde, die zum Beispiel durch das Aufmachen von Türen oder das Aufknoten von Anbindestricken glänzen, sollten Sie besser nicht mit Halfter auf die Weide schicken. Sie

Ein einfacher Strick kann oft das Halfter ersetzen

haben dort nämlich viel Zeit, auszuprobieren, wie man das lästige Kopfstück kunstgerecht los wird. Beherrschen sie dann diesen Trick, so kann man sie nie mehr sicher anbinden!

Fohlen und spielfreudige Jungtiere läßt man grundsätzlich nicht mit Halfter auf die Weide! Auch bei gutsitzenden Halftern ist die Verletzungsgefahr hier viel zu groß.

Wenn Sie sich dazu entschließen, das Pferd ohne Halfter auf die Weide zu lassen, so arbeiten Sie beim Einfangen am besten mit einem langen Baumwollstrick. Sie nähern sich dem Tier zunächst zum Kraulen und Streicheln und legen ihm dabei den Strick um den Hals. Dann tasten Sie sich mit dem Strick weiter zum Pferdenacken und konstruieren ein Behelfshalfter.

Probleme beim Führen

Schwierigkeiten beim Führen machen in der Regel kein „Problempferd" aus. Es ist jedoch ausgesprochen lästig, wenn ein Pferd an der Hand ständig pullt, sich ziehen läßt oder nicht fähig ist, ruhig neben seinem Führer stehenzubleiben. Meist ist ein solches Verhalten auch nicht isoliert zu sehen. Schwerführige Tiere sind auch unter dem Sattel selten die Ruhe selbst, und häufig lassen sie sich dazu noch schlecht anbinden. Oft liegt ihrem ganzen Verhalten große innere Unruhe und/oder Respektlosigkeit gegenüber ihrem Menschen zugrunde.

Ursachen des Problems

Die meisten Schwierigkeiten beim Führen gehen darauf zurück, daß das Pferd nie gelernt hat, gelassen am Führstrick mitzugehen.

Das ist besonders bei Importpferden oder bei Pferden von Hobbyzüchtern der Fall. Pferde aus hiesigen, größeren Zuchten lernen das Führen meist relativ früh, denn bei Zuchtschauen werden sie schon als kleine Fohlen am Halfter vorgeführt. Sofern sie dann artgerecht gehalten werden und somit nicht in die Versuchung kommen, überschüssige Energie am Führstrick abzulassen, ist Führen ihr Leben lang kein Problem.

Leider werden nicht alle Jungpferde richtig gehalten und erzogen. Viel zu viele verbringen ihre Jugend in kleinen Boxen und strotzen bei gelegentlichen Ausflügen vor Energie. Sie gehen dann nur zu schnell „mit ihrem Menschen spazieren", statt sich seinem Schritt anzupassen. Auch Zureiter achten nicht

Nicht jedes Fohlen geht so artig an der Hand

immer auf artiges Verhalten an der Hand. In vielen Ställen kann man Pferde beobachten, die sich auf dem Weg in die Halle nur mühsam bändigen lassen und die man vor dem Reiten „ablongieren" muß, damit sie für die Wünsche ihres Menschen ansprechbar werden.

In manchen anderen Ländern wird Führen überhaupt nicht gelehrt. Die Pferde verbringen ihre ersten Lebensjahre in völliger Freiheit und werden dann eingebrochen. Mehr als drei Schritte aus dem Stall führt man sie nie, bevor man aufsteigt, und die lassen sie sich in der Regel hinterherziehen.

Ein solches Pferd ist natürlich nicht so entnervend wie ein Puller, aber auch ihm fehlt ein wichtiges Stück der Grundausbildung. Man kann es leicht nachholen und sollte es tun.

Korrektur

Das Führen spielt bei allen Korrekturmethoden eine wichtige Rolle. Hier zeigt sich nämlich am besten, wie es mit der Rangordnung und dem Verständnis der Körpersprache zwischen Pferd und Reiter aussieht.

Beim korrekten Führen geht das Pferd am lockeren Führstrick neben dem Menschen her. Auf längeren Strekken oder bei vertrauten Reiter-Pferd-Paaren kann es ihm auch einfach folgen. Es darf aber auf keinen Fall vorstürmen und ständig schneller werden wollen als der Mensch, und es darf nicht bummeln und sich ziehen lassen. Natürlich sollte es auch nicht an jedem Baum naschen und erst recht nicht an jedem Grasbüschel stehen bleiben. Zeigt es keine dieser Unarten, so wird es belohnt: Der Strick hängt durch, es hat genügend Kopffreiheit und kann sich umsehen und entspannen. Pullt es dagegen, oder läßt es sich ziehen, so sollte das unangenehme Konsequenzen haben. Tatsächlich fallen die jedoch oft aus. Das pullende Pferd wird an weichen, womöglich noch gepolsterten Halftern geführt, dem Druck durch die Hand des Führenden kann es sich mit einem Ruck entziehen, und falls ihm das nicht gelingt, so schleift es dessen Fliegengewicht einfach mit. Für ein 700-Kilo-Pferd ist ein 80-Kilo-Mann am Strick kein Hindernis.

Ähnlich ist es mit dem Pferd, das sich ziehen läßt. Es verspürt dabei zwar Druck im Nacken, aber der ist nicht allzu störend. Und beim ersten, lockenden Grasbüschel entzieht es sich ihm ohnehin mit einem kurzen Dreh zur Seite. Wenn der Führende vor dem Pferd geht, kann er ein Kopfsenken kaum verhindern.

◆ Die Arbeit zwischen Gerte und Kette
Die erste Maßnahme – vor allem bei der Korrektur des Pullers – ist also die Anschaffung einer Führkette. Sie wird ordnungsgemäß eingeschnallt (siehe Seite 48), und der Ausbilder faßt sie am letzten Gelenk. (Bei Kleinpferden und Jungtieren kann die Kette bei normaler Verschnallung zu lang sein. Helfen Sie sich hier mit einer Verschnallung, wie das Foto zeigt.) Dazu nimmt er eine Gerte mit Knauf in die Hand und zeigt dem Pferd damit deutlich an, wo die äußerste Grenze seines Freiraums liegt. Hält das Pferd sich nicht daran, zupft der Ausbilder an der Kette, zunächst leicht, wenn es sein muß, wird er dies aber auch kräftig und mehrmals tun. Dabei gilt die alte Regel im Umgang mit Zügeln: Annehmen und Nachgeben ist sinnvoll, Dauerzug ist grundfalsch. Ebenso wie ruckartiges Zügelziehen zu vermeiden ist, sollte man auch auf plötzliches Kettendurchziehen verzichten. Zeigen Sie dem Pferd mit der Gerte, was es tun soll. Falls es sich widersetzt, strafen Sie mit der Kette.

Die Gerte begrenzt den Bewegungsraum

So hilft man sich, wenn die Führkette zu lang ist

Auch das eher phlegmatische Pferd kann zumindest in der ersten Zeit mit Kette gearbeitet werden. Das ist besonders wichtig, wenn es zu extremer Respektlosigkeit neigt und mehr auf das Futterangebot am Wegrand achtet als auf seinen Menschen. Bei ihm ist aber die Gerte das wichtigste Hilfsmittel. Statt es vorwärts zu ziehen wie bisher, tippt man es hinten an: beim Führen von links am besten in dem Moment, in dem das linke Hinterbein vorschwingt. Achten Sie beim Gerteneinsatz unbe-

Hier wird mit der Gerte getrieben

dingt darauf, neben dem Hals des Pferdes zu gehen. Befinden Sie sich nämlich vor dem Tier, so erschrickt es beim Anblick der Gerte und bleibt eher stehen, als vorwärts zu gehen. Bleiben Sie zu weit hinten, hat das Pferd die Möglichkeit, vorzustürmen und sich loszureißen.

Das Pferd wird nun zwischen Kette und Gerte gearbeitet. Die Gerte treibt von hinten, die Kette gibt vorn die Grenze vor. Schwankt ein Pferd ständig zwischen vorspringen und stehenbleiben, so ist es am besten, mit einem Helfer zu arbeiten. Der geht dann mit einer Gerte hinter dem Pferd, während man selbst wie eben beschrieben mit Kette und Gerte den Vorwärtsdrang eindämmt.

◆ **Verspannungen abbauen!**
Abwechselnd stürmende und verharrende Pferde gehören oft zu den besonderen Problempferden, die sich aus lauter Angst und Verspannung nicht führen lassen. Man erkennt sie am panischen Blick, zu hoch getragenen Kopf und verspannter Muskulatur. Wenn sie dem Führenden folgen, so nur mit sehr kurzen Schritten, Gangpferde tendieren zu verspanntem Paß. Unter dem Sattel zeigen sie meist überschäumendes (Angst-)Temperament und sind oft als Durchgänger gefürchtet. Wie schon im letzten Kapitel behandelt, ist das Einfangen auf der Weide häufig ein weiteres Problem.

Bei diesen Pferden überlegt man den Gerteneinsatz sorgfältig, denn bei der Berührung mit der Gerte könnten sie in Panik geraten. Sie müssen zunächst daran gewöhnt werden, sich mit der Hand

Dieses Pferd arbeitet in der richtigen, entspannten Haltung

am ganzen Körper berühren zu lassen, dann beginnt man, sie mit der Gerte zu streicheln. Erst wenn sie das ohne Angstanfälle über sich ergehen lassen, kann die Gerte als Hilfsmittel beim Führen und bei der Bodenarbeit sinnvoll eingesetzt werden.

Es ist beim Führen eines jeden Pferdes wichtig, die Kopf-Hals-Haltung im Auge zu behalten. Das Pferd sollte eine entspannte Haltung, eventuell mit Tendenz zur Dehnungshaltung einnehmen. Bei der Arbeit mit verspannten Problempferden ist das besonders relevant. Es empfiehlt sich deshalb, die Führarbeit bei ihnen mit Bodenarbeit zu verbinden und sie immer wieder aufzufordern, den Kopf zu senken und hinzusehen, während sie über Stangen treten oder im Slalom um Bodenhindernisse herumgehen.

◆ Achten Sie auf Kleinigkeiten!

Auch heftige Pferde lernen im Rahmen der Bodenarbeit nach der TT.E.A.M.-Methode, auf ihren Ausbilder zu achten und genau zu arbeiten. Bei ihnen kommt es besonders darauf an, auch in Kleinigkeiten Wert auf Gehorsam zu legen. Wollen Sie Ihr Pferd zum Beispiel wenden, so überlegen Sie sich vorher, in welche Richtung, und bestehen Sie auf Befolgung Ihres Befehls. Heftige Pferde wenden am liebsten nach links, weil sie dazu um den Führenden herumlaufen dürfen. Unterbinden Sie das energisch, wenn Sie sich vorgenommen haben, nach rechts zu wenden!

Falls Ihnen das aus Kraftgründen nicht gelingt, strafen Sie das Pferd für

Pferde empfinden diese Übung als Bestrafung

seinen Ungehorsam, indem sie es „kreiseln“ lassen. Dazu nehmen Sie es sehr kurz und lassen es einige enge Kreise um Sie drehen. Wir werden später, wenn es ums Reiten geht, genauer auf diese Methode der Korrektur eingehen.

◆ Plötzliches Verharren – Antippen mit der Gerte

Bleibt ein Pferd beim Führen plötzlich stehen, hebt den Kopf und verspannt die Muskeln, so versuchen Sie nicht, es vorwärts zu ziehen. Es zieht dann nur zurück, verkrampft die Halsmuskulatur noch mehr und kann nicht mehr „mitdenken“. Besser ist es, neben das Pferd zu treten und es mit der Gerte anzutippen, damit es wieder vorwärts geht. Sie werden bemerken, daß es im Augenblick des Antretens den Kopf senkt. Funktioniert das nicht, so massiert man seinen Nacken, bis es den Kopf sinken läßt. Es kommt dadurch „wieder zu sich“ und reagiert dann auch auf die treibende Hilfe. Ein solches Verhalten findet sich übrigens nicht nur beim Problempferd, sondern es kommt während der Führausbildung mit jedem Jungpferd vor. Vielleicht kann man es mit dem „Träumen“ bei Schulkindern vergleichen . . .

◆ Das „Komm-mit“

Ist ein Pferd extrem gertenscheu, so kann man auch ein „Komm-mit“ einsetzen, also die Kombination zweier um den Körper des Pferdes gelegter Seilschlaufen, die gewöhnlich nur in der Fohlenausbildung gebraucht wird. Damit übt man Druck auf die Hinterhand unterhalb des Schweifes aus, dem das Pferd reflexhaft folgt. Es ist aber auf

Das „Komm-mit“ nutzt natürliche Reflexe des Pferdes

jeden Fall sinnvoll, das Pferd irgendwann an die Gerte zu gewöhnen. Man riskiert sonst hysterische Reaktionen, sobald es zum Beispiel bei einem Ausritt oder auf einer Jagd von der Gerte eines Mitreiters gestreift wird.

◆ **Drängeln – kein Gegendruck!**
Typisch für Jungpferde ist auch das Drängeln. Das junge Pferd möchte partout keinen Abstand von seinem Führer halten, sondern drängelt ständig auf ihn zu. Die meisten Menschen beantworten diesen Druck mit Gegendruck, richten

Junge Pferde neigen zum Drängeln

damit aber wenig aus, denn das Pferd ist nun einmal stärker. Es tritt ihnen beim Drängeln auf die Füße und bringt sie zum Ausweichen nach links.

Dieses Verhalten des Pferdes beruht zunächst auf Unsicherheit. Das junge Tier möchte am liebsten genau da gehen, wo sein Führer läuft, denn das erscheint ihm am sichersten. Das Nebeneinandergehen zweier Partner, wie wir es beim Führen verlangen, ist nämlich für das Pferd eine unnatürliche Situation. In der Pferdeherde geht man hintereinander, wobei der Ranghöhere stets die vordere Position einnimmt. Überholt ein Pferd, so betrachtet er das als eine Herausforderung, und der Überholer kann seinem strafenden Biß nur entkommen, indem er zurückschreckt oder sehr schnell an ihm vorbeistürmt. Das junge Pferd muß erst lernen, daß ihm im Gegensatz dazu vom Menschen kein abwehrendes Verhalten droht. Außerdem muß es genug Mut entwickeln, ohne „Vorläufer" ruhig vorwärts zu gehen. Die Korrektur des Dränglers muß also mit besonders viel Geduld und Verständnis erfolgen.

Am besten beginnen Sie das Training auf einer Weide, auf der das Pferd sich sicher fühlt. Sie arbeiten mit Kette und Gerte und bringen dem Pferd damit energisch bei, Abstand von Ihnen zu halten. Mitunter muß man dabei recht deutlich werden. Scheuen Sie sich bei sturen Vertretern nicht, die Gerte einzusetzen. Ein ranghöheres Pferd würde in derselben Situation mit zusammengebissenen Zähnen zuschlagen oder sogar beißen. Das tut viel mehr weh als ein Klaps mit dem Gertenknauf!

Bringen Sie Ihrem Pferd bei, den Abstand zu Ihnen zu vergrößern und wieder zu verkleinern, wenn Sie den Strick auslassen oder annehmen. In Engpässen soll es auch hinter Ihnen gehen. Bei all diesen Übungen halten Sie es mit der Gerte auf Abstand. Es ist bei dieser Arbeit sehr nützlich, die wichtigsten Führpositionen aus der TT.E.A.M.-Arbeit zu beherrschen.

Sobald das Pferd auf der Weide alles kann, können Sie anfangen, es auch bei Spaziergängen zu üben. Beweisen Sie aber Sensibilität bei der Auswahl der Übungsstrecken. Zum Beispiel sollten Sie von Ihrem Jungpferd nicht gleich verlangen, beim Passieren „scheuträchtiger Wegstellen" größeren Abstand zu halten. Es genügt hier, ohne Drängeln und Stürmen vorbeizukommen.

◆ So lernt Ihr Pferd korrektes Anhalten! Zum richtigen Führen gehört auch korrektes Anhalten auf leichte Hilfen. Außerdem sollte das Pferd lernen, ruhig neben seinem Menschen stehenzubleiben und nicht ständig herumzutänzeln oder zu fressen versuchen. Idealerweise sollte ein Pferd auf Zuruf und/oder ganz leichtes Zupfen am Führstrick anhalten. Beim Üben machen wir uns dazu die Kenntnis der „Pferdesprache" zunutze. Das heißt, wir zupfen leicht am Strick, schieben uns – und die Gerte – etwas vor das Pferd und sehen es an. Bei manchen Pferden muß man dabei sehr deutlich werden. Scheuen Sie sich nicht, Ihrem vierbeinigen Dickkopf die Gerte vor die Nase zu halten und auch mal mit dem Knauf darauf zu klopfen! Sofern Sie das nicht übertreiben, wird das Pferd nicht davon kopfscheu. Meist hat es ja schon bei der ersten Aufforderung verstanden, was Sie von ihm wollten, und empfindet den Klaps als gerechte Strafe für seinen Ungehorsam. Sie sind der ranghöhere

Partner und haben ein Recht darauf, auf die Befolgung Ihrer Anweisungen zu bestehen!

Auch ein Antippen der Pferdebrust mit der Gerte kann sinnvoll sein. Pferde unter sich strafen eine allzu freche Annäherung mit einem Hufschlag in diese Region.

Verbinden Sie die Hilfen zum Anhalten immer mit einem Wort, wobei ein langgezogenes „Hoo" oder „Whoa" in der Regel besser ankommt als das überkommene „Brr". Das Pferd wird sehr bald lernen, allein auf dieses Kommando hin zu stoppen. Gewöhnen Sie das Pferd – und sich selbst! – daran, an einem bestimmten Punkt anzuhalten. Manche Reiter merken gar nicht, wie lang ihr „Bremsweg" ist. Eine gute Übung dazu ist es, eine Stange auf den Boden zu legen und davor zu stoppen. Zunächst aus dem Schritt, dann aus dem Trab und später, vom Sattel aus, auch aus dem Galopp. Das Ziel des Ganzen ist immer ein Reagieren auf leichteste Zeichen. Es ist erreicht, wenn das Pferd nur mit einem Bändchen um den Hals oder ganz ohne Hilfsmittel auf Handzeichen des Führenden reagiert.

Zuwenden und Ansehen bedeutet „Stop!"

◆ So bleibt Ihr Pferd ruhig stehen!

Nachdem das Pferd angehalten hat, soll es ruhig stehen, auch wenn die Pause länger dauert, weil der Mensch sich unterhalten will, eine Landkarte studiert oder eine Jacke überzieht. Auch hier kommt es sehr stark auf die Geduld und den Willen des Ausbilders an. Wenn es Ihnen egal ist, ob das Pferd ein bißchen herumtanzt, lernt es nie, still zu stehen. Konzentrieren Sie sich also auf die Aufgabe „Stillstehen", und nehmen Sie sich Zeit für die Übungen. Stellen Sie das Pferd dazu auf, und befehlen Sie ihm, ruhig zu stehen. Sobald es einen Schritt vorwärts macht, tadeln Sie es kurz und fordern es mit Hilfe von Gerte und Führkette auf, die Bewegung zurückzunehmen. Wenn Sie das oft genug tun, wird es begreifen, Sie meinen es ernst. Sie können sich diese Übungen erleichtern, indem Sie das Pferd in ein Stangenviereck oder vor eine Stange stellen, die es nicht übertreten darf.

Das Ziel ist erreicht, wenn das Pferd Sie im Stangenviereck absteigen läßt und ruhig stehenbleibt, während Sie einmal herumgehen. Dies ist übrigens eine beliebte Aufgabe in Western-Trail-Prüfungen.

Behalten Sie aber bei allen Führ- und Stehübungen im Auge, daß ein Pferd ein Bewegungstier ist. Nur wenn es außerhalb der Trainingszeiten die Möglichkeit hat, sich auszutoben und innere Unruhe abzubauen, kann es sich während der Arbeit mit Ihnen konzentrieren und wohlverhalten.

Das Pferd läßt sich nicht anbinden

Viele Reiter laufen auf Turnieren oder Schauen den ganzen Tag mit dem Pferd an der Hand herum, weil es sich nicht anbinden läßt. Auf Wanderritten kommen sie kaum zum Essen, sind ständig auf die Hilfe anderer Reiter angewiesen und fürchten sich stets davor, ihr Pferd aus den Augen zu lassen. Wenn ein Pferd am Anbinder nach hinten reißt, ist das nämlich äußerst gefährlich. Geben Strick oder Halfter nach, so ist das Pferd frei und kann auf Wanderschaft gehen. Geben Sie nicht nach, so zerrt es womöglich in Panik am Strick, bis es hinfällt und sich verletzt. Auch Anbinden ist jedoch Übungssache. Am besten lernt ein Pferd es im Fohlenalter. Doch

Unten links: Anbindeprobleme können gefährlich werden

Wer Pferde so anbindet, fordert Probleme heraus

auch dem erwachsenen Pferd kann es noch vermittelt werden.

Ursachen des Problems

Die meisten anbindescheuen Pferde haben mit dem Anbinder schlechte Erfahrungen gemacht. So hat man sie zum Beispiel an beweglichen Gegenständen angebunden, und beim Versuch, sich loszureißen, haben sie Zaunlatten oder Autoreifen hinter sich hergeschleift. Es gibt auch Fälle, bei denen Pferde in der Nähe von lockeren Gullideckeln oder Jauchegruben angebunden wurden und dann mit einem Bein hineingerieten. Sie nähern sich dann besonders ungern Anbindeplätzen, die dem damaligen Unfallort gleichen.

Viele Pferde werden panisch, sobald sie beim Scharren mit dem Bein über den zu langen oder zu tief vertäuten Strick geraten. Auch das kann verzweifeltes Toben und dann eine lebenslange Angst vor dem Anbinden auslösen. Wieder andere werden gleich beim ersten Anbinden als junge Pferde verdorben. Wer Fohlen an einen festen Anbinder hängt und dort sich selbst überläßt, riskiert Verletzungen und eine dauerhafte Furcht vor dem Anbinden.

Vorbeugung

Anbindescheue Pferde sind meist ängstliche und unsichere Tiere. Oft handelt es sich um Pferde, die vor jeder Kleinigkeit erschrecken. Sie wollen dann flüchten, können das im angebundenen Zustand aber nicht und geraten deshalb in Panik. Die beste Vorbeugung dagegen ist, schon Fohlen zu Scheufreiheit und Menschenfreundlichkeit zu erziehen. Fohlen sind von Natur aus neugierig und aufgeschlossen. Sofern sie nicht abgeschlossen von der Außenwelt gehalten werden und ständig schlechte Erfahrungen im Umgang mit ihren Menschen machen, entwickeln sie ganz von allein Vertrauen zu deren Handlungen. Ideal ist es, wenn auch die Mutterstute der Welt furchtlos entgegentritt und ein gutes Verhältnis zu ihren Pflegern hat. Die Fohlen selbstbewußter, gelassener Mütter sind selten schreckhaft. Wichtig beim **Anbindetraining von Jungpferden** ist weiterhin folgendes:

- **Vermitteln Sie dem Fohlen schon vor**

Anbindetraining zahlt sich aus

dem ersten Anbinden, daß leichter Druck im Nacken als Aufforderung zum Senken des Kopfes zu verstehen ist.

◆ **Gewöhnen Sie ein Fohlen nicht ans Anbinden, indem Sie es mit dem Anbinder „kämpfen" lassen.** Besser ist es, den Anbindestrick zunächst locker um den Anbinder zu schlingen und das andere Ende in der Hand zu halten. So merken Sie, wenn das Fohlen zurückzieht und Druck im Nacken verspürt. Falls es dann rückwärtsziehen will, können Sie es durch Anticken der Hinterhand zum Vortreten auffordern, und so die richtige Reaktion auf den Nackendruck üben.

◆ **Lassen Sie das angebundene Fohlen zunächst nicht unbeschäftigt.** Binden Sie es nur so lange an, wie Sie putzen und kraulen.

◆ **Hufegeben und Anbinden kann das Fohlen nicht gleichzeitig lernen!** Lassen Sie es während der ersten Lektionen zum Hufegeben von einem Helfer festhalten.

◆ **Fohlen können sich nicht allzulange konzentrieren und langweilen sich leicht.** Starten Sie also keine Anbinde-Marathons. Wenn der Nachwuchs fünf Minuten ruhig neben seiner Mutter steht, haben Sie schon viel erreicht!

Stabile Anbindebalken sind ein Muß bei der Korrektur

Korrektur

Für die Korrektur eines Pferdes mit Anbindeproblemen brauchen Sie unbedingt eine robuste Anbindemöglichkeit! Arbeiten Sie auf keinen Fall mit Zaunlatten oder gar beweglichen Gegenständen, wie etwa einem ungesicherten Pferdehänger! Auch wählt man natürlich keinen zu tief gelegenen Anbinder und bindet nicht zu lang an.

Gewöhnlich reißen sich Pferde nicht aus Berechnung oder Widersetzlichkeit los, sondern weil sie in angebundenem Zustand wirklich in Panik kommen. Man könnte ihre Anbindeangst mit der Klaustrophobie beim Menschen vergleichen.

Der unmittelbare Auslöser des Zurückreißens ist meist der Druck des Halfters im Nacken. Statt ihm auszuweichen, indem sie den Kopf senken und vortreten, erschrecken die Pferde und versuchen es mit Kopfhochreißen und Gegendruck. Ab einer gewissen Kopfhöhe greift dann der Fluchtreflex, und die

Schon auf leichten Nackendruck senkt dieses Pferd den Kopf

Tiere geraten in Panik und kämpfen, bis sie sich befreit haben. Nachdem sich der Panikhaken gelöst hat oder das Halfter gerissen ist, beruhigen sie sich meist schnell wieder.

Erste Aufgabe beim Anbindetraining ist also, das Pferd an Druck im Nacken zu gewöhnen, und seine falsche Reaktion (Kopf hochreißen) gegen die richtige (Kopf senken) auszutauschen. Dazu gewöhnt man das Pferd zunächst daran, sich bei sanfter Nackenmassage zu entspannen und dann auf leichten Druck den Kopf zu senken. Das wiederholt man, indem man es am Halfter nach unten bringt. Dazu ziehen Sie natürlich nicht am Strick, sondern geben nur Impulse durch sanftes Zupfen. Legen Sie dem Pferd dabei eine Kette um. Der Druck der Kette auf der Nase unterstützt die richtige Reaktion auf das Zupfen am Halfter.

Danach beginnen Sie mit der Arbeit am Anbinder. Sie ziehen den Führstrick durch den Anbindering und halten das Ende in der Hand. So bemerken Sie, wann das Pferd Nackendruck erhält. Sie können lockerlassen, das Pferd beruhigen und ihm durch Anticken der Hinterhand mit der Gerte den Impuls zum Vortreten geben. Gerät das Pferd trotzdem in Panik, lassen Sie los. Der Teufelskreis Anbinden-Nackendruck-Panik-Schmerz soll ja durchbrochen werden.

Bei manchen Pferden wirkt ein Austausch des Halfters gegen einen Halsriemen Wunder. Sie spüren dann beim Zurücktreten den Druck nicht mehr im Nacken, sondern weiter unten am Hals und reagieren auf diese neue und noch nicht so angstbesetzte Erfahrung mit richtigem Verhalten. Sie treten vor, und der Druck läßt nach.

Auch eine „Komm-mit"-Konstruktion kann helfen, das reflexhafte Zurückziehen zu stoppen. Bei sehr ängstlichen Pferden sollten Sie den zugehörigen Strick aber in der Hand behalten und auf keinen Fall mit dem Anbindestrick verbinden, wie das mitunter empfohlen wird, damit das reißende Pferd sich „selbst bestraft". Falls sich der Strick nämlich unter dem Schweif festzieht, kann das Pferd noch mehr in Panik geraten, und es ist nichts gewonnen, wenn es nun zum Anbinder hin und nicht mehr davon wegstürmt!

Grundsätzlich ist es gut, das anbinde-

Viele Pferde ziehen den Halsriemen dem Halfter vor

scheue Pferd neben einem ruhigen und sicheren Pferd anzubinden, möglichst neben einem, das es kennt.

Die Korrektur des ängstlichen Reißers mit Hilfe des festgehaltenen Anbindestricks ist sehr langwierig, führt aber letztlich meistens zum Erfolg. Nachdem das Pferd eine Zeitlang keine Anstalten mehr zum Zurückreißen gemacht hat, kann man wieder anfangen, es anzubinden, baut dabei aber eine „Sollbruchstelle“ in die Konstruktion mit ein. In England ist dazu ein Strohbändchen zwischen Strick und Anbinder üblich, und es gibt tatsächlich wesentlich schneller nach als jeder Panikhaken. Am besten läßt man es aber gar nicht soweit kommen, sondern bleibt zumindest in der ersten Zeit immer nah bei dem angebundenen Pferd, um erste Anzeichen von Panik erkennen und ihnen entgegenwirken zu können.

Besteht die Möglichkeit dazu, so kann man das Pferd auch zwischen zwei Stricken anbinden, wie es in Amerika üblich ist. Die meisten Pferde reagieren sehr positiv auf diese deutliche Begrenzung nach vorn-seitwärts und geraten nicht so schnell in Panik wie am üblichen Anbinder.

Wie gesagt, liegt dem meisten Reißen am Anbindestrick echte Panik zugrunde. Es gibt aber auch Pferde, die das Ganze gezielt als Befreiungsaktion inszenieren. Als wir kürzlich ein Video zum Umgang mit Pferden aufnahmen, arbeiteten wir mit einem Trakehnerwallach, der uns die „Panikreaktion“ aufs Anbinden fünfmal hintereinander bühnenreif vorführte! Zwischen den Einstellungen folgte er seiner Reiterin gelassen zurück an den Anbindeplatz, wo er gefüttert wurde, bis die Kamera wieder soweit war. Sobald man das Futter wegnahm, brach er drehbuchgerecht in „Panik“ aus.

Solche Pferde heilt man natürlich nicht mit Geduld und Liebe, sondern greift zu Zwangsmaßnahmen.

Ein absolutes Muß dabei ist zunächst die unzerstörbare Anbindevorrichtung. Sie sollte auch nach vorn abgesichert sein – also keine Zaun- oder Lattenkonstruktion, sondern am besten eine Hauswand. Ein weicher Untergrund am Anbindeplatz ist von Vorteil – auf jeden Fall sollte der Boden griffig sein.

Dann braucht man ein garantiert reißfestes Halfter. Das ist allerdings leichter gefordert als angeschafft. Professionelle Bereiter beziehen dazu spezielle dicke Nylonhalfter aus den USA. Wenn Sie sich nicht sicher sind, daß Ihr Halfter

Hals-Rücken-Linie beim reißenden Pferd

dem Druck standhält, legen Sie dem Pferd vorsichtshalber zusätzlich einen Halsriemen um!

Sehr wirkungsvoll ist auch ein „Komm-mit"-Kopfstück aus Westernshops, das sich im Nacken und an der Nase zusammenzieht, sobald das Pferd daran reißt. Es ist allerdings nicht so haltbar wie das Nylonhalfter und sollte deshalb nur in Kombination mit einem stabilen Halfter oder Halsriemen verwandt werden.

Nun binden Sie noch ein ruhiges Pferd in die Nähe des Anbindeplatzes, damit der Reißer ein gutes Vorbild hat. Sie selbst nehmen sich eine Gerte und postieren sich neben dem Problempferd. Sie binden es an und warten ab. Mit etwas Glück wird es eine Zeitlang am Strick zerren und sich dann ergeben. Häufig wirft es sich aber hin oder fällt beim Kampf gegen den Anbinder hin. Dann dürfen Sie nicht in Panik geraten! Die meisten schwierigen Pferde haben einen gesunden Selbsterhaltungstrieb. Treiben Sie das Pferd mit der Gerte auf. Sollte es sich danach wieder fallen lassen, lassen Sie es zappeln. Irgendwann wird es aufstehen. Erwachsene Pferde erhängen sich extrem selten am Anbindestrick – und ganz bestimmt passiert das keinem, das sich aus purem Ungehorsam nicht anbinden läßt. Das tobende Pferd am Anbinder sieht aber furchterregend aus, weshalb die beteiligten Menschen in den meisten Fällen zu früh in Panik geraten und das Pferd losschneiden. Dann ist der Reißer um ein Erfolgserlebnis reicher. Bleiben Sie dagegen hart, so ist die Sache meist nach einem einzigen Kampf ausgestanden.

Denken Sie aber – vor, beim und nach dem Einsatz solcher Zwangsmaßnahmen – immer daran, daß Anbindeprobleme selten isoliert auftreten. Meist liegt der Sache ein grundsätzliches Rangordnungsproblem oder einfach Langeweile und Bewegungsmangel des Pferdes zugrunde. Wir haben viele Pferde kennengelernt, bei denen sich das Problem in nichts auflöste, sobald die Tiere regelmäßigen Auslauf bekamen und täglich ausreichend geritten wurden.

Zuletzt noch ein paar Worte zu einem Anbindeproblem, das nur bei besonders erfindungsreichen und pfiffigen Pferden auftaucht. Es geht dabei um den Trick mit dem Bein über dem Strick.

Verständlicherweise erschrickt jeder Reiter, wenn sein Pferd mit einem Huf über den Anbindestrick gerät. Schließlich gibt es viele Berichte über Verletzungen nach Panikanfällen in genau dieser Situation. Normalerweise setzt man sich also in Trab und befreit das Pferd, meist unter beruhigendem Zuspruch und vielleicht sogar einem Trostleckerbissen. Geschieht so etwas mehrmals bei einem intelligenten Pferd, so zieht dies die Verbindung „Bein über die Schnur - Zuwendung" und wird sich in Zukunft bemühen, die Situation bewußt herbeizuführen. Die Pferde entwickeln dabei mitunter eine zirkusreife Geschicklichkeit und mogeln ihre Hufe sogar über zehn Zentimeter lange Anbindeschnüre! Hängen sie dann fest, so warten sie mit leidendem Ausdruck auf ihren Menschen - der gewöhnlich auch prompt erscheint und sie befreit. Tut er das nicht, so nehmen sie den Huf irgendwann wieder herunter. In Panik geraten sie so gut wie nie. Ihre Korrektur ist also nur eine Frage der systematischen Nichtbeachtung. Haben sie einige Male keinen Erfolg, so stellen sie ihr Verhalten ein und vergessen den Trick. Das klingt allerdings einfacher als es ist, denn beim Anblick des festhängenden Pferdes bricht gewöhnlicht jeder andere Reiter in Hysterie aus und ruft nach dem Besitzer. Man braucht also ein dickes Fell und zieht sich womöglich den Ruf zu, den Leiden seines Pferdes völlig gleichgültig gegenüberzustehen!

Beugen Sie deshalb vor und vermeiden Sie Situationen, in denen Ihr Pferd mit dem Huf über den Strick geraten könnte.

Beschlagen

Bei einem regelmäßig gerittenen Pferd führt gewöhnlich kein Weg am Hufbeschlag vorbei. Das wird zwar immer wieder bestritten, aber in der Praxis funktioniert „Barfußgehen" nur bei sehr wenigen Pferden mit ungewöhnlich harten Hufen.

Oft verzichtet man denn auch nicht deshalb auf den Hufbeschlag, weil das Pferd keine Eisen braucht, sondern weil es beim Schmied Schwierigkeiten macht. Die Neigung ihrer Vierbeiner, beim Beschlagen zu steigen, zu schlagen oder dem Aufhalter die Hufe aus der Hand zu ziehen, schafft vielen Pferdebesitzern alle sechs Wochen schlaflose Nächte.

Ursachen des Problems

Hufbeschlag tut nicht weh, auch wenn es manchmal beängstigend aussieht, wenn das Eisen rotglühend wird und Pferd und Schmied in einer Qualmwolke verschwinden. Sofern das Pferd also keine schlechten Erfahrungen mit brutalen

Fohlen lernen das Hufegeben leicht

Schmieden oder brüllenden Helfern gemacht hat, gibt es für die Furcht vor dem Schmied keine realen Ursachen. Sehr häufig liegt dem schlechten Benehmen des Pferdes denn auch gar keine Angst zugrunde, sondern nur Ungeduld und mangelhafte Grundausbildung. Angst empfindet eher der Besitzer, denn beim Hantieren mit Nägeln und glühendem Metall ist die Verletzungsgefahr groß. Das tobende Pferd kann sowohl Schmied als auch Helfer gefährlich werden, und tatsächlich sind Unfälle beim Beschlagen an der Tagesordnung.

Weil er selbst sich fürchtet, ist der Reiter nur zu gern bereit, auch dem Pferd echte Angst zuzugestehen, und geht beim Schmiedbesuch folglich betont vorsichtig mit ihm um. Der Schmied dagegen gerät leicht in Zorn über seinen ungezogenen Kunden. Er neigt dann zum Schlagen und zum Schreien und macht das Beschlagen damit wirklich zu einer schlechten Erfahrung für das Pferd. Das Ganze kann sich zu einem echten Teufelskreis ausweiten, in dem der Reiter immer ängstlicher und das Pferd immer wehriger wird.

Vorbeugung

Wie eigentlich bei jedem Problem im Umgang wird der Grundstein zum guten oder schlechten Verhalten beim Schmied in der Jugend des Pferdes gelegt. Lernt ein Pferd schon als Jungtier Hufegeben und Anbinden, hat es ein gutes Verhältnis zu seinem Menschen und wird zeitig an ungewöhnliche Gerüche und Geräusche gewöhnt, so macht es gewöhnlich keine Schwierigkeiten beim Schmied.

Neben der sorgfältigen Grundausbildung sollte **bei den ersten Schmiedbesuchen** auf folgendes geachtet werden:

◆ **Beschäftigen Sie das junge Pferd!** Schließlich soll es gar nicht erst lernen, aus Langeweile herumzuzappeln. Von Natur aus ruhige Pferde geben sich dazu mit einem Heunetz zufrieden. Bei nervösen lohnt es sich, einen Helfer zum Kraulen und Zusprechen abzustellen.

◆ **Bitten Sie Ihren Schmied um Geduld mit dem Jungtier!** Nicht jedes Zappeln muß gleich mit Anschreien geahndet werden. Besonders im Bereich der Hinterbeine ist bei langem Hochhalten oft ein Muskelzittern zu beobachten. Das zeigt, wie unangenehm dem Pferd das lange Aufhalten ist. Lassen Sie das Bein des jungen Pferdes deshalb öfter ab, damit das Tier sich ausruhen kann. Das verzögert die Arbeit längst nicht so sehr wie ein wehriges Pferd!

◆ **Halten Sie Ihr Pferd selbst auf oder suchen Sie sich einen Helfer, zu dem Sie Vertrauen haben.** Der Schmied bringt zwar oft Aufhalter mit, aber die sind mitunter recht unsensibel. Falls Ihr Pferd also bisher immer gut gestanden hat und auf einmal Schwierigkeiten macht, werfen Sie einen Blick auf die Arbeit des Aufhalters. Er reißt besonders Ponyhufe oft zu hoch.

◆ **Belohnung muß sein!** Auch wenn Ihr Reitlehrer das für Verwöhnung hält, und der Schmied nur milde lächelt – ein junges Pferd, das gut gestanden hat, sollte nach jedem Arbeitsgang oder besser noch während des Aufhaltens einen Leckerbissen erhalten. Belohnen Sie es aber nur, wenn es wirklich gut steht. Bestechung funktioniert nicht!

Korrektur

Ruhiges Verhalten beim Beschlagen setzt sich aus vielen Komponenten zusammen. Bevor man an die Korrektur geht, sollte man sich bewußt machen, woran es beim eigenen Pferd hapert. Die verschiedenen Fertigkeiten können dann einzeln geübt werden.

◆ **Ihr Pferd braucht Geduld!**
Beim Beschlagen muß ein Pferd zirka eine Stunde lang ruhig stehen. Dem modernen Reitpferd – hochgezüchtet, übertrieben gut gefüttert und von Bewegungsmangel geplagt – fällt das häufig schwer. Auf die Notwendigkeit, diese Haltungsmängel abzustellen, wurde schon häufig hingewiesen. Zudem kann man auch die Geduld des Pferdes schulen. Holen Sie Ihr Pferd also öfter heraus und binden es eine Zeitlang an. Machen Sie lange Ritte und binden es während der Pausen an. Vielleicht steht Ihr Pferd ruhiger, während ein Artgenosse neben ihm wartet. Das sollten Sie sich beim nächsten Schmiedbesuch zunutze machen.

◆ **Richtiges Hufegeben und Hochhalten!**
Viele Pferde haben schon im Alltag Probleme mit dem Hufegeben. Beim Schmied stehen sie dann erst recht nicht ruhig. Hufegeben muß folglich geübt werden. Manche Pferde haben nie gelernt, ihre Hufe auf Kommando zu heben. Schon als Fohlen hat man sie zum Schmiedbesuch nur mit Brachialgewalt gebändigt – und nun reagieren sie hysterisch, sobald man sich ihren Beinen nähert.

Was beim Fohlen eine einfache Übung ist, kann beim erwachsenen Pferd gefährlich werden. **Bei der Arbeit**

Abstreichen der Beine mit der Gerte

mit verdorbenen erwachsenen Pferden beachten Sie also bitte folgende Regeln!

◆ **Stehen Sie immer seitlich vom Pferd!** In dieser Position kann es Sie nicht mit den Hufen erreichen.

◆ **Stellen Sie in den ersten Übungsstunden einen Helfer an den Kopf des Pferdes.** Er soll es beruhigen und daran hindern, nach Ihnen zu beißen. Natürlich darf er auch belohnen und loben, sobald die Aufgabe klappt. Dabei ist es sehr wichtig, das Pferd zu belohnen, während der Huf angehoben wird. Gibt man ihm erst etwas, nachdem es ihn abgesetzt hat, verbindet es die Belohnung mit dem Wiederaufbringen des Beins auf die Erde und folgert darauf, daß es um so eher etwas bekommt, je schneller es das Bein wegzieht . . .

◆ **Gewöhnen Sie das Pferd zunächst an die Berührung der Beine.** Dabei beginnen Sie, mit der Gerte darüber zu streicheln. Ganz junge Fohlen reagieren auf eine Berührung der Hinterbeine mit der Gerte mit reflexhaftem Ausschlagen. Kommt das bei erwachsenen Pferden vor, so ist es eine erworbene Unart. Es bringt aber nichts, sie jetzt mit einem Schlag zu ahnden. Das haben bestimmt schon andere versucht. Tadeln Sie also nur ruhig, und wiederholen Sie die Berührung, bis das Pferd sie duldet. Dann loben Sie überschwenglich. Später können Sie die Beine des Pferdes mit der Hand abfahren. Gehen Sie aber keine Risiken ein! Nur seitlich vom Pferd stehen Sie sicher.

Es ist übrigens verständlich und absolut normal, sich vor diesem ersten Streicheln mit der Hand zu fürchten. Geben Sie das sich und dem Pferd gegenüber zu und kaschieren Sie es nicht mit Geschrei. Lassen Sie sich durch Ihre Furcht auch nicht dazu verleiten, das Pferd so zaghaft zu berühren, daß es kitzelt. Dann hat es nämlich Grund zum Schlagen!

◆ **Wenn Sie die Hufe anheben, reißen Sie sie nicht zu hoch.** Am Anfang genügen wenige Zentimeter. Informieren Sie sich über die Beinarbeit nach der Tellington-Methode. Dabei werden die Beine des Pferdes mit TTouch bearbeitet und anschließend hochgehoben, um verschiedene lockernde und entspannende Bewegungen damit durchzuführen. Besonders bei Pferden, die schlechte Erfahrungen mit dem Hufegeben gemacht haben, wirkt das besser, als gleich „zur Sache zu kommen".

Achten Sie darauf, die Hufe nicht zu hoch zu heben!

◆ **Verbinden Sie das Hufegeben grundsätzlich mit einem Streicheln des hochgehobenen Beines.** Das wirkt entspannend und beruhigend - auf Sie und Ihr Pferd! Es ist besonders wichtig und wirksam, wenn Sie die Hinterbeine des Pferdes die ersten Male zum Hufereinigen auf Ihr Knie stützen.

◆ **Üben Sie täglich, am besten zweimal.** Das ist erheblich besser als ein „Marathon-Training", bei dem das Pferd alles auf einmal lernen soll. Endziel ist ein Hufegeben auf Kommando und leichte Berührung am Bein. Sie sollten dann auch trainieren, den Huf länger hochzuhalten. Dazu können Sie den Schweif des Pferdes als Halteschlaufe darum legen. Beschränken Sie sich jetzt nicht mehr auf das bloße Auskratzen des Hufes, sondern waschen Sie ihn ab, trocknen ihn, reiben ihn mit Hufteer ein usw. Das Pferd soll lernen, auch ungewohnte Behandlungen im Bereich seiner Hufe zu dulden.

◆ **Trainieren Sie Scheufreiheit!**

Wenn es qualmt, zischt und hämmert, würden auch wir Menschen manchmal gern die Schmiede verlassen. Das Fluchttier Pferd mit seinem empfindsamen Gehör und Geruchssinn belasten diese Reize noch mehr. Es muß deshalb lernen, sie als ungefährlich zu erkennen und zu ertragen. Das alles ist natürlich leichter zu erreichen, wenn das Pferd bereits an andere Gerüche und Geräusche seiner modernen Umwelt gewöhnt ist. Leider sind viele Reitpferde das nicht, im Gegenteil, manche Reitställe werden geführt wie die Intensivstation eines Krankenhauses: nur kein Lärm, keine plötzlichen Bewegungen, kein Anbinden auf der Stallgasse, kein Türenschlagen. Bei einer solchen Abschottung vor der Welt ist Scheuen bei jedem Umweltreiz kein Wunder. Gewöhnen Sie Ihr Pferd also gezielt an die Welt außerhalb der Box. Lassen Sie es Autos und Lastwagen hören und riechen, zeigen Sie ihm Feuerstellen und Wasserläufe. Machen Sie ihm klar, daß ein Wasserschlauch keine Schlange ist und ein Besen einmal umfallen kann. Dann wird es auch den Geräuschen und Gerüchen beim Schmied interessiert und nicht ängstlich entgegentreten!

Falls das Pferd sich vor dem Schmied und den damit verbundenen Gerüchen schon konkret fürchtet, weil es schlechte Erfahrungen damit gemacht hat, nehmen Sie es ein paarmal mit, wenn ein anderes Pferd beschlagen wird. Die Ruhe des schmiedefrommen Tieres wird abfärben, und Ihr Pferd lernt, mit dem Schmiedgeruch nicht immer Unannehmlichkeiten zu verbinden. Außerdem übt es sich in Geduld, während es den Beschlag seines Kameraden abwartet.

◆ Der Umgang mit dem Schmied!

Mit dem Schmied ist es ähnlich wie mit dem Tierarzt: Er kommt nur gelegentlich und unterwirft das Pferd eher unangenehmen Prozeduren. Dazu riecht er befremdlich, nimmt sich selten Zeit für ein Tätscheln oder ein paar beruhigende Worte – und womöglich wird der vertraute Mensch bei seinem Anblick auch noch nervös. Da ist es verständlich, wenn das Pferd Böses ahnt und etwas fremdelt. Man kann dem abhelfen, indem man den Schmied nicht zu oft wechselt. Das Pferd soll ihn kennen und die Schmiede als vertraute Umgebung ansehen. Ist der Schmied dazu noch ruhig, geduldig und bereit, auch mal auf ein paar Eigenheiten seines vierbeinigen Kunden einzugehen, so ist das Gold wert.

Leider sind Schmiede aber oft polterig und eilig. Besonders die „vom alten Schlag“ halten Tätscheleien häufig für Unfug. Auch hier rächt es sich dann, wenn man sein Pferd zu einer „Prinzessin auf der Erbse“ erzogen hat. Ein Pferd, das öfter draußen gearbeitet wird und an fremde Besucher, zum Beispiel am Weidezaun, gewöhnt ist, wird auch beim Schmied einen etwas rauheren Ton wegstecken. Greift der Schmied jedoch bei jeder Gelegenheit zu Zwangsmaßnahmen oder haben Sie das Gefühl, er behandle Ihr Pferd besonders streng, weil er sich vor ihm fürchtet, so sollten Sie versuchen, einen anderen zu finden.

Wie gesagt, tut Beschlag nicht weh, aber das Pferd ist dabei doch einigen unangenehmen Prozeduren ausgesetzt. Beim Abnehmen der alten Eisen wird zum Beispiel am Huf gezogen, was viele Pferde nicht mögen. Das Aufbrennen des Eisens ist manchen Pferden unheimlich, beim Aufschlagen vibriert der ganze Huf. Er muß gut festgehalten werden, damit das ausgeglichen wird. Besonders alte Pferde mögen das Hämmern auf die Hufvorderseite beim Versenken der Nägel nicht. Sie gehen auch ungern auf den Bock. Jungen Pferden fällt es schwer, das Gleichgewicht zu halten. Man kann es ihnen erleichtern, indem man den Huf nicht zu hoch hält und öfter mal herunterläßt.

Man erspart sich viel Ärger beim

Aufbrennen – vom Menschen oft mehr gefürchtet als vom Pferd!

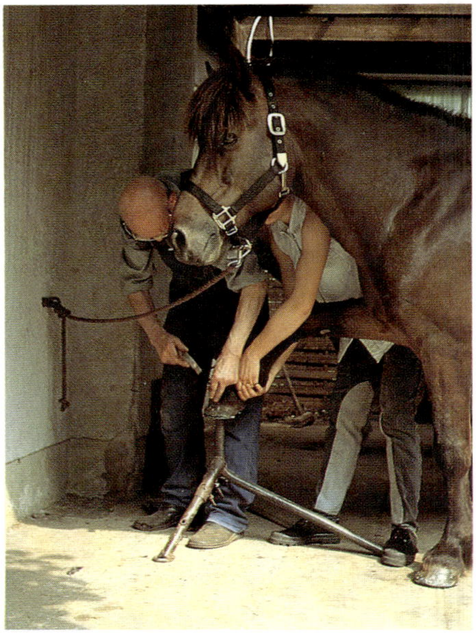

Das Stehen auf dem Bock will geübt sein!

Schmied, indem man auf solche Kleinigkeiten Rücksicht nimmt und auch den Schmied dazu veranlaßt. Es dauert höchstens fünf Minuten länger, die Nägel zu lockern und einzeln aus dem Huf zu ziehen, bevor man das alte Eisen abnimmt. Besteht der Schmied aber auf der „Reißtechnik" und ein übersensibles Pferd steigert sich dadurch gleich beim ersten Arbeitsgang des Beschlags in Hysterie, so verliert man viel mehr Zeit und Nerven. Das Hämmern gegen die Hufwand kann man durch die Verwendung einer Spezialzange vermeiden, die heute wirklich jeder Schmied hat.

Kompromisse bei solchen Kleinigkeiten sind kein „Klein-Beigeben", sondern vernünftiges Eingehen auf individuelle Bedürfnisse des Pferdes. Ein guter Schmied wird sie von sich aus vorschlagen. Lassen Sie Ihren Schmiedbesuch aber nicht zu einer Anhäufung von Kompromissen werden! Nicht das Pferd hat zu bestimmen, ob es hinten oder vorn Eisen haben will, sondern Sie. Besonders, wenn Ihr Pferd bisher immer schmiedefromm war, aber plötzlich Unarten zeigt, sollten Sie überlegen, ob hier wirklich ein Schmiede- oder eher ein Rangordnungsproblem vorliegt!

Wenn Beschlag zur Machtprobe wird

Auch beim Beschlag gibt es Pferde, die sich nicht aus Angst oder Unsicherheit wehren, sondern nur, um ihren Willen

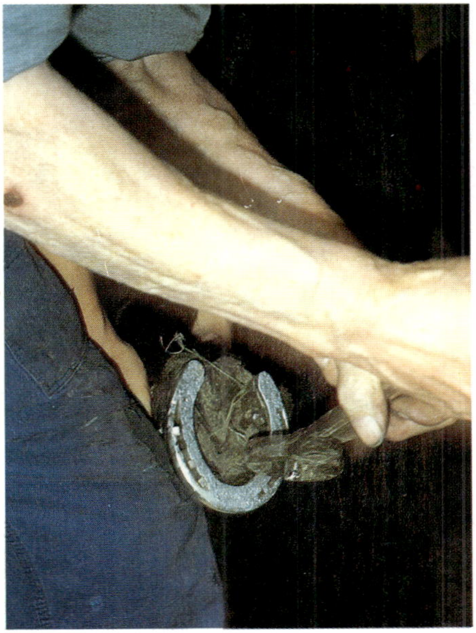

punkte im Oberlippenbereich. Durch den Druck darauf werden im Gehirn Botenstoffe, sogenannte Endorphine, freigesetzt. Sie gehören zu den körpereigenen Morphinen und wirken beruhigend und schmerzlindernd. Die entsprechenden Punkte finden sich übrigens auch beim Menschen. Unser häufig zu beobachtendes Reiben der Oberlippe oder des Ohrläppchens ist eine instinktiv richtige, lindernde Reaktion auf Unsicherheit und Nervosität.

Für unseren **Umgang mit der Nasenbremse** bedeutet das Wissen über ihre Wirkung folgendes:

◆ **Die Bremse braucht Zeit, um zu wirken!** Also nach dem Anlegen nicht gleich den Huf heben, sondern erst warten, bis das Auge des Pferdes glasig wird.

Wenn die Nägel einzeln gelöst werden, entfällt das Abreißen des Eisens

Rechts: Mit der Spezialzange wird das Versenken der Nägel unproblematisch

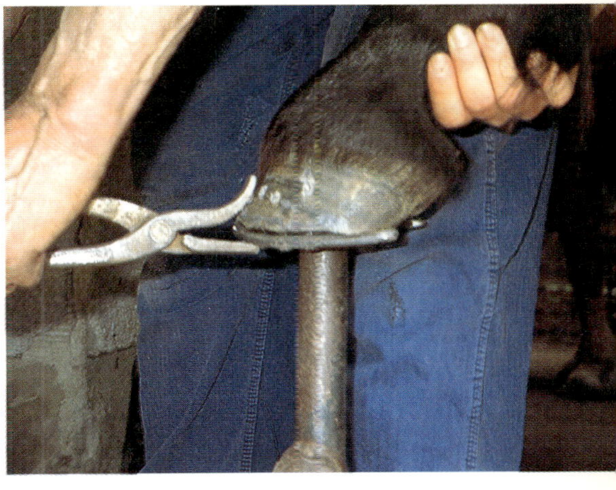

durchzusetzen. Hier gibt es ein paar für Mensch und Pferd ungefährliche Zwangsmittel.

Das älteste davon ist die Nasenbremse. Sie besteht aus einer an einem Holzgriff befestigten Strickschlaufe, die über die Pferdeoberlippe gezogen und fest angezogen wird. Das ist für das Pferd unangenehm und sieht mitleiderregend aus. Tatsächlich beruht die Wirkung der Bremse jedoch nicht, wie lange vermutet, auf dem Zufügen von Schmerzen. Ein Pferd kann nicht durch Schmerz „abgelenkt" werden, sondern würde sich immer dagegen auflehnen. In Wirklichkeit wirkt die Bremse auf Akupressur-

◆ **Pferde reagieren sehr unterschiedlich auf die Wirkung der Bremse.** Bei manchen genügt leichter Druck, andere brauchen stärkeren. Einige werden schon bei geringem Bremseneinsatz nahezu ohnmächtig, bei einigen wenigen ist die Wirkung gleich null. Passen Sie

Die Nasenbremse wirkt mittels Akupressur

den Bremseneinsatz also dem Pferd an.

◆ **Die Bremse wirkt besser, wenn Sie etwas damit spielen.** Ziehen Sie an und geben Sie nach im Wechsel. Probieren Sie aus, worauf Ihr Pferd am besten reagiert. Drücken Sie sich bitte nicht darum, selbst zu lernen, wie man die Bremse anlegt und richtig betätigt. Viele Helfer gehen sehr unsensibel mit dem Hilfsmittel um und fügen den Pferden damit unnötig Schmerzen zu.

Ein weiteres probates Mittel zur Ruhigstellung aufsässiger Pferde beim Schmied ist ein Beruhigungsmittel vom Tierarzt. Besonders in konventionellen Reitställen wird gern darauf zurückgegriffen - oft ohne zunächst nach den Ursachen der Probleme beim Beschlagen zu fragen.

Beim Einsatz von Beruhigungsmitteln ist auf rechtzeitige Verabreichung zu achten. Sie brauchen eine Stunde oder länger, um zu wirken. Außerdem wirken sie nur bei zur Zeit der Verabreichung einigermaßen ausgeglichenen Pferden. Ist ein Tier bereits erregt, so braucht man höhere Dosierungen, mitunter wirken die Mittel sogar gar nicht mehr. Verabreichen Sie also das Medikament, bevor der Schmied kommt. Wenn das Pferd ihn bereits gesehen hat und sich darüber aufregt, kann es zu spät sein. Falls Sie das Pferd im Hänger zum Schmied fahren müssen, sollten Sie vorher testen, wie es auf das Beruhigungsmittel reagiert. Wenn es Ihnen auf dem Hänger umfällt, ist schließlich nichts gewonnen.

Viele Pferde reagieren mit einem „Kater" auf das Beruhigungsmittel. Darauf sollten Sie Rücksicht nehmen und am Tag nach dem Beschlag auf anstrengende Arbeit verzichten.

Besser als alle Beruhigungsmittel ist es natürlich, sich bei dem wehrigen

Pferd durchzusetzen und auf Wohlverhalten beim Beschlag zu bestehen. Das setzt allerdings ein Mitspielen des Schmiedes voraus. Wenn er sich vor dem Pferd zu Tode fürchtet, geht es nicht. Auch der Aufhalter sollte über die nötige Kraft und Entschlossenheit verfügen. Männer sind hier deutlich im Vorteil. Voraussetzung für die Zwangsbehandlung sind weiterhin ein sicherer Anbinder und die entsprechenden Halfter. Die Konstruktion muß halten, auch wenn dem Pferd der Kopf herunter gebunden werden muß oder wenn es gegen Hilfskonstruktionen an der Hinterhand kämpft. Achten Sie auf genügend Platz und Ausweichmöglichkeiten für Schmied und Helfer. Es ist ideal, das Pferd zum Beispiel auf der Stallgasse zwischen zwei Stricken anzubinden, denn dann kann es niemanden an eine Wand drücken. Sorgen Sie unbedingt für Ruhe während des problematischen Beschlags! Die meisten Unfälle passieren, während ein anderes Pferd am Anbindeplatz vorbeigeführt wird und Schmied und Helfer damit sekundenlang ablenkt.

In der Regel ist der Beschlag der Vorderhufe kein so großes Problem wie die Behandlung der Hinterhufe. Mit den Vorderbeinen kann das Pferd schließlich nur bedingt ausschlagen. Gefahr besteht nur beim Steigen oder wenn es dem Aufhalter den Huf aus der Hand reißt, solange die Nägel noch herausstehen. Gegen das Steigen hilft kurzes Anbinden, gegen das Reißen Vorsicht und äußerste Konzentration. Manche Schmiede legen die Nägel auch schnell provisorisch um, sofern ernste Reißgefahr besteht.

Wesentlich komplizierter wird es beim Beschlag der Hinterhufe. Ist das Pferd hier entschlossen, gezielt zu schlagen, hat das Beschlagsteam keine Chance. Man kann die Gefahr aber wesentlich verringern, indem man auf eine Seilkonstruktion am Schweif des wehrigen Pferdes zurückgreift. Dazu wird zunächst ein Eisenring in den Schweif des Pferdes eingeflochten und sicher fixiert. Um das Hinterbein wird eine Manschette gelegt, wie man sie beim Deckakt an der Hand zum Fesseln der Stute benutzt. Man befestigt dann ein starkes Seil an der Manschette und zieht es durch den Ring im Schweif. Nun kann man an der Schulter des Pferdes stehen und durch Zug am Seil gefahrlos den Huf heben. Hält man das Seil gespannt, so ist der Huf gut fixiert, und das Pferd kann nicht mehr damit schlagen. Behalten Sie bei sehr wehrigen Tieren aber den anderen Huf im Auge! Im Extremfall muß auch er mit Manschette und Seil versehen und von vorn kontrolliert werden. Das ist allerdings nicht ungefährlich für das Pferd, denn wenn es schlägt und zurückgerissen wird, kann es aus dem Gleichgewicht geraten und fallen.

Verladeprobleme

Nur sehr wenige Pferde verbringen heute ihr gesamtes Leben an einem Platz. Verkäufe, Turnierteilnahmen und Ausflüge mit ihren Reitern verlangen häufige Ortswechsel. Die Gewöhnung an Pferdetransporter gehört deshalb zur Grundausbildung des modernen Reitpferdes. Leider wird sie sehr oft vernachlässigt, und die Folge dieser Unterlassung sind wehrige, verängstigte Pferde, die man nur unter Gewalteinwirkung oder gar nicht in den Pferdehänger bekommt. Das Verladen dieser Pferde ist langwierig und nicht ungefährlich für Mensch und Tier. Es streßt Reiter und Pferd gleichermaßen und kostet beide Energie. Wenn ein Pferd sich auf dem Hänger ängstigt und verspannt, bringt es auf dem Turnier keine volle Leistung, und falls es sich nur unter Beruhigungsmitteln verladen läßt, ist es im Wettkampf gar nicht mehr einsetzbar. Mangelnde Verladesicherheit kann deshalb durchaus zur Wertminderung führen.

Richtig gefährlich wird Hängerfurcht aber erst bei dringendem Transportbedarf, zum Beispiel in eine Tierklinik. Die Verweigerung und auch die Anstrengung beim Kampf gegen das Verladen können das Pferd das Leben kosten. Es ist also auch für reine Freizeitpferde dringend notwendig, ans Verladen gewöhnt zu werden!

Ursachen des Problems

Bei der Frage nach der Hauptursache von Verladeproblemen sind sich ausnahmsweise alle Bereiter und Pferdekenner einig. Vom Hardliner bis zur TT.E.A.M.-Ausbilderin lautet die Antwort einhellig: „Fahrstil!"

In großen Gestüten werden junge Pferde oft systematisch ans Verladen gewöhnt und verladesicher verkauft. Steigen diese Tiere nach wenigen Wochen bei ihren neuen Besitzern nicht mehr ein, ist die Sache klar: Das Pferd wurde durch rücksichtslosen Fahrstil hängerscheu gemacht.

In Deutschland und den meisten anderen Ländern ist es leider verboten, als Mensch in einem Pferdehänger mitzufahren. Dabei wäre das an sich ein Muß für alle Transporterfahrer. Die Standfestigkeit in einem Pferdehänger, die Stoßdämpfer und der Lärm sind den Verhältnissen in einem Wohnmobil absolut nicht vergleichbar! In einem Pferdehänger rüttelt es sehr, das Pferd spürt jede Kurve und besonders jedes Bremsen. Plötzliche Bremsaktionen können es leicht von den Beinen bringen. Auch in zu scharf und zu schnell genommenen Kurven kann es umfallen, und wird der Hänger gar in einen Unfall verwickelt, trägt es Verletzungen und schwere Traumata davon.

Das alles hält jedoch kaum einen Pferdehalter davon ab, im Renntempo anzugehen und zum Turnier zu spät aufzubrechen. So verschärft sich oft der Teufelskreis: Das Pferd will nicht einsteigen, weil es im Hänger schlechte Erfahrungen gemacht hat - das Verladen dauert länger als geplant - der Fahrer beeilt sich, rechtzeitig zum Turnier zu kommen - das Pferd macht wieder schlechte Erfahrungen.

Natürlich reagieren Pferde sehr unterschiedlich auf rücksichtslosen Fahrstil. Während das eine ihn jahrelang problemlos erträgt, hat das andere schon nach einer Fahrt mit dem „Rambo" die Nase voll. Man sollte sich also gut überlegen, wem man erlaubt, sein Pferd zu fahren! Es macht im Anschluß an den Horrortrip nämlich keinen Unterschied zwischen Ihrem Hänger und dem Ihres rücksichtslosen Bekannten! Abgesehen vom Fahrstil ist allgemeine Ängstlichkeit vor Neuem ein Grund für Verladeunsicherheit. Die Pferde fürchten sich vor dem „dunklen Loch" Hänger, sie sorgen sich, weil die Plane im Wind knistert und weil ihre Hufe auf der Hängerrampe dumpfe Geräusche erzeugen. Zu dieser Gruppe gehören in der Regel Stallpferde. Ihre Probleme sind durch Übung leicht abzustellen.

Bei einigen wenigen Pferden liegt dem Verladeproblem eine grundsätzliche Platzangst zugrunde. Sie gehen oft problemlos auf einen Doppelhänger, soweit sie ihn nur für sich allein haben. Einzelhänger und Abteile scheuen sie. Treibt man sie dann doch hinauf, so zeigen sie Panikreaktionen während der Fahrt. Hinwerfen und Versuche, aus dem Hänger zu springen, sind nicht selten!

Platzangst ist leider nicht korrigierbar – sie ist ja auch beim Menschen schwer in den Griff zu bekommen. Man kann sich mit diesem Problem lediglich arrangieren, indem man dem Pferd mehr Platz im Hänger zugesteht und es grundsätzlich allein fährt. Das ist zwar lästig, aber immer noch besser als Verletzungen und ständige Furcht vor dem Verladen.

Wesentlich häufiger als die Platzangst hat man das entgegengesetzte Phänomen: Viele Pferde steigen sofort ein, wenn andere auf dem Hänger stehen, weigern sich aber, allein wegzufahren. Dieses Problem gehört in den Bereich des Klebens, und neben den unten aufgeführten Tips zu seiner Korrektur sollten Sie auch die unter diesem Thema aufgelisteten Methoden nachlesen.

Vorbeugung

Der Angst vor dem Verladen kann man relativ leicht vorbeugen, indem man bereits im Rahmen der Fohlenerziehung damit anfängt.

Ist Ihre Stute verladesicher, so wird das Fohlen das Einsteigen schon beim ersten Ausflug zur Zuchtschau als Routinesache erfahren. Später lernt es beim Führtraining, seinem Menschen überallhin vertrauensvoll zu folgen. Man führt es im Rahmen dieser Erstausbildung ab und zu auf den Hänger, belohnt es und führt es wieder herunter. Bei diesen Übungssequenzen sollte es auch lernen, rückwärts auszusteigen. Erlaubt man ihm immer, sich auf dem Hänger zu drehen, wird es das auch als erwachsenes Pferd versuchen. Dabei kann es sich festklemmen, erschrecken und den Hänger beschädigen. Ein sensibles Pferd steigt im Anschluß an eine solche Erfahrung nicht mehr ein.

Will man das Jungpferd nicht nur übungsweise verladen, sondern wirklich fahren, so nimmt man am Anfang immer ein erwachsenes, ruhiges Pferd mit. Mal wird das erwachsene, dann das junge zuerst verladen. Die Ziele der ersten Fahrten sollten sorgfältig überlegt sein. In größeren Gestüten ist es üblich, die Pferdegruppen zum Weideumtrieb zu verladen. Dann führt jede Fahrt zu einer verlockenden neuen Weide und hinterläßt damit positive Erfahrungen. Auch in der Freizeitpferdehaltung ist ein solches Vorgehen oft möglich, denn nur wenige Reiter haben alle Weiden am Haus.

Fährt das junge Pferd zum ersten Mal allein, so wählt man eine kurze Strecke. An ihrem Ende sollte eine positive Erfahrung stehen. Idealerweise verbindet man die erste Reise mit dem Abholen eines anderen Pferdes.

Das eben geschilderte Programm zur Hängergewöhnung erscheint auf den ersten Blick sehr kompliziert und zeitaufwendig, aber das ist es nicht. Sie haben schließlich kein Zeitlimit, Ihr Fohlen perfekt hängersicher zu machen. Die ganze Arbeit kann auf drei oder vier Jahre verteilt werden, und Sie können sie dann vornehmen, wenn es gerade paßt. So zeigen Sie dem Fohlen zum Beispiel den Hänger, wenn er für das Turnier am nächsten Tag angehängt und eingestreut wurde. Sie laden das junge Pferd zu, wenn Sie mit einem alten Pferd zum Schmied oder zur Reitstunde fahren. Sie nehmen es mit, wenn Sie irgendwo ein neues Pferd abholen oder das Pferd von Bekannten aus Gefälligkeit irgendwohin fahren. (Vergewissern Sie sich aber vorher, ob dieses Pferd ruhig in den Hänger geht. Während der Übungsphase sollte Ihr Fohlen kein Zeuge eines zwangsweisen Verladens werden.) So ist der zusätzliche Arbeitsaufwand gering, aber Sie können sich stets über ein ruhiges, hängersicheres Pferd freuen.

Korrektur

Bevor man sich an die Korrektur eines hängerscheuen Pferdes macht, muß man sich vor Augen halten, welch komplexe Aufgaben das Betreten eines Hängers und das Durchstehen der Fahrt für ein Pferd darstellen. Beim Einsteigen und Fahren fordern Sie von Ihrem Pferd:

1. Das Betreten einer Holzrampe, also ungewohnten Bodens, bei dem der Hufschlag hohle, klopfende Geräusche erzeugt;
2. die Nichtbeachtung einer Plastikplane, die vielleicht im Wind weht. Sehr große Pferde müssen sich darunter sogar oft etwas ducken;
3. das Betreten eines Raumes, der dunkler ist als die Außenwelt;
4. das Abschätzen und Betreten eines engen Raumes. Besonders große und dicke Pferde gehen oft deshalb nicht in ein Hängerabteil, weil sie befürchten, nicht hineinzupassen;
5. Scheufreiheit bei schwankendem Untergrund und Fahrtgeräuschen;
6. Ausgleichen von Bremsvorgängen und Kurvenfahrten;
7. Inkaufnehmen der Tatsache, sich an einem fremden Ort wiederzufinden, obwohl es sich subjektiv gesehen nicht bewegt hat.

All diese Vorgänge können unabhängig voneinander geübt werden. Es ist sehr sinnvoll, das zu tun, bevor man sich ans Verladen des unsicheren Pferdes begibt. Am besten legen Sie dem Pferd dazu eine Führkette an und nehmen eine Gerte dazu, die ihm den Weg weist und es mitunter auch sanft antreibt.

◆ Der Weg über die Rampe

(Übung zu 1.)
Gewöhnen Sie das Pferd daran, über Holzbretter und Brücken zu gehen. Dazu legen Sie die Bretter auf den Boden und bauen links und rechts davon Fänge auf. Auch eine Gasse aus Hindernisständern und Stangen ist ideal. Bei ängstlichen Pferden können Sie die Bretter zunächst fächerförmig auf den Boden legen und dann nach jedem erfolgreichen Darübertreten etwas enger zusammenführen. Noch besser wirkt meist das Voranführen eines ruhigen, erfahrenen Pferdes.

Später kann man die Bretter auch über drei Rundhölzer legen. Dann muß das Pferd hinaufsteigen wie auf die Hängerrampe.

Gehen Sie immer erst dann zur nächsten Schwierigkeitsstufe über, wenn Ihr Pferd die Übung ohne Führpferd sicher und mit gesenktem Kopf ausführt und auch rückwärts über die Bretter geht.

Beim Üben mit der Hängerrampe setzen Sie sich zunächst kleine Ziele. Am

Über Bretter durch die Gasse

Rechts: Das Tor aus Plastikplanen

Anfang genügt es, wenn das Pferd zwei Hufe auf die Rampe setzt. Dann füttern Sie es auf der Rampe und bringen es weg. Am nächsten Tag verlangen Sie einen weiteren Schritt. Und nach drei oder vier Tagen folgt Ihnen das Pferd gelassen auf die Rampe und holt sich sein Futter aus dem Hängerinneren!

Übrigens sollte es in modernen Pferdehängern eine Selbstverständlichkeit sein, die Rampe mit einer rutschsicheren Gummimatte auszustatten.

♦ **Die Plane** (Übung zu 2.)
Vor dem Eingang zum Hänger fühlen Pferde sich häufig irritiert von dem Dach, unter das sie sich begeben sollen.

Dann reißen sie den Kopf hoch, werden dadurch noch größer und zweifeln nun erst recht daran, in diesen Hänger zu passen. Das Pferd muß also lernen, unter einem Dach oder einer Plastikplane den Kopf zu senken. Man kann das trainieren, indem man zwei Helfer bittet, sich auf zwei Strohballen zu stellen und eine Plastikplane über sich hochzuhalten. Das Pferd wird nun durch dieses „Tor“ geführt und dabei ausgiebig gelobt und für seine Gelassenheit belohnt. Die Übungsplane kann dazu zunächst zusammengerollt, später ausgebreitet hochgehalten werden. Sitzt die Übung, so kann man sie mit dem Überschreiten der Bretter verbinden.

Ein gute vorbereitende Übung ist hier auch, das Pferd mit einem Regenschirm zu konfrontieren. Legen Sie ihn zunächst auf den Boden, und lassen Sie das Pferd damit spielen. Dann heben Sie ihn über Ihren Kopf und den des Pferdes. Auch hier kann das Pferd anfangs erschrecken. Also Übung zurückstellen, falls Sie vor dem Problem stehen, Ihr Pferd partout schon am nächsten Sonntag verladefromm haben zu müssen!

◆ Vom Hellen ins Dunkle
(Übung zu 3.)
Gelungene Gewöhnung ans Führen ist Voraussetzung für erfolgreiches Verladen. Das Pferd muß lernen, seinem Menschen vertrauensvoll zu folgen, auch wenn ihm der Zielort suspekt erscheint. Nutzen Sie also jede Gelegenheit, das Pferd an der Hand mit neuen Situationen zu konfrontieren. Es soll lernen, Ihnen vom Hellen ins Dunkle und vom Dunklen ins Helle zu folgen. Führen Sie es dazu in leere Ställe, in Garagen und durch Unterführungen. Zeigen Sie ihm Scheinwerfer und Lampen.

Bei all diesen Übungen und dann auch beim Verladen müssen Sie bedenken, daß das Pferdeauge etwas Zeit braucht, sich auf unterschiedliche Lichtverhältnisse einzustellen. Treiben Sie es also nicht sofort weiter, falls es auf der Rampe stehenbleibt und unsicher ins Hängerinnere späht, sondern gönnen Sie ihm ein paar „Bedenkminuten“. Sie können den Hänger heller gestalten, indem Sie die vordere Klappe während des Verladens geöffnet halten.

Verladen Sie am Anfang nur im Hellen, nicht am Abend und nicht in der Dämmerung. Viele Pferde irritiert die Dunkelheit. An eine Lampe im Hänger müssen sie erst gewöhnt werden.

◆ Körperbewußtsein schulen!
(Übung zu 4.)
Bedingt durch die Stellung seiner Augen kann ein Pferd seinen Körper niemals klar als Ganzes sehen. Beim Passieren von Hindernissen ist es folglich auf sein Körpergefühl angewiesen. Bei vielen Pferden ist dies aber ungenügend ausgeprägt. Besonders große und lange Pferde wissen oft nicht genau, wo sie anfangen und wo sie aufhören, und stoßen sich deshalb immer wieder an Boxtüren oder Bodenhindernissen. Sehen diese Pferde nun ein enges Hängerabteil vor sich, zweifeln sie verständlicherweise daran, dort hineinzupassen. Das „Nadelöhr“ macht sie unsicher, und tatsächlich passiert es gerade ihnen immer wieder, beim Einsteigen die Plane oder die Hängerwände zu berühren oder beim Aussteigen von der Rampe zu fallen. Dann reagieren sie ängstlich und heftig und überlegen sich das Einsteigen beim nächsten Mal noch etwas länger.

Idealerweise bemüht man sich bei diesen Pferden zunächst, ihr Körperge-

Viele Pferde fürchten sich vor engen Durchgängen

fühl und ihre Körperbeherrschung zu verbessern. Das wird ihnen und ihren Reitern nicht nur beim Verladen, sondern auch beim Springen und Geländereiten zugute kommen.

Gewöhnen Sie das Pferd dazu zunächst an Berührungen am ganzen Körper. Streifen Sie es mit der Gerte ab, streicheln, kraulen und touchen Sie es. Das Pferd soll dabei gelassen und ruhig bleiben. Dann arbeiten Sie mit Bodenhindernissen. Führen Sie das Pferd durch enge Gassen und Labyrinthe aus Stangen - zunächst vorwärts, dann auch rückwärts. Dabei achten Sie auf langsames und überlegtes Arbeiten. Dulden Sie keine Hetzerei über die Bodenhindernisse. Gerade unsichere Pferde neigen zu einer „Augen-zu-und-durch-Taktik". Wenn Sie dies bei der Bodenarbeit abbauen, wird es Ihnen wahrscheinlich auch bald leichterfallen, das Pferd im Springparcours ruhiger zu reiten.

Falls Ihr Pferd auf plötzliche Berührungen sehr ängstlich reagiert, hilft auch das Auslappen. Das Pferd wird dazu an die Longe genommen, und man hängt alle möglichen Tücher und Planen an seinen Sattel. Bei Bewegung wehen diese hin und her, und nach anfänglicher Flucht gewöhnt sich das Pferd an die Ungefährlichkeit der Berührung. Überfallen Sie es aber nicht mit einer Auslappaktion, solange Sie es nicht zumindest an den Anblick der Lappen und Planen gewöhnt haben, und beginnen Sie zunächst mit einem Tuch und steigern die Anforderungen langsam. Alles auf einmal zu machen, ist nicht ungefährlich und ängstigt das Pferd unnötig.

◆ **Sicher stehen** (Übung zu 5. und 6.) Um Standfestigkeit und -sicherheit zu üben, bieten sich Arbeiten mit Bodenbrettern an. Eine Möglichkeit ist hier zum Beispiel das Auflegen der Bretter auf ein paar Autoreifen. Der Untergrund schwankt dann gefährlich, sobald das Pferd die Bretter betritt. Es muß lernen, das ruhig hinzunehmen und auszubalancieren. Sehr gut ist auch die Arbeit mit der Wippe. Das Pferd soll zuerst lernen, darüberzugehen und dann auch zu wippen, indem es sein Gewicht abwechselnd auf die Vorder- und Hinterbeine verlagert.

Die Pferde erlangen durch diese Übungen eine bessere Körperbeherrschung und werden im Hänger entspannter und sicherer stehen. Aber Vorsicht: Falls Sie ein Pferd unter Zeitdruck hängersicher machen müssen, lassen Sie diese Übungen zunächst besser aus und holen sie nach der aktuell wichtigen Fahrt nach. Sie könnten nämlich zuerst kleine Schreckreaktionen auslösen und Sie damit um ein oder zwei Trainingstage zurückwerfen.

Erleichtern Sie Ihrem Pferd den Aufenthalt im Hänger durch rücksichtsvolle Fahrtechnik! So bremsen Sie zum Beispiel betont langsam ab, gehen ruhig in die Kurve und schneiden sie nicht. Auch beschleunigt wird nicht ruckartig und schon gar nicht in der Kurve. Es gehört zu den häufigsten Fahrfehlern, Gas zu geben, sobald das Auto aus der Kurve heraus ist. Der Hänger ist dann nämlich noch mittendrin!

Haben Sie die Wahl, einen längeren Weg über gut ausgebaute Straßen zu nehmen oder eine Abkürzung durch die Berge, dann wählen Sie im Interesse Ihres vierbeinigen Passagiers den längeren.

Fahren Sie in der ersten Viertelstunde des Transports besonders langsam und vorsichtig, damit das Pferd sich auf die Rüttelei einstellt und beruhigt. Stören Sie sich nicht daran, wenn die hinter Ihnen fahrenden Autofahrer hupen und Tobsuchtsanfälle simulieren. Die stehen schließlich nicht vor dem Problem, Ihr Pferd beim nächsten Mal wieder zu verladen.

Verreisen Sie nur mit einem genügend starken Zugfahrzeug! Es ist sehr unangenehm, am Berg plötzlich nicht weiterzukommen! Noch schlimmer wirkt sich das unpassende Gespann beim Bremsen oder bei Seitenwind auf der Autobahn aus. Es passiert sehr häufig, daß das Auto vom Gewicht des Hängers geschoben oder aus der Spur gebracht wird. Wir kennen mehrere Fälle, in denen bei solchen Manövern der Hänger umgefallen ist.

Angenehmer als auf dem Einachser steht das Pferd auf dem Tandemhänger. Darauf rüttelt es nämlich erheblich weniger.

Der Hängerboden muß rutschfest sein, und gewöhnlich wird man ihn gut einstreuen. Das Pferd steht dann weicher und kann auch nicht auf Mist oder Urin ausrutschen, wenn es auf den Hänger äpfelt oder strahlt.

Ob man das Pferd während der Fahrt anbindet oder nicht, ist Ansichtssache. Falls der Hänger nicht so breit ist, daß es sich drehen kann, und das Pferd nicht zum Steigen im Hänger neigt, ist das auch unerheblich. Dringend notwendig ist das Anbinden der Pferde nur beim gemeinsamen Transport zweier Tiere, die sich noch nicht kennen oder nicht besonders leiden können. Dann besteht nämlich die Gefahr des Gebissenwerdens für das rangniedrige Pferd. Erin-

Die Wippe schult die Körperbeherrschung

nern Sie sich an die früher schon erwähnte Eigenheit der Pferde, nicht nebeneinander, sondern hintereinander zu gehen oder zu stehen.

Auch die ideale Fenstergröße und -höhe in Pferdehängern ist umstritten. Während die einen von Hängern schwärmen, aus denen die Pferde herausgucken können, sprechen die anderen von Reizüberflutung. Besonders bei Stallpferden und nervigen Pferden ist letzteres nicht von der Hand zu weisen. Sie erschrecken auch leicht, wenn der Hänger zum Beispiel von einem Laster überholt wird. Ruhige und kaltblütigere Pferde scheinen dagegen die Aussicht zu genießen und fühlen sich im Hänger vor allen Angriffen sicher. Beim Kauf eines neuen Hängers können Sie auf die Eigenheiten Ihres Pferdes Rücksicht nehmen. Ist der Hänger aber bereits vorhanden, muß das Pferd sich anpassen. Das Argument, das Pferdeauge sei für die wechselnden Reize bei so großen Geschwindigkeiten nicht konzipiert, ist irrelevant. Das Menschenauge ist es schließlich auch nicht und stellt sich trotzdem darauf ein. Wichtiger als die Frage „Aussicht oder nicht?" ist die nach ausreichendem Licht und genügend Frischluft im Hänger. Wählen Sie keinen zu niedrigen Transporter und lassen Sie die hintere Plane offen. Bei schlechtem Wetter ist es besser, die Pferde warm einzudecken, als durch Schließen der Plane eine Treibhausatmosphäre zu schaffen.

Laut verschiedenen Untersuchungen von Hängerherstellern lassen sich Pferde lieber mit dem Rücken zur Fahrtrichtung transportieren. Englische und amerikanische Hänger sind oft schon dahingehend konzipiert. Es ist aber sicher nicht nötig, wegen solcher Annahmen seinen Hänger zu wechseln. Bei gründlicher Vorbereitung und ruhiger Fahrweise stehen praktisch alle Pferde auch auf gebräuchlichen Hängern gelassen und sicher.

◆ Wohin geht die Fahrt?

Es ist eine interessante Fragestellung, ob ein Pferd weiß, was mit ihm geschieht, nachdem es den Hänger betreten hat. Ist ihm klar, daß es irgendwohin gezogen wird? Zieht es Verbindungen zwischen dem bekannten Fortbewegungsmittel Auto und dem Transport? Oder betrachtet es den Hänger als eine Art „Magische Box", mittels derer es von Ort zu Ort gezaubert wird?

Die Beobachtung von Weidepferden läßt eher auf ersteres schließen. Unsere Pferde wiehern, sobald ein Hänger vorbeifährt - besonders, wenn eins von ihnen am Morgen verladen und weggefahren wurde. Auch Deckhengste reagieren mit Begeisterung auf einen Hänger neben der Deckweide, weil sie darin eine neue Stute vermuten.

Bei selten verladenen, von der Umwelt abgeschlossenen Stallpferden kann man sich allerdings nicht so sicher sein. Unter Umständen fürchten sie sich gerade deshalb im Hänger zu Tode, weil sie nicht wissen, was mit ihnen vorgeht. Lassen Sie Ihr Pferd deshalb ruhig mal beim Aufladen und Abfahren bzw. bei Ankommen und Abladen anderer, vertrauter Pferde zusehen. Vielleicht nützt es nichts und macht Sie in den Augen der Vereinskameraden lächerlich, aber schaden kann es mit Sicherheit auch nicht!

◆ Verladetraining

Sobald Ihr Pferd alle Vorübungen erfolgreich durchlaufen hat, beginnen Sie mit dem konkreten Verladetraining. Am besten rechnen Sie dazu eine 14tägige Übungszeit von täglich 20 Minuten ein. Halten Sie diese Zeit durch, „sitzt" das Gelernte gewöhnlich fürs Leben. Pferdebesitzer sind immer wieder erstaunt, wie gelassen ihre Pferde danach auch in ungewöhnlichen Situationen in jeden Hänger steigen. Brechen Sie die Übungen allerdings nach drei oder vier Tagen ab, weil ja schon alles so gut klappt, wird Verladen weiter zufallsabhängig bleiben.

In den ersten Übungssequenzen brauchen Sie normalerweise drei Helfer. Erfahrene Teams schaffen es auch zu dritt oder sogar zu zweit, aber das ist dann wieder stark glücksabhängig.

Ausrüstungsgegenstände sind die TT.E.A.M.-Kette, eine lange Gerte und zwei Stricke oder Longen. Falls Ihr Pferd zum Steigen neigt und der Hänger sehr eng ist, sollten Sie eine weitere Longe bereitlegen, um es eventuell damit auf den Hänger zu „ziehen". Präparieren Sie den Hänger so, daß das Pferd darin sein Lieblingsfutter findet, sobald es oben ist. Wir haben sehr gute Erfahrungen mit einer vorübergehend fest installierten Futterkrippe im Hänger gemacht. Das ist besser, als einen Helfer mit Futterschüssel hineinzustellen, denn das führt zu Drängeleien, wenn das Pferd hineingeführt wurde und man dann beim Anbinden zu zweit mit ihm im Hänger steht.

Befestigen Sie nun die beiden Stricke links und rechts vom Hänger, damit sie, von den Helfern gehalten, eine Gasse bilden. Den Helfern muß eingeschärft werden, die Stricke sofort loszulassen, falls das Pferd darüberspringen will und sich mit den Vorderbeinen darin verfängt. Sie dienen in erster Linie als Leitseile, weniger als Zwangsmittel.

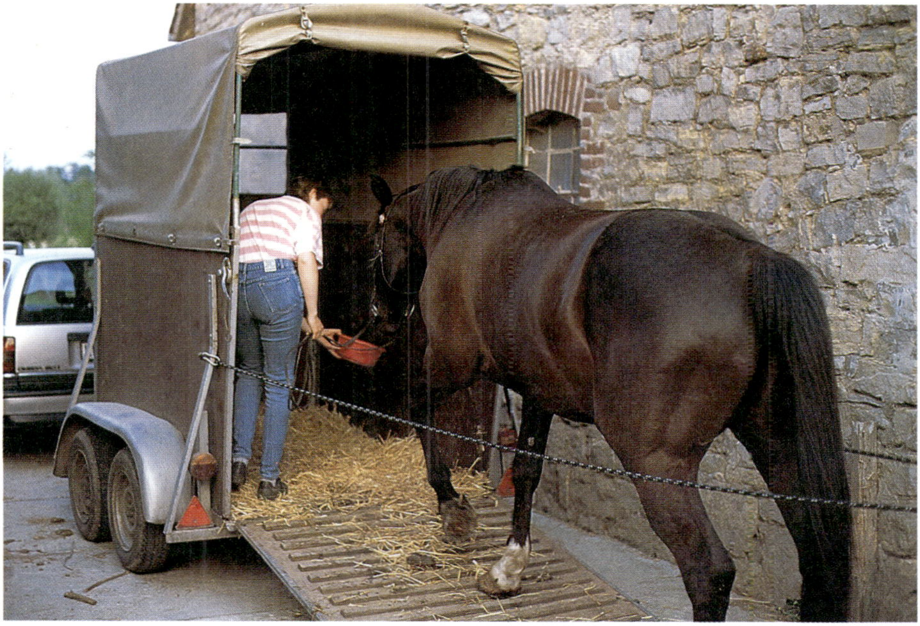

Das Pferd folgt der Futterschüssel durch eine Gasse von TT.E.A.M.-Stricken

Legen Sie Ihrem Pferd nun die Kette um, und führen Sie es in aller Ruhe in die Gasse aus Seilen. Tun Sie das allerdings nur dann selbst, wenn Sie wirklich zuversichtlich sind, die Verladeaktion erfolgreich durchzuführen! Angst und Unsicherheit wird Ihr Pferd nämlich spüren. Es ist absolut keine Schande, das Pferd zunächst einem anderen Führer zu überlassen! Jeder hat seine Lieblingsposition, in der er sich sicher fühlt und von der aus er erfolgreich und gelassen operiert. Ob das die hintere oder vordere ist, spielt keine Rolle. Wichtig ist die gute Zusammenarbeit aller Beteiligten.

Haben Sie nun Glück, so marschiert Ihr Pferd ganz gelassen hinter seinem Führer auf den Hänger. Das passiert häufiger, als Sie glauben. Die geballte Entschlossenheit eines Teams eingespielter Pferdeleute ist manchmal wirksamer als jedes Zwangsmittel. Ebensogut kann es jedoch vorkommen, daß Ihr Pferd sich gar nicht erst dem Hänger nähern will und schon ein ganzes Stück vor der Rampe seitwärts geht und sich der Sache entziehen will. Beruhigen Sie es in diesem Fall und trösten Sie es mit der Futterschüssel. Wenn es wie angewurzelt stehenbleibt, warten Sie, bis es wieder Regungen zeigt. Sie können das fördern, indem Sie es kraulen und versuchen, seinen Kopf mit Hilfe der Führkette nach unten zu bringen. Manchmal hilft es auch, es zum Rückwärts- oder Seitwärtsgehen aufzufordern oder es mit der Gerte abzustreichen. Linda Tellington-Jones nennt dieses Verhalten – das wir auch beim Thema „Führen“ schon einmal erwähnt haben - den „Freeze-Reflex“. Er bewirkt eine Unterbrechung der Informationsvermittlung zwischen Körper und Gehirn. Einfacher gesagt: Das Pferd kann nicht mehr denken. Erst wenn Sie es dazu bringen, irgendeine Aufgabe auszuführen oder sich zumindest in Bewegung zu setzen, kommt der Impulsfluß wieder in Gang. Das ist sehr viel besser, als es zu verprügeln, wie man es in Reitställen oft sieht. Zwar bringen auch die Schläge es auf Dauer wieder zu sich, aber es hat dann wieder etwas Unangenehmes beim Verladen erlebt.

Betritt das Pferd die Gasse aus Seilen, so folgt ihm ein Helfer mit der Gerte. Damit ist die Gasse geschlossen. Sofern er die TT.E.A.M.-Führpositionen beherrscht, kann der Führer des Pferdes die Gerte auch selbst nehmen und das Pferd aus der „Dingo“-Position in den Hänger leiten. Wir haben aber bessere Erfahrungen mit dem Helfer gemacht, der sanften Druck von hinten ausübt. Idealerweise sollte das Pferd während der gesamten Aktion gelassen bleiben und die Gerte des Helfers zwar als treibende Hilfe, aber nicht als beängstigend empfinden. Neigt es jedoch zum Ausbrechen und eventuell sogar zum Schlagen, so ist es sicherer, zusätzlich die Seile hinter ihm zu kreuzen. Pferde reagieren fast reflexhaft auf den Druck der Seile auf den Unterschenkel etwas unterhalb des Schweifansatzes. Sehr viele lassen sich dadurch auf den Hänger schieben. Falls das Pferd sehr gerten-

Verladen aus der „Dingo“-Führposition

scheu ist, können Sie deshalb auch von Anfang an mit einem „Komm-mit“ (beschrieben auf Seite 112 f.) arbeiten.

Lassen Sie das Pferd das Tempo des Verladens bestimmen. Es macht nichts, wenn es nach jedem Schritt eine Pause einlegt.

Vielleicht wird es auch mitten auf der Rampe den Mut verlieren und wieder absteigen wollen. Tut es das, nachdem es einige Zeit da gestanden und „überlegt“ hat, können Sie es ihm erlauben. Wiederholen Sie die Aktion aber sofort. Beim nächsten Mal wagt sich Ihr Pferd sicher weiter.

Auf keinen Fall dürfen Sie dagegen gestatten, daß das Pferd die Hängerklappe hinaufstürmt, dann stoppt, zurückschreckt und genauso hektisch rückwärts wieder herunterrennt! Bei einer solchen Aktion lernt es nichts, sondern legt nur den Grundstein für hysterische Reaktionen beim Anblick eines Hängers. Beim nächsten „Anlauf“ wird es nämlich noch früher stoppen und plötzlicher zurückweichen, und irgendwann kommt es gar nicht mehr bis zur Rampe.

Eine menschliche Parallele hat dieses Verhalten in dem Kinderspiel „Erschrekken“. Die Kinder schaukeln dabei ihre Angst künstlich hoch. Sie nähern sich dem Raum, in dem sie das „Gespenst“ vermuten, und schrecken schon in Erwartung eines „Buh“ kichernd zurück. Dabei steigt der Adrenalinspiegel, die Reaktionen werden schneller, und der Fluchtinstinkt ersetzt die Überlegung. Mit jedem Anlaufen des Raums werden die Kinder dadurch hysterischer und schrecken früher zurück. Am Schluß sind sie erregt und aufgedreht und lange nicht zur Ruhe zu bringen. Das Spiel erfüllt die Funktion, sich eigenen Ängsten zu stellen und Erfahrungen damit zu sammeln. Die Kinder wissen dabei, daß nichts wirklich Gefährliches in der Dunkelheit lauert.

Das Pferd vor dem Hänger weiß das selbstverständlich nicht. Es folgt vor der vermeintlichen Gefahr blind seinem Fluchtinstinkt. Es ist Ihre Aufgabe, es dazu zu bringen, nicht mehr instinktiv und reflexhaft, sondern überlegt und ruhig mit der Situation des Verladens umzugehen. Dazu muß es Schritt für Schritt an den Hänger herantreten. Nehmen Sie eine Futterschüssel mit hinauf und lassen es nach jedem Schritt stoppen, einen Bissen Kraftfutter nehmen und dazu den Kopf senken. Kraulen oder touchen Sie es und streichen seinen Körper mit der Gerte ab. Funktioniert das alles nicht, oder hat das Pferd das Zurückschrecken bereits zur Strategie ausgeweitet, so hilft es, ihm einen Longiergurt anzulegen und ein „Tie-Down“ oder Ausbindezügel daran zu befestigen. Steht das Tier nun auf der Rampe, und Sie befürchten die Schreckreaktion, so klicken Sie den Hilfszügel schnell in sein Halfter. Dadurch wird das Hochwerfen des Kopfes unmöglich, und das verblüffte Pferd muß sich mit der neuen Situation auseinandersetzen. Füttern Sie es dabei und reden Sie ihm gut zu. Fast immer wird es irgendwann auf Ihren Impuls, nun weiter vorwärts zu gehen, reagieren wollen. Der Hilfszügel hindert es jedoch daran (oder wird zumindest als Hinderung erfahren). Sie müssen ihn also im richtigen Moment wieder lösen. Die Entscheidung darüber verlangt Einfühlung und Erfahrung. Wenden Sie die Methode deshalb nur an, wenn Sie sicher sind, loslassen zu können! Sie ist einfacher beschrieben als ausgeführt.

Falls Ihr Pferd sehr stark ist, mit dem

Kopf schlägt und/oder zu steigen versucht und Sie das Gefühl haben, es auch mit der TT.E.A.M.-Kette nicht bändigen zu können, so klinken Sie eine Longe in sein Halfter - auf keinen Fall in die Kette! -, ziehen sie vorn im Hänger durch den Anbindering und geben Sie mit dieser Konstruktion von der Seite des Pferdes aus die Impulse, vorzutreten. Arbeiten Sie aber auch hier mit nachgebender, weicher Hand. Nicht der Zug ist entscheidend, sondern die klare Richtungsangabe. Machen Sie dem Pferd klar, daß der Weg es in den Hänger führt oder nirgendwohin.

Längeren Zug übt man nur in sehr seltenen Fällen bei extrem sturen, aber nicht wirklich hängerscheuen Pferden aus. Bei ihnen kann es schon mal nötig sein, mehrere Minuten lang intensiv von vorn zu ziehen und gleichzeitig von hinten Druck auszuüben. Wenn ihnen dann die Protesthaltung unbequem wird, geben sie auf und steigen ein. Verwechseln Sie aber niemals den „Freeze-Reflex“ mit der Sägebockstellung dieser seltenen „Spielverderber“! Beim Versuch, ein wirklich ängstliches Pferd auf den Hänger zu ziehen, „explodiert“ es nach hinten und kann dabei leicht fallen. Falls sich dann noch die Longe irgendwo verhakt und nicht nachgegeben werden kann, hat das fatale Folgen. Führen Sie die Longe deshalb nur durch den Anbindering, und schlingen Sie sie auf keinen Fall um irgendein anderes Teil des Hängers. Glatte Baumwollstricke sind sicherer als Longen aus Rolladenband o. ä., denn sie verdrehen sich nicht und haken sich nicht so schnell irgendwo fest.

Nachdem Ihr Pferd nun auf dem Hänger ist, loben Sie es überschwenglich und zeigen ihm sein Kraftfutter. Der Helfer, der von hinten getrieben hat, legt die Gerte weg und krault das Pferd unter der Schweifrübe, während die anderen Helfer die Stange hinter ihm einlegen. Dieses Kraulen ist sehr wichtig bei Pferden, die zum Zurückstürmen neigen. Es vermittelt ihnen ein positives Gefühl und gibt gleichzeitig einen leichten Impuls nach vorn. Erst nachdem die Stange liegt, wird das Pferd angebunden.

TTouch vor dem Einlegen der Stange

Die Helfer schließen nun die Klappe, der Führer des Pferdes lobt noch einmal und steigt aus. Dann machen alle eine Pause von mindestens fünf Minuten, in der das Pferd entspannt fressen soll. Anschließend laden Sie Ihr Pferd wieder aus. Dabei gehen Sie genauso langsam und gelassen vor wie beim Einsteigen:

Sie machen das Pferd los, die Helfer öffnen die Klappe und lösen die Stange, während einer das Pferd krault. Dann veranlassen Sie das Pferd mit Stimmhilfe zum Rückwärtsgehen und lassen es einen Schritt nach dem anderen machen. Vielleicht klappt das nicht beim ersten Mal, aber es ist das Endziel, und richtiges Aussteigen gehört genauso zum Verladetraining wie korrektes Einsteigen!

Führen Sie das Pferd nun einmal über den Hof, und wiederholen Sie dann die gesamte Aktion. Das tun Sie auch dann, wenn das Pferd zu Ihrer größten Überraschung auf Anhieb eingestiegen ist. Vielleicht zeigt es seine „Macken“ ja erst beim zweiten Mal. Auf jeden Fall muß das Einsteigen für ein solches Pferd zur Routine geworden sein, bevor Sie auf die Anwesenheit Ihrer Helfer verzichten! Sonst verweigert es das Einsteigen nämlich in dem Moment wieder, in dem Sie allein mit ihm vor dem Hänger stehen!

Beim zweiten Mal geht die Verladeaktion in der Regel schon viel schneller, und beim vierten oder fünften Mal geht das Pferd mit ziemlicher Sicherheit ohne Zögern auf den Hänger. Arbeiten Sie möglichst nicht länger als 20 Minuten. Falls das Pferd jedoch größere Schwierigkeiten macht, gehen Sie über das Zeitlimit hinaus und verladen es auf jeden Fall dreimal.

Am nächsten Tag wird das Ganze wiederholt. Bestellen Sie wieder mindestens zwei Helfer. Es gibt nämlich keine Gewähr dafür, daß das Pferd sein frisch erworbenes Wohlverhalten beibehält! Verladen Sie erneut so oft, bis das Pferd problemlos eingestiegen ist. Steigt es sofort gut ein, so verladen Sie dreimal. Sehr wichtig dabei ist, das Pferd nach jedem Verladen einige Minuten auf dem Hänger stehen- und sich entspannen zu lassen. Folgt Ausladen zu schnell auf Einladen, so bauen sich die vorhin schon beschriebene Hektik und irrationale Angst auf.

Am dritten Tag ist die tägliche Verladerei für das Pferd fast schon Routine. Bei den allermeisten Tieren genügt jetzt die Seilgasse als Orientierungshilfe. Die Helfer können die Stricke jetzt bei jedem Verladen weiter auseinander ziehen, und etwa am fünften Tag sollte auch die Gasse nicht mehr nötig sein. Sobald das Pferd sicher einsteigt, variieren Sie die Verladeroutine: Lassen Sie das Pferd zum Beispiel von drei verschiedenen Leuten hintereinander verladen. Binden Sie es an und schließen dann selbst die Stangen – aber bitte nur dann, wenn Ihr Pferd sich sicher anbinden läßt und nicht zum Zurückreißen neigt! Wenn auf Ihrem Hof mehrere Hänger stehen, bitten Sie die Besitzer, auch mal in einen der anderen verladen zu dürfen. Das Pferd soll sowohl in Doppel- als auch in Einzelhänger gehen.

Üben Sie, das Pferd auf den Hänger zu „schicken“, ihm also den Impuls zum Weitergehen zu geben, sobald es gerade die Nase in den Hänger gesteckt hat, und selbst draußenzubleiben und die Stangen zu schließen. Dieses selbständige Einsteigen ist die ideale Form des Verladens, und sie kann von jedem Pferd erlernt werden. Leider beherrschen nur wenige Menschen die Kunst, das Pferd wirklich im richtigen Moment loszulassen. Falls Sie damit Schwierigkeiten haben, üben Sie nicht an Ihrem eigenen, gerade erst hängersicher gemachten Pferd, sondern bitten Sie einen anderen Reiter mit routiniertem Pferd, Ihnen den Trick zu zeigen.

Sobald das Pferd sicher und routinemäßig einsteigt, beginnen Sie es zu fahren. Fahren Sie am ersten Tag 20 Meter, dann laden Sie aus. Laden Sie anschließend noch einmal ein, lassen das Pferd fressen und laden wieder ab.

Klappt das, so machen Sie am nächsten Tag eine fünfminütige Spritztour. Ausladen, wieder einladen, ausladen. Das wiederholen Sie an zwei oder drei Tagen.

Wenn Sie nun ganz sichergehen wollen, so fahren Sie Ihr Pferd zu einem fünf Minuten entfernten Parkplatz, laden aus, führen es etwas herum und laden wieder ein. Nach der Rückfahrt kommt das Pferd mit viel Lob und Lekkereien direkt in den Stall zu den anderen Pferden.

Den Abschluß des Verladetrainings bildet immer eine kurze Fahrt ins nächste schöne Reitgebiet und ein entspannter Ausritt mit Freunden. Sofern das Pferd zu Hause und nach dem Ritt gut einsteigt, können Sie sich auch beim nächsten Turnier auf seine Mitarbeit verlassen.

Das schaffen die Besitzer so korrigierter Pferde oft allerdings nicht, sondern fühlen sich unsicher, wenn erstmals der Ernstfall eintritt. Ist das bei Ihnen der Fall, so übertragen Sie Ihre Unsicherheit nicht aufs Pferd, sondern bitten jemand anderen, das Pferd „eben mal" auf den Hänger zu führen. Es wird auch einem Anfänger willig folgen.

Wenn Pferde nicht allein fahren . . .

Falls Ihr Pferd nicht gern als erstes in den Hänger steigt, so greifen Sie nicht zu der List, ein anderes Pferd aufzuladen und es wieder herunterzuführen, sobald das schwierige eingestiegen ist! Sofern Ihr Pferd nämlich halbwegs pfiffig ist, wird es höchstens dreimal auf diesen Trick hereinfallen. Anschließend steigt es gar nicht mehr ein! Besser ist hier ein **systematisches Training:**

- **Fahren Sie das Pferd in der ersten Zeit nur mit einem Kameraden.** Später hat es sich dann an den Hänger und Ihren Fahrstil gewöhnt.
- **Versuchen Sie immer wieder, es zuerst zu verladen und anschließend das andere Pferd hinaufzuschicken.** Wahrscheinlich wird es sich die ersten Male vehement weigern. Dann belassen Sie es dabei und laden zuerst das andere Pferd auf. Wenn das Problempferd genügend Vertrauen zu Ihnen gewonnen hat, wird es irgendwann vorausgehen, ohne eine Sekunde zu zögern. Dann ist es sehr wichtig, es nicht zu enttäuschen und gleich das andere Pferd nachzuschicken. Erst nachdem das mehrmals problemlos geklappt hat, beginnen Sie damit, die Pferde nicht gleichzeitig, sondern nacheinander aus dem Stall zu führen, und irgendwann können Sie Ihr schwieriges Pferd auch allein verladen.
- Natürlich besteht immer die Gefahr, daß das Pferd nach dem ersten Ausflug ohne Kameraden erneut Angst bekommt und alles von vorn losgeht. Dem können Sie nur durch sehr aufwendiges Training abhelfen. **Machen Sie dazu die Hängerfahrt zur Routinesache.** Zum Beispiel fahren Sie Ihr Pferd jeden Tag vor der Abendfütterung einmal um den Block. Oder Sie fahren Ihr Pferd regelmäßig in ein anderes Reitgelände und jemand anderes bringt seinen Kameraden in einem anderen Hänger auch dorthin. Am Zielort freuen sich die beiden dann über das Wiedersehen, und das

Pferd lernt auf die Dauer, die Hängerfahrt mit etwas Positivem zu verbinden. 100prozentig erfolgversprechend ist diese Methode allerdings nicht. Schüchterne, ängstliche Pferde trennen sich nun einmal nicht gern von der Herde. Es ist deshalb oft einfacher, ihrer Marotte nachzugeben und sie nur im Doppelhänger zu transportieren.

Widersetzlichkeit unter dem Reiter

Wenn Pferde „explodieren" ...

Sattelzwang

Leidet ein Pferd unter Sattelzwang, so gerät es in Panik, sobald man ihm einen Sattel auflegt oder den Gurt anzieht. Die dabei zu beobachtenden Reaktionen reichen vom Wegdrücken des Rückens über das Schlagen nach dem Gurt und das Beißen nach dem sattelnden Menschen bis zum Hinwerfen und Wälzen. Manche davon betroffenen Pferde beruhigen sich, nachdem sie den Sattel einige Minuten getragen haben, andere wehren sich auch gegen den Reiter. Hierbei kommt es im besten Fall zu verspannten, gebundenen Bewegungen, im schlimmsten zu gefährlichem Bukkeln.

Auch Lahmheiten können als Folge von Sattelzwang auftreten. Das Pferd zeigt dann völlig normale Gänge, solange es sich frei bewegt, lahmt aber, sobald es einen Sattel trägt.

Ursachen des Problems

Sattelzwang wird gewöhnlich in der Zeit des ersten Anreitens erworben. Dabei sind seine Ursachen vielschichtig. Eine der häufigsten ist ein falsch gewählter Sattel. Pferde fühlen sich am wohlsten unter einem Sattel mit großer Auflagefläche. Diese erleichtert ihnen das Tragen des Reitergewichts beträchtlich, denn sie verteilt es auf einen größeren

Der Westernsattel liegt besonders bequem auf dem Pferd

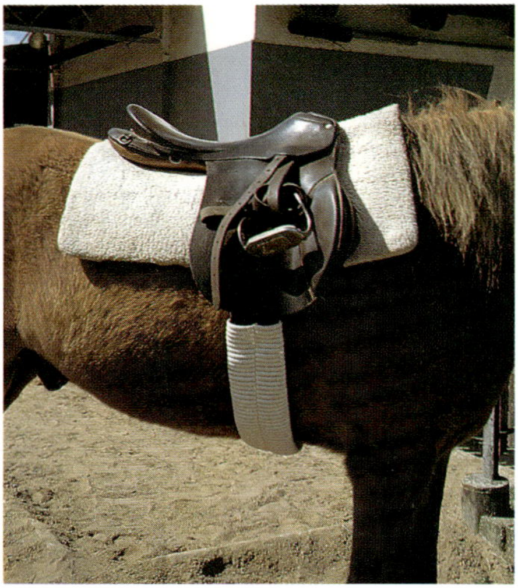

Der Trachtensattel hat eine größere Auflagefläche als der Vielseitigkeitssattel

Bereich des Rückens. (Jeder Mensch kennt diesen erleichternden Effekt vom Tragen schwerer Schultertaschen oder Rucksäcke. Hochwertige Modelle werden hier mit gezielt verbreiterten Riemen im Bereich der Auflage auf den Schultern geliefert, denn zu dünne Riemen schneiden ein.)

Der gebräuchliche Vielseitigkeitssattel hat leider nur eine kleine Auflagefläche, er belastet den Pferderücken fast punktuell. Ist ein solcher Sattel nun nicht ganz korrekt angepaßt, bereitet er dem Pferd Unbehagen. Einem jungen Pferd mit noch nicht ausgeprägtem Rükken einen Sattel optimal anzupassen ist aber kaum möglich. Die meisten Reitpferde müssen sich deshalb gleich in ihren ersten Monaten unter dem Sattel mit Unbequemlichkeit oder gar Schmerzen abfinden.

Zudem spielt Sattelgewöhnung bei den meisten Pferdeausbildern nur eine untergeordnete Rolle. Das junge Pferd wird aufgesattelt - wobei man den Sattel meist sofort fest angurtet - und kurz an die Longe genommen. Dabei soll es „abbuckeln", was es meist auch tut. Das Pferd wird also gleich dazu erzogen, den Sattel nicht freudig zu tragen, sondern als notwendiges Übel zu betrachten. Es duldet ihn nur, weil es festgestellt hat, daß er sich auch beim Toben nicht löst.

Schon kurz nach dem ersten Aufsatteln wird das Pferd geritten. Manche Zureiter lassen sich sogar gleich nach dem Abbuckeln auf seinen Rücken heben und beginnen dann sofort mit dem „Zusammenstellen" und der Einführung auch komplizierterer Hilfen. Begreift das Pferd nicht, so wird es bestraft.

Für das Pferd ist ein solches Zureiten natürlich traumatisch. Es ist überfordert, bekommt Rückenschmerzen und beginnt, sich vor der Arbeit zu fürchten. Die Arbeit startet aber mit dem Auflegen des Sattels auf den ohnehin schon verspannten Rücken - was liegt also näher, als sich schon diesem Vorgang zu entziehen?

Wenn der Reiter nun schimpft und straft und gleich drei Helfer erscheinen, um das „bösartige" Pferd beim Aufsatteln und Aufsteigen festzuhalten, so steigert sich die Angst zur Panik und das Verhaltensmuster Sattelzwang wird reflexhaft.

Disposition als Ursache des Problems

Leicht erregbare Pferde, also Vollblüter und Warmblüter mit hohem Vollblutanteil, neigen stärker zum Sattelwang als andere Rassen. Auch bei Pferden mit kurzem, starkem Rücken tritt er häufiger auf. Manche Pferde haben einen sehr empfindlichen Rücken und neigen auch bei passenden Sätteln verstärkt zu Druckstellen. Es gibt aber kein Pferd, bei dem Sattelzwang auftreten muß! Seine Vermeidung ist letztlich nur eine Frage der Geduld, der Wahl des passenden Sattels und der richtigen Polsterung.

Vorbeugung

Jedes Pferd muß in Ruhe an das Tragen des Sattels gewöhnt werden. Dabei ist es ideal, wenn man am Anfang einen Sattel mit großer Auflagefläche, also einen Trachten- oder Westernsattel, wählt. Viele Bereiter schwören auch auf die modernen Kunststoffsättel (Wintec u. a.). Sie sind extrem leicht und belasten den Pferderücken wenig. Das macht sie besonders für kleine Pferde geeignet, für die ein Westernsattel recht schwer ist. Die Sättel haben darüber hinaus den Vorteil, preiswert zu sein. Für ein junges Pferd sind sie viel besser als etwa ein gleichwertiger, gebrauchter Ledersattel.

Unter jeden Sattel gehört eine weiche, dicke Satteldecke. Der Rücken des jungen Pferdes muß gut abgepolstert sein. Stabile Westernpads helfen auch ein bißchen bei der gleichmäßigen Gewichtsverteilung. Sie sehen nett aus und passen unter jeden Sattel. Neuerdings gibt es sie sogar in einem Schnitt, der zum Vielseitigkeitssattel paßt. Gönnen

Ein junges Pferd nimmt am ersten Aufsatteln lebhaften Anteil

Sie Ihrem jungen Pferd eine solche Dekke, auch wenn Sie eine leichte Frotteeoder Steppunterlage hübscher finden.

Legen Sie den Sattel zum ersten Mal nach dem Spaziergang oder dem Longieren auf, am Anfang einfach, ohne ihn festzugurten. Dann bewundern Sie das Pferd ausgiebig, selbst wenn Sie sich dabei albern vorkommen. Pferde sind sehr aufgeschlossen für solche Aktionen!

Auf das Angurten sollte Ihr Pferd bereits durch das Auflegen einer Abschwitzdecke vorbereitet sein. Gewöhnen Sie es schon nach dem Longieren oder Handpferdereiten ans Eindecken und den Deckengurt. Das Angurten des Sattels ist dann kein Problem mehr. „Knallen" Sie den Sattel aber nicht an, sondern gurten Sie relativ locker. Es ist eine Unsitte, den Sattel so fest zu verschnallen, daß das Pferd kaum noch Luft bekommt. Sie bewirkt die häufige Unart der Pferde, sich vor dem Angurten „aufzublasen". Die Tiere versuchen einfach, zu retten, was zu retten ist!

Gehen Sie dann mit dem Pferd unter dem Sattel spazieren. Es soll sich in langsamer Gangart lockern und auf keinen Fall herumbuckeln. Führen Sie es durch Bodenhindernisse, damit es lernt, wie der Sattel sich anfühlt, während man sich biegt. Gewöhnen Sie es an herunterhängende Steigbügel und, falls der Sattel zum Verrutschen neigt, an Vorderzeug oder Schweifriemen. Erst danach sollten Sie Ihr Pferd mit Sattel an die Longe nehmen. Es wird dann mit ziemlicher Sicherheit nicht mehr buckeln, sondern sich so benehmen wie immer beim Longieren.

Das erste Besteigen eines jungen Pferdes ist für den Reiter ein entscheidender Abschnitt in der Ausbildung. Für das Pferd ist es nur ein Ausbildungsschritt unter vielen. Gehen Sie also genauso gelassen und selbstverständlich ans erste Aufsitzen heran, wie zum Beispiel ans Anlongieren oder Einführen eines neuen Bodenhindernisses. Aufsitzen bedeutet auch nicht unbedingt losreiten. Wir werden im nächsten Kapitel, in dem es um Aufsitzprobleme geht, näher darauf eingehen.

Korrektur

Der erste Schritt bei der Korrektur des Sattelzwangs ist die Auswahl eines passenden Sattels. Solange der Sattel nämlich einengt und drückt, ist Sattelzwang keine Unart, sondern ein gesunder Schmerzvermeidungsmechanismus, der nicht abgestellt werden kann.

Auch wenn Ihr Pferd aus anderen Gründen unter Rückenschmerzen leidet, sollte ihnen entgegengewirkt werden, bevor man das Problem Sattelzwang konkret angeht. Viele Pferde haben eine verkrampfte Rückenmuskulatur, weil sie falsch dressurmäßig gearbeitet werden. Eine durch Hilfszügel erzwungene, „edle" Kopf-Hals-Haltung sorgt nämlich nicht für ein williges Hergeben des Rückens, sondern führt zu einer krampfhaften Spannungshaltung. Sorgen Sie also für gründliches Lösen vor dem Reiten, schnallen Sie Hilfszügel ab, und arbeiten Sie an Ihrem Sitz und Ihrer Zügelführung. Longieren Sie Ihr Pferd wenigstens gelegentlich längere Zeit ohne Ausbinder oder andere Hilfszügel. Sofern Sie richtig treiben und das Pferd noch nicht völlig verkrampft ist, wird es nach einigen Minuten der Lösung anfangen, losgelassen mit schwingendem Rücken zu gehen und sich ganz

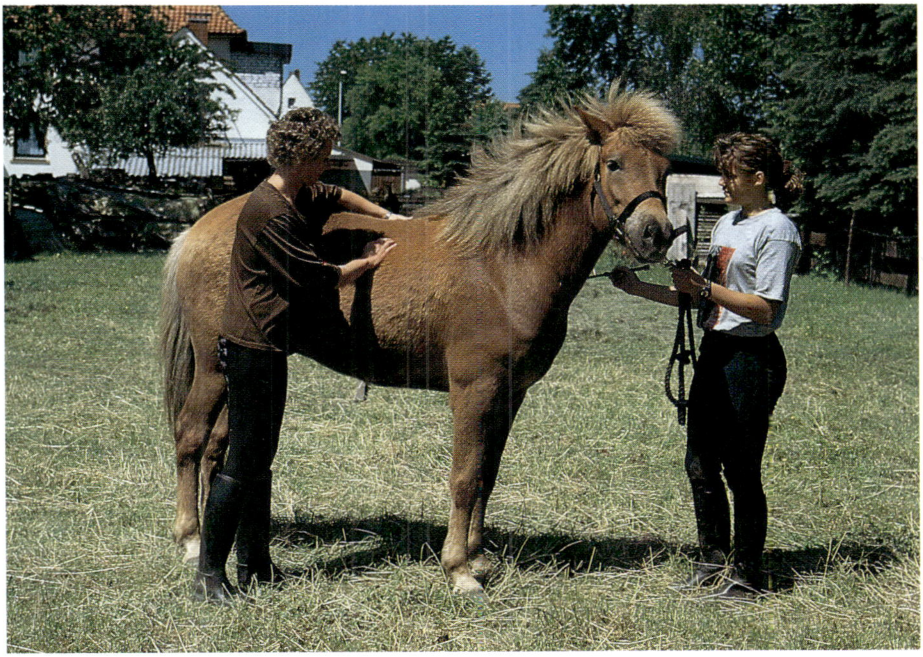

Gewöhnen Sie das Pferd an Berührungen im Rücken!

von allein nach vorwärts-abwärts zu strecken. Dabei können Sie ihm dann helfen, indem Sie den Ausbinder beim Longieren durch ein Chambon ersetzen.

Zur Vorbereitung der Arbeit mit dem Sattel gewöhnen Sie Ihr Pferd an Berührungen und eine sanfte Massage des Rückens. Ideal sind die kleinen Kreise des Tellington-TTouches oder der „Rükken-Lift“. Dazu werden die Fingerspitzen in einer „Drücken-und-Loslassen“-Bewegung an der Mittellinie des Pferdes unter dem Bauch angesetzt. Das verspannte Pferd hebt dann die Rückenpartie an und lockert sich. Streicheln Sie das Pferd aber zunächst unter dem Bauch, bevor Sie den Griff anwenden. Wenn Sie es damit „überfallen“, könnte es ausschlagen.

Auch andere Massagebewegungen sind möglich. Drücken Sie nicht übertrieben stark zu, aber arbeiten Sie auch nicht zu vorsichtig, denn das kitzelt. Sobald das Pferd sich dieser Massage nicht mehr entzieht, ist es reif für das Satteln. Dabei bedienen Sie sich einer alten und oft bewährten Methode des Oberst Spohr:

Legen Sie den Sattel eine Viertelstunde vor dem Reiten auf und schnallen ihn ganz locker an. Dann lassen Sie das Pferd zehn Minuten stehen. Anschließend werden die Gurte sehr fest angezogen, und Sie führen das Pferd fünf Minuten ohne Reiter. Danach lockern Sie den Sattelgurt wieder um ein Loch.

Jetzt können Sie aufsteigen. Fallen Sie dem Pferd aber bitte nicht ins Kreuz, sondern lassen Sie sich vorsichtig in den Sattel sinken und verlagern das Gewicht in den ersten Minuten mehr auf den Spalt als auf die Gesäßknochen.

Am Anfang kann ein vertrauter Helfer das Pferd festhalten, während Sie aufsitzen. Vielleicht ist es auch hilfreich, wenn er Sie die ersten paar Schritte führt. Auf keinen Fall sollten Sie das Pferd erschrecken, indem Sie vor dem Losreiten ruckartig die Zügel aufnehmen und schon in den ersten Minuten „Versammlung" erwarten.

Wenn Ihr Pferd Sie nicht aufsteigen läßt

Viele Pferde stehen beim Aufsteigen nicht still. Meist ist das einfach eine Folge der Nachlässigkeit ihrer Reiter. Sie bestehen nicht auf ruhiges Stehen, sondern wollen schnell losreiten und schwingen sich schon während der Vorwärtsbewegung in den Sattel. Manche Distanzreiter trainieren ihre Pferde regelrecht darauf, sie in der Bewegung auf- und absteigen zu lassen, um keine Sekunde Zeit zu verlieren. Während der Pulsmessungen dagegen stehen diese Pferde ruhig wie die Standbilder. Unruhe beim Aufsteigen muß also kein Problem sein.

Ganz anders sieht es aus, wenn ein Pferd gezielt versucht, sich dem Aufsteigen des Reiters zu entziehen, indem es sich um sich selbst dreht, nach dem Reiter beißt oder auskeilt und sofort losgaloppiert oder gar buckelt, sobald er sich denn doch hochgezogen hat. Ein solches Verhalten muß mit viel Geduld und Sachkenntnis im Laufe der Zeit korrigiert werden.

Ursachen des Problems

Der Versuch, den Reiter möglichst am Boden zu halten, hat oft die gleichen Ursachen wie der Sattelzwang und geht auch häufig mit ihm einher. Der Reiter tut also gut daran, sich zunächst die Frage zu stellen, was das Pferd an seinem Reitstil stören könnte!

Auch den Stil beim Aufsitzen sollte man einer kritischen Prüfung unterwerfen. Viele Reiter ziehen sich nur mühsam am Sattel hoch oder brauchen sogar einen Helfer zum Hinaufschieben oder Heben. Sie stoßen dem Pferd ihre Fußspitzen in die Weichen, verschieben den Sattel und fallen wie ein Mehlsack ins Kreuz ihres Reittieres. Es ist verständlich, wenn es diese Behandlung vermeiden will.

Vorbeugung

Die beste Vorbeugung gegen Schwierigkeiten beim Aufsitzen ist die sorgfältige Gewöhnung des Jungpferdes an Sattel und Reiter, wie sie unter dem Thema „Sattelzwang" bereits besprochen wurde. Das Pferd muß auf das erste Aufsitzen sorgfältig vorbereitet werden. Am besten legt man sich schon in der Woche vor dem großen Tag nach dem Putzen über seinen Rücken. Als nächste Übung sattelt man auf und setzt den Fuß versuchsweise in den Steigbügel, belastet den Bügel leicht und belohnt das Pferd fürs Stillstehen. Betrachten Sie das Aufsitzen als eine Vorübung für das Reiten wie andere Übungen auch. Reiten Sie also nicht gleich los, sobald Sie Ihr Pferd erstmalig erklommen haben, sondern loben Sie es, geben von oben einen Lekkerbissen und steigen wieder ab. Das

Eine Aufstiegshilfe ist bequem für Mensch und Pferd!

tun Sie solange, bis es „sitzt" und das Pferd mit und ohne festhaltenden Helfer ruhig und gelassen bleibt, während Sie auf- und absitzen. Erst dann führen Sie die Hilfe zum Antreten ein. Machen Sie grundsätzlich eine Pause zwischen dem Aufsitzen und der Aufforderung zum Antreten und auch zwischen der Hilfe zum Anhalten und dem Absteigen. Sofern Sie das konsequent durchhalten, wird Ihr Pferd nie loszackeln, solange Sie noch nicht richtig sitzen.

Sind Sie korpulent oder körperlich besonders steif, so berechnen Sie diese Probleme bei der Wahl Ihres Reitpferdes mit ein. Kaufen Sie sich kein besonders großes und hochblütiges Tier. Ungeduldige und junge Pferde sind für Sie nicht geeignet. Sie tun sich und dem Pferd nichts Gutes, wenn jeder Ausritt mit einem Kraftakt beim Aufsteigen verbunden wird.

Früher gab es vor jedem hochherrschaftlichen Haus eine Aufstiegshilfe für Reiter. Das war sowohl eine reiter- als auch eine pferdefreundliche Einrichtung. Selbst das Aufsteigen geschickter Reiter ist für ein sehr großes Pferd nämlich nicht sonderlich angenehm – schließlich geht kein Weg daran vorbei, daß Sie ihm kurz mit ihrem vollen Gewicht an der Seite hängen. Sollten Sie also die Möglichkeit haben, von einem Stein oder einer Bank aus aufzusteigen, dann tun Sie das. Sie müssen Ihr Pferd allerdings daran gewöhnen! Es versteht zunächst nicht, warum es neben der Bank halten soll, und weicht instinktiv ein paar Schritte aus, wenn es Ihren Schatten daran hochsteigen sieht. Von Natur aus scheuen Pferde vor einem Schatten über ihnen – es könnte sich ja um ein Raubtier im Sprung handeln. An das Aufsteigen des Reiters haben sie sich zwar gewöhnt, aber bisher war es immer mit einem Gewicht im Steigbügel verbunden. Kommt es nun von seitlich oben, ist das dem Pferd zunächst suspekt. Schimpfen Sie nicht, wenn das Stillstehen nicht gleich klappt!

Korrektur

Sofern die Unruhe Ihres Pferdes während des Aufsteigens nur eine Unart und weder eine Folge von Angst noch Wehrigkeit ist, kann man es leicht korrigieren. Am besten ersteigen Sie das Pferd zunächst in angebundenem Zustand. Loben Sie es und steigen Sie wieder ab, bis es dabei ruhig steht. Danach hält es ein Helfer, während Sie ebenfalls mehrmals nacheinander auf- und wieder absteigen. Schließlich wird es auch stehen, ohne festgehalten zu werden. Lassen Sie das Pferd unter dem Reiter mehrere Minuten stehen, bevor Sie letztlich losreiten. Wenn Sie das einige Zeit lang durchhalten, wird Ihr Pferd auch weiter ruhig stehen bleiben. Sobald Sie aber aufhören, darauf zu achten, fängt es erneut an zu zackeln.

Ist das Pferd ängstlich, weil es zum Beispiel bei seinem Vorbesitzer schlechte Erfahrungen mit dem Reiten gemacht hat, gehen Sie genauso vor, verzichten aber auf die Phase mit dem Anbinden.

Das Aufsteigen sollte mit positiven Erfahrungen verbunden werden

Es könnte nämlich sehr gefährlich werden, wenn das Pferd plötzlich in Panik zurückweicht, vorspringt oder sich hinwirft! Statten Sie den Helfer mit einer Futterschüssel aus, und erlauben Sie dem Pferd, sie in Ruhe leerzufressen, während Sie entspannt auf seinem Rükken sitzen. Dann verbindet es das Aufsteigen bald mit etwas Positivem. Wir haben auch gute Erfahrungen damit gemacht, dem Pferd nach dem Aufsteigen von oben eine Belohnung zukommen zu lassen. Dazu bringen Sie ihm am besten schon vom Boden aus bei, Kopf und

Hals auf Kommando bis auf Steigbügelhöhe zu biegen. (Dieses „Steigbügelküssen" ist auch eine hervorragende Übung zur Erlangung größerer Geschmeidigkeit und Körperbeherrschung. Wir werden in späteren Kapiteln bei der Besprechung der „Mühle" noch darauf zurückkommen.) Sobald Sie nun aufgesessen sind, geben Sie das Kommando – zum Beispiel ein Antippen der Schulter des Pferdes –, und das Pferd wendet Ihnen den Kopf zu. Damit schlagen Sie bei ängstlichen Pferden gleich mehrere Fliegen mit einer Klappe: Sie beugen einer eventuellen Verspannung der Halsmuskulatur und Hochwerfen des Kopfes durch Kopfsenken und Biegen vor. Sie vermeiden den „Freeze-Reflex" (siehe Seite 144), und Sie geben dem Pferd etwas zu kauen, regen also den Speichelfluß an und fördern eine entspannte Grundstimmung.

Wehrige und aufsässige Pferde dagegen behandelt man folgendermaßen:

Bringen Sie zunächst auch diesen Pferden vom Boden aus bei, Kopf und Hals auf leichten Zügelzug stark zu biegen. Beim Aufsteigen bitten Sie einen Helfer, sich vor das Pferd zu stellen und es an den Trensenringen festzuhalten. Sie treten dann von links wie gewohnt an das Pferd heran und nehmen die Zügel auf. Dabei verfahren Sie so, daß der linke Zügel locker bleibt, während der rechte stärker angenommen wird. Mit der linken Hand fassen Sie, um sicheren Halt zu haben und nicht ins Zügelzerren zu verfallen, auch ein Stück Mähne des Pferdes. Mit dem rechten Zügel stellen Sie das Pferd nun deutlich nach rechts, bis es die volle Halsbiegung zur Schulter hin erreicht hat. Eventuell kann die Hand des Helfers an der Trense dabei unterstützend wirken. Gehen Sie aber nicht abrupt oder zornig vor, sondern lassen Sie das Pferd langsam zur Biegung kommen und abkauen. Geben Sie ihm dabei aber keine Leckerbissen!

Wenn das Pferd dem Zügeldruck ausweicht, so kommt es Ihnen dabei unweigerlich mit der linken Seite entgegen. Würden Sie dabei einen Aufsteigversuch machen, so würde es Ihnen praktisch in den Sattel helfen! Viele Bereiter machen sich das zunutze. Sie lassen es jedoch, denn Sie wollen Ihr Pferd ja nicht überlisten, sondern erziehen! Weichen Sie eventuellen Ausweichmanövern also aus, und bitten Sie auch den Helfer, sich so zu verhalten. Möglicherweise wird sich das Pferd mit Ihnen beiden ein paarmal drehen. Irgendwann bleibt es jedoch stehen, denn die Drehbewegung mit so stark gebogenem Hals ist unangenehm. Erst jetzt steigen Sie ruhig und gelassen auf und loben und belohnen das Pferd – ohne es allerdings aus der Biegung zu entlassen. Danach steigen Sie ab, geben dem Pferd eine kleine Pause und wiederholen das Ganze. Steht das Pferd ruhig, so lockern Sie beim nächsten Mal die Halsbiegung. Üben Sie so lange, bis das Pferd Sie mit nur ganz leicht nach außen gestelltem Hals auf- und absteigen läßt.

Meist reichen ein bis drei solcher Übungssequenzen zur Beseitigung des Problems. Falls Sie das Pferd zwischendurch aber immer wieder verunsichern, indem Sie es schlecht und unsensibel reiten, so nützt die ganze Arbeit nichts. Beobachten Sie auch den Bereiter, der Ihr Pferd vielleicht zwischendurch bewegt oder Ihnen hilft, es auf Turniere vorzubereiten. Sollte das Pferd ihn nur widerwillig aufsteigen lassen, suchen Sie sich andere Helfer – auch wenn der „Experte" schon in zig Turnieren gesiegt

Oben: Aufsteigen nach Spohr: Das Pferd wird vor dem Aufsteigen nach rechts gestellt ...

... und „hilft“ dem Reiter in den Sattel, wenn es nicht ruhig steht! (Unten)

hat und Ihnen beteuert, das Ganze läge nur am Pferd!

Buckeln

Gelegentliches Buckeln gehört zu den Lebensäußerungen eines jeden gesunden Pferdes. Offensichtlich lockert es die Rückenmuskulatur und ist somit eine Entspannungsübung. Manche Pferde buckeln jeden Tag gründlich ab, sobald sie nach einer Nacht in der Box auf die Weide kommen. Ausgiebiges Buckeln gehört auch zu den Freudenbekundungen eines artgerecht gehaltenen Pferdes. Meist ist es dann verbunden mit Galoppaden, Ausschlagen und Quietschlauten.

Ebensogut kann Bocken aber eine Flucht- und Vermeidungshaltung sein. Wenn ein Pferd von einem Raubtier angesprungen wird, buckelt und schlägt es, um den Angreifer abzuschütteln. In diesen Bereich gehört auch das berühmte Bocken beim „Einbrechen" des Pferdes. Solide vorbereitete Pferde zeigen beim ersten Aufsteigen des Reiters nie solche Reaktionen!

Jedes Pferd kann lernen, daß Buckeln unter dem Reiter unerwünscht ist. Es gehört in den privaten Bereich der Pferde, also auf die Weide oder in den Auslauf.

Ursachen des Problems

Für das Buckeln unter dem Reiter gibt es drei mögliche Ursachen:

◆ Das Pferd leidet unter Bewegungsmangel.

Es hat keine Möglichkeit, sich in Freiheit auszutoben und muß sich folglich unter dem Reiter „Luft machen". In den Bereich dieses Buckelns aus reiner Bewegungsfreude gehören auch die gelegentlichen Freudensprünge sonst unproblematischer Pferde. Wenn das Wetter nach langem Regen wieder schön, die Galoppstrecke lang und griffig und die Pferdegesellschaft anregend ist, unterläuft auch dem ruhigsten Vierbeiner mal ein Buckler. Der ist dann aber meist leicht auszusitzen. Freudenbuckler werden in Galoppsprünge eingebunden, und routinierte Reiter finden daran genausoviel Gefallen wie ihr Pferd. Ansonsten läßt dieses Buckeln sich durch einseitiges Verkürzen der Zügel und ein strafendes Wort leicht unterbinden. Man braucht das überdrehte Pferd ja nur zu „ernüchtern".

Bleiben Buckler aus Bewegungsfreude aber nicht die Ausnahme, sondern hat der Reiter täglich damit zu kämpfen, so muß dringend etwas an der Haltung des Pferdes und wahrscheinlich auch am Reitstil verändert werden. Ansonsten führt der tägliche Streit nämlich zu Zwangsmaßnahmen auf seiten des Reiters, die das Pferd mit unwilligem Buckeln aus Gründen der Verspannung und Auflehnung beantwortet.

◆ Das Pferd betrachtet den Reiter als Angreifer.

Pferde können einen aufsteigenden und im Sattel sitzenden Reiter nicht deutlich sehen. Sie nehmen ihn nur als Schatten wahr und identifizieren ihn lediglich anhand seiner Stimme und seines Reitstils. Ein Schatten im Rücken bedeutet für das freilebende Pferd jedoch Gefahr. Solange es ihn noch nicht als ungefährlich erkannt hat, wird es mit Flucht darauf reagieren. Ein Gewicht im Rücken signalisiert zusätzlich Angriff.

Das Pferd versucht, das vermeintliche Raubtier abzuschütteln.

In vielen Ländern werden Pferde heute noch „eingebrochen“, statt in Ruhe auf das Gerittenwerden vorbereitet zu werden. Ein sicherer Reiter setzt sich dazu auf ein junges Pferd und läßt es so lange bocken und kämpfen, bis es aufgibt. Das erschöpfte Tier merkt irgendwann, daß die Last auf seinem Rükken nicht zubeißt. Vielleicht ist es ihm aber auch einfach egal, ob es jetzt gefressen wird oder nicht. Die Methode des Einbrechens wirkt auf die Psyche der Tiere verheerend. Einige wenige behalten davon eine lebenslange Furcht vor dem Bestiegenwerden zurück. Sie kann nur durch systematische Wiederholung der Gewöhnung an das Reitergewicht aufgearbeitet werden. Hinweise dazu entnehmen Sie dem vorhergehenden Kapitel.

◆ Das Pferd wehrt sich gegen den Reiter, weil er ihm ständig Unannehmlichkeiten und Schmerzen zufügt und es physisch und psychisch überfordert.

Diese Behandlung führt auf die Dauer zum Buckeln als reflexhaftem Verhalten. Das Pferd buckelt dann unter jedem Reiter und zeigt das Verhaltensmuster auch dann noch, wenn Schmerzen und Fehlbehandlung abgebaut werden.

Die zu dieser Entwicklung führenden reiterlichen Fehler sind vielfältig. Häufig sind falsche oder im falschen Moment gegebene Hilfen schuld, zum Beispiel Treiben und Paradengeben in der falschen Bewegungsphase. Wie schon im Kapitel zur Anatomie erklärt, ist Treiben nur nützlich, sofern es beim Vortreten des äußeren Hinterbeins geschieht. Auch Paraden zur Unterstützung des Pferdes beim Herantreten an das Gebiß sind lediglich dann sinnvoll, wenn das Hinterbein der jeweiligen Seite des Pferdes im Vortreten ist. Tritt das Hinterbein gerade unter, ist die nachgebende Hand gefordert.

Betreibt der Reiter die Paradengebung gerade umgekehrt und verfällt er dabei auch noch in deutliches „Riegeln“, so erzeugt das Spannung beim Pferd. Da der Reiter es vorn festhält, kann sich diese Spannung nicht nach vorwärts, sondern nur „nach oben“ in den Buckler entladen. Innere Erregung, die das Pferd nicht abbauen kann, führt auf Dauer immer zum Bocken (oder zum Steigen). Der Versuch, ein Pferd zu „versammeln“, ohne es vorher ausführlich zu lösen, ist eine sichere Methode zur Erzeugung buckelnder Pferde.

Ein weiterer, häufig gemachter Fehler ist die starke Zügeleinwirkung ohne unterstützende Schenkelhilfe. Jede Zügelhilfe muß zumindest von einer leichten Schenkelhilfe begleitet werden. Mehr darüber in den Kapiteln zum Pullen und Durchgehen.

Ungünstiger Körperbau als Ursache des Problems

Pferde mit kurzem, festem, aber starkem Rücken neigen häufiger zum Buckeln als andere. Sie zeigen oft schon als junge Pferde auf der Weide extreme Bocksprünge und scheinen sich dabei nicht so zu lockern wie andere. So binden sie ihre Freudenbuckler seltener in längere Galoppaden ein, neigen aber auch nicht zu vergnügten „Buckelorgien“ auf der Stelle. Es scheint ihnen eher angenehm, sich praktisch buckelnd fortzubewegen. Solche Pferde müssen mit besonderer Sorgfalt angeritten werden.

Vorbeugung

Vieles, was zur Vermeidung des Buckelns beiträgt, wurde bereits in den Kapiteln zum Sattelzwang und zum Aufsteigen gesagt. Dazu gehört vor allem die Beschreibung der sorgfältigen Gewöhnung an Sattel und Reitergewicht. Das dabei gebräuchliche „Abbuckelnlassen" ist unbedingt zu vermeiden! Buckeln unter dem Sattel muß grundsätzlich verboten sein!

Auch artgerechte Haltung mit viel Auslauf beugt der Unart vor. Ein entspanntes, zufriedenes und ausgelastetes Pferd buckelt gewöhnlich nicht.

Vor der Versammlung steht die Losgelassenheit. Das sollte bei jeder Dressurarbeit mit jungen Pferden beachtet werden. Bevor das Pferd nicht gelernt hat, mit schwingendem Rücken willig vorwärtszugehen, ist weiterführende Dressurarbeit sinnlos. Moderne Reiter greifen bei jungen Pferden viel zu schnell zum Hilfszügel, statt dem Pferd zu erlauben, sich in seinem eigenen Tempo zu entwickeln. Jeder Zwang in die vermeintlich „richtige" Haltung erzeugt jedoch Spannung und Schmerz und fördert das Buckeln.

Mitunter ist Buckeln auch eine Reaktion auf zu kräftige Hilfengebung. Junge Pferde müssen die Bedeutung der Hilfen erst lernen. Ein guter Reiter führt sie behutsam an ihre Aufgaben heran und überfällt sie nicht mit zu kräftigem Druck, den sie womöglich nicht einmal zu deuten wissen.

Korrektur

Manche Formen des Buckelns lassen sich relativ leicht abstellen. Falls Ihr Pferd zum Beispiel beim Angaloppieren grundsätzlich mit einem Buckler reagiert, so sind wahrscheinlich einfach Ihre Hilfen zu kräftig oder zu abrupt. Vielleicht haben Sie vorher ein eher phlegmatisches Pferd geritten, das so deutliche Aufforderungen brauchte, und bringen Ihr neues, übersensibles Tier durch zu starke Impulse durcheinander.

Falls Ihr Pferd nur beim Galopp im Gelände buckelt, sollten Sie es gründlich abreiten, bevor Sie ihm den ersten Spurt erlauben. Lange Trabstrecken bergauf wirken dabei Wunder! Hilft das nicht, so suchen Sie sich eine bergan führende Galoppstrecke. Dann lösen Sie das Buckeln aus und strafen es direkt mit einseitigem Zügelzug und einem kräftigen Schlag mit der Gerte. Lassen Sie das Pferd den ganzen Berg hinauf-

Die extreme Biegung in der „Mühle" ist dem Pferd unangenehm

galoppieren, auch wenn es noch so sehr schnauft. Wenn Sie das einige Zeit lang täglich wiederholen, dürfte das Pferd kuriert sein. Falls Sie im Flachland wohnen, tut ein frisch gepflügter, tiefer Akker dieselbe Wirkung.

Kein Pferd kann buckeln, solange es daran gehindert wird, den Kopf zu senken, und wenn es gebogen ist. Vor Galoppstrecken biegen Sie das Pferd deshalb um einen Schenkel und reiten es deutlich in Stellung. Falls Sie das nicht können, sollten Sie es auf dem Reitplatz üben.

Buckelt das Pferd trotzdem, so bringen Sie es energisch zum Stehen und lassen es „die Mühle machen". Dazu biegen Sie es deutlich um einen Ihrer Schenkel - zunächst in Richtung seiner „weicheren" Seite. Der Kopf des Pferdes soll an der Schulter der hohlgebogenen Seite stehen. Nun treiben Sie es mit dem inneren Schenkel am Gurt und dem äußeren hinter dem Gurt und lassen es mehrmals kreisen. Die „Mühle" ist ein hochwirksames Zwangsmittel, eine Strafe, gegen die sich Ihr Pferd möglicherweise wehren wird. Halten Sie den inneren Zügel also gut fest, damit es dem Pferd nicht gelingt, sich wieder gerade zu richten. Falls Ihr Pferd zum Beißen neigt, achten Sie auf Ihren inneren Schenkel!

Am Senken des Kopfes hindert den extremen Buckler eine Hilfskonstruktion, die der Aufziehtrense ähnlich ist. Auf jeder Seite des Pferdekopfes wird ein Bändchen am Trensenring befestigt, durch die Schlaufen des Stirnbandes oder dort befestigte Ringe gezogen und dann am Sattel fixiert. Es muß so kurz sein, daß das Pferd den Kopf nicht unter Halsansatzhöhe senken kann. Verschnallen Sie es aber bitte nicht kürzer! Ansonsten verursacht es dem Pferd Unannehmlichkeiten und fordert es damit zu neuer Widersetzlichkeit heraus.

Schwieriger wird es, wenn Ihr Pferd auf jedes Gewicht im Rücken mit Bokken reagiert. Hier stellen Sie zuerst wieder sämtliche möglichen Ursachen für Rückenschmerzen ab (siehe die Kapitel „Sattelzwang" und „Wenn Ihr Pferd Sie nicht aufsteigen läßt"). Hört das Buckeln dann nicht auf, so ist es bereits reflexhaft geworden, was die Korrektur erschwert. Eine gefahrlose Kur dagegen ist die Arbeit des Pferdes unter Sandsäkken. Dazu werden zwei Säcke mit Sand gefüllt (Gesamtgewicht 80–100 Kilo) und wie Satteltaschen über den Sattel gelegt. Achten Sie darauf, sie gut zu befestigen, denn sie dürfen sich nicht lösen, wenn das Pferd bockt.

Unter diesem Gewicht wird das Pferd nun longiert - aber bitte nicht nur einmal, zum Abbuckeln, sondern mehrere Tage lang, bis es keine Anstalten mehr macht, die Gewichte herunterzubukkeln. Gehen Sie mit dem so beladenen Pferd auch mal spazieren, oder nehmen Sie es als Handpferd mit. Das Gewicht auf dem Rücken soll zur Selbstverständlichkeit werden. Wenn Sie dann selbst wieder aufsteigen, verhalten Sie sich zunächst eher passiv im Sattel. Lassen Sie sich führen und longieren, und gewöhnen Sie das Pferd daran, den Hals nach hinten zu biegen und einen Leckerbissen aus Ihrer Hand zu nehmen. Das fördert die Flexibilität des Halses und erleichtert es Ihnen, Ihr Pferd in die „Mühle" zu zwingen, falls es doch wieder buckelt. Jetzt hat es nämlich gelernt, das Reitergewicht zu dulden und darf folglich fürs Buckeln bestraft werden wie jedes übermütige Pferd.

Relativ selten sind Pferde, die wirklich gezielt und böse bocken, um ihren Reiter herunterzuwerfen. Bei ihnen versagen alle pferdefreundlichen Korrekturmaßnahmen, und zum Anwenden der „Mühle“ kommt man erst gar nicht, weil man am Boden liegt, bevor man noch den Zügel verkürzen kann. Mit solchen Extremfällen sind Laien in der Regel überfordert. Die Tiere neigen meist nicht nur zum Buckeln, sondern setzen auch Tricks wie Hinwerfen unter dem Reiter und Abstreifen des Reiters an der Hallenwand gezielt ein.

Erfahrene Bereiter wenden bei solchen Pferden die Zwangsmethode des Longierens auf drei Beinen an. Dazu wird dem Pferd ein Vorderbein mit Hilfe einer Lederschlaufe hochgebunden. Man longiert es 10 bis 30 Minuten in allen Gangarten auf beiden Händen und wiederholt die Prozedur mit hochgebundenem anderen Bein. Danach geben die Pferde ihr Fehlverhalten meistens auf, solange sie von kundigen Reitern regelmäßig gearbeitet werden. Langes Stehen bzw. längere Reitpausen und Reiterwechsel vertragen sie nicht gut. Es muß immer mit einem Rückfall in die alte Unart gerechnet werden.

Zwangsmethoden wie die des Longierens auf drei Beinen erwähnen wir hier übrigens nicht in der Absicht, den Freizeitreiter zu ihrer Anwendung zu ermutigen! Wir möchten lediglich über ihre Existenz informieren und darauf hinweisen, daß Sie ihren Einsatz möglicherweise in Kauf nehmen, wenn Sie Ihr Pferd einem auf die Korrektur von Problempferden spezialisierten Bereiter in die Hand geben. Kein Pferdefreund wird gern und unüberlegt zu diesen Maßnahmen greifen. Sie sind aber mitunter die letzte Möglichkeit, ein schwieriges Pferd vor dem Schlachter zu bewahren!

Steigen

Die Unart des Steigens ist äußerst gefährlich für Reiter und Pferd, denn das Pferd kann sich dabei leicht nach hinten überschlagen. Im Gegensatz zum Dressurpferd in der Levade oder der Pesade befindet sich der Steiger in einem sehr labilen Gleichgewicht. Das muß bei der Korrektur berücksichtigt werden.

Ursachen des Problems

Die Hauptursache des Steigens liegt in der harten Reiterhand bzw. dem schon beim Thema Buckeln beschriebenen falschen Zusammenwirken von treibenden und verhaltenden Hilfen. Beim Steiger wie beim Buckler entladen sich innere Spannung und Erregung nach oben. Hinzu kommt, daß der Steiger seine Unart auch gezielt einsetzt, wenn er in eine Richtung gehen soll, in die er nicht will. Er steigt dann und wirft sich womöglich noch auf der Hinterhand herum.

Mitunter sind auch zu eng verschnallte Kinnriemen oder der zu frühe und zu harte Einsatz von Stange, Kandare oder mechanischer Hackamore Auslöser für das Steigen. Vor Einsatz der Stange oder Kandare muß eine gewisse Aufrichtung erreicht sein. Wird sie durch das scharfe Gebiß künstlich erzeugt, so führt das zu Schmerzen, denen sich das Pferd durch Steigen zu entziehen versucht.

Während Buckeln auf die meisten Pferde eine lockernde Wirkung hat, scheint Steigen sie in eine Art Trance zu bringen. Die Handlung wird dann stereotyp wiederholt, und es ist schwierig, das Pferd wieder zum „Denken“ zu brin-

Steigen als Schaunummer ist eine heikle Sache

gen. Die Neigung zum Steigen ist schnell erworben. Überlegen Sie sich also gut, ob Sie Ihrem Pferd das Steigen zu Schauzwecken beibringen wollen! Es gibt kaum ein Pferd, das auf Dauer dabei bleibt, es nur auf Kommando auszuführen.

Vorbeugung

Steigen tritt besonders häufig bei Pferden auf, deren Gänge durch zu frühes „An-den-Zügel-Reiten" künstlich verkürzt wurden. Sofern man ein solches Pferd erwirbt, tut man gut daran, es zunächst wieder am längeren Zügel zu reiten und zu vermehrtem Untersetzen der Hinterhand zu veranlassen. Was das Zusammenspiel der Hilfen, die Gewöhnung des Pferdes an die Hilfen und den Abbau innerer Erregung angeht, so beugen dem Steigen dieselben Maßnahmen vor, die auch beim Buckeln vorgeschlagen wurden.

Grundsätzlich sollte ein Pferd nicht zu früh an schärfere Gebisse wie Stange oder Kandare herangeführt werden. Auf keinen Fall dürfen diese Gebisse angewandt werden, um seinen Vorwärtsdrang zu zügeln. Stangenzäumungen dienen der Verfeinerung von Hilfen, nicht der Verschärfung! Sie sollten die Trense erst ersetzen, nachdem das junge Pferd gelernt hat, den Zügelhilfen willig zu folgen. Setzt man sie ungerechtfertigt ein und betätigt sie grob und ruckartig, so wehrt es sich zu Recht gegen den Schmerz. Auch falsch verschnallte und falsch eingesetzte Hilfszügel führen zu „Verzweiflungsausbrüchen". Junge Pferde müssen behutsam an den Zügel herangeritten, nicht in eine vermeintliche Idealhaltung hineingezerrt werden!

Wird ein Pferd rechtzeitig daran gewöhnt, seinem Reiter oder Führer auch auf ungewohnten Wegen willig zu folgen, so entfällt auch der Einsatz des Steigens als Verweigerungshaltung.

Mehr über Ursachen und Korrektur dieser Problematik im Kapitel „Kleben".

Korrektur

Steigen erfolgt immer aus dem Stand, nicht aus der Bewegung. Es ist also hilfreich, das dazu neigende Pferd schwungvoll vorwärtszureiten. Dadurch wird es auch zu stärkerem Untertreten veranlaßt. Vermeiden Sie auf jeden Fall, das Pferd hinter den Zügel zu reiten und es in ein Korsett aus Hilfszügeln zu zwängen! Bemühen Sie sich statt dessen um einen leichten Sitz und eine sanfte Hand. Kandaren und Hackamores tauschen Sie gegen eine einfache oder doppelt gebrochene Trense. Auf einem geschlossenen Reitplatz können Sie auch mal mit leichten gebißlosen Zäumungen experimentieren.

Steigt das Pferd immer noch, obwohl Sie alle möglichen Ursachen abgebaut haben, so sitzen Sie den Steiger passiv aus, indem Sie sich in die Bügel stellen, mit der Hand und dem Oberkörper vorgehen und eventuell in die Mähne des Pferdes fassen. Direkt nach dem Aufkommen verkürzen Sie aber den Zügel auf der weichen Seite des Pferdes und lassen es die „Mühle“ machen (Beschreibung der „Mühle“ siehe Seite 160). Greifen Sie unbedingt erst nach dem Aufkommen auf der Erde nach dem Zügel! Während des Steigens könnten Sie das Pferd damit aus dem Gleichgewicht bringen und umwerfen!

Wenn Sie schon vorher merken, daß sich ein Steigen ankündigt, reiten Sie das Pferd in eine Volte oder auf den Zirkel und treiben energisch. Oft wirkt das ablenkend. Rückwärtsrichten kann die Neigung zum Steigen verstärken, besonders, falls das Pferd diese Übung noch nicht völlig beherrscht und sich den Hilfen durch Hochreißen des Kopfes entziehen will. Viele Pferde lernen das Steigen beim Training fürs Rückwärtsrichten. Üben Sie das also besonders bei hochblütigen und übersensi-

Vorwärtsreiten bei leichter Zügelanlehnung beugt Steigen vor

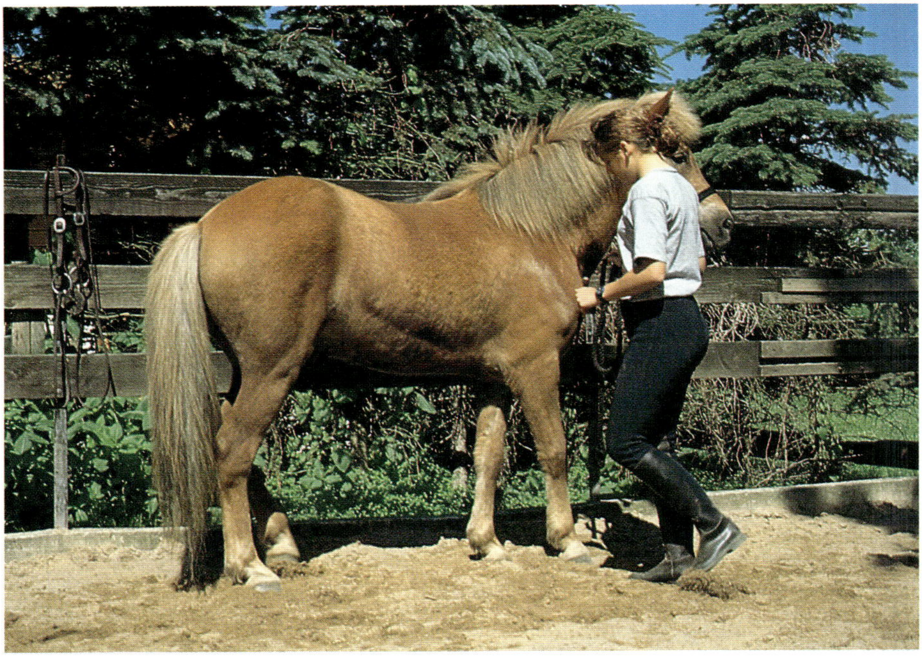

Rückwärtsrichten sollte auf Stimmhilfe beherrscht werden, bevor Sie es vom Sattel aus versuchen

blen Pferden zunächst an der Hand auf Stimmhilfe ein, bevor Sie es vom Sattel aus versuchen.

Sofern Pferde zu anhaltendem Steigen bei offensichtlich ausgeschaltetem Denkapparat neigen, kann es helfen, die Unart so lange passiv auszusitzen, bis sie von selbst wieder zu sich kommen. Das kann mitunter dauern, aber es ist erheblich sicherer als die von manchen Bereitern favorisierte Methode, dem Pferd etwas auf den Kopf zu schlagen.

Setzt das Pferd anhaltendes Steigen als Verweigerungsinstrument ein, dann hat sich die Methode bewährt, abzusteigen und es mit ein paar energischen Gertenschlägen auf Hals und Kruppe (nicht auf den Kopf!) zu strafen. Hat das Pferd sich wirklich bewußt widersetzt, nimmt es diese Strafe erstaunlich gut an und kehrt nach dem Wiederaufsteigen sofort zum Wohlverhalten zurück. Begreift es die Strafe jedoch nicht, oder handelt es sich um ein sehr aggressives Tier, so kann es als Reaktion darauf auch angreifen. Besonders Hengste sollte man nicht so strafen.

Sehr selten hat man extrem bösartige Steiger, die sich auch gezielt mit Reiter überschlagen, wenn einfaches Steigen nicht genügt, ihren Willen durchzusetzen. Manchmal steigen diese Tiere nur in ganz bestimmten Situationen, also etwa bei der Trennung von anderen Pferden. Erfolg versprechen hier nur extreme Gewaltmethoden. Sie müssen Profireitern vorbehalten bleiben und sind nur dann vertretbar, wenn das Pferd wirklich nicht aus Panik oder Unverständnis handelt, sondern ausschließlich aus Widersetzlichkeit. Geben Sie ein solches Pferd nur in die Hände eines Bereiters, der das sicher beurteilen kann! Haben Sie aber Verständnis dafür, daß er Sie bei der entscheidenden Maßnahme nicht zusehen läßt.

Sie sieht im wesentlichen so aus, daß das Pferd an einer vorher ausgesuchten Stelle provoziert wird, sich unter einem erfahrenen Reiter hinzuwerfen. Der bringt sich dabei über den Hals in Sicherheit. Das Pferd wird, sobald es liegt, von zwei Männern unten gehalten und von zwei weiteren verprügelt. Das hat eine sehr einschneidende Wirkung, denn das liegende Pferd empfindet dabei absolute Hilflosigkeit und Ausgeliefertsein unter den Willen des Menschen. Wird diese sogenannte „russische Züchtigungsmethode“ richtig durchgeführt, so genügt eine einzige Behandlung. Das Pferd trägt dabei keine dauerhaften Schädigungen an Leib und Seele davon. Mit ihm wurde ja letztlich auch nur so verfahren, wie es selbst regelmäßig mit seinem Menschen umging. Ranghohe und selbstbewußte Pferde verstehen und akzeptieren das. Sie werden danach unproblematische und keineswegs gebrochene Reitpferde.

Natürlich brauchen wir nicht weiter zu betonen, wie sich eine solche Behandlung auf Pferde auswirkt, die nicht aus Bosheit, sondern aus Angst und Unverständnis steigen und dabei nur umfallen, wenn sie versehentlich aus dem Gleichgewicht geraten! Werden Pferde ungerecht Zwangsmethoden der schärferen Art unterworfen, so wird etwas in ihnen getötet. Sie finden nie wieder zu normalem Verhalten zurück, und meistens überleben sie die Behandlung auch nicht lange, sondern sterben bei Unfällen oder an Krankheiten, deren psychosomatischer Ursprung zwar nicht nachzuweisen, aber anzunehmen ist.

Überlegen Sie sich Ihre Erlaubnis für die Anwendung solcher Mittel also gut, und lassen Sie sie unter keinen Umständen von dem „erfahrenen“ Hobbybereiter von nebenan durchführen!

Die Verweigerer

Stätigkeit

Stätigkeit, also Arbeits- und Bewegungsunlust bis hin zur Totalverweigerung, ist in den meisten Büchern über Problempferde kein Thema. Tatsächlich sind stätige Pferde weder gefährlich für sich selbst noch für ihre Reiter. Sie können ihre Besitzer allerdings zur Verzweiflung treiben und ihnen die Freude am Reiten gründlich verderben.

Ursachen des Problems

Bewegungsunlust ist sehr häufig eine Folge angeborenen Temperamentmangels. Mitunter wird sie allerdings auch erworben oder durch Umwelteinflüsse verstärkt. Wenn ein Jungpferd zum Beispiel auf einsamer Weide aufwächst, so hat es wenig Bewegungsanreiz, neigt zu früher Verfettung und ist dann auch später schwer zu motivieren. Zu früh angerittene Pferde reagieren oft mit Trägheit auf die Überforderung. Das kann in Extremfällen zu totaler Verweigerung führen.

Schon in der Jugend braucht das Pferd Bewegungsanreize

Mitunter bedingen auch gesundheitliche Probleme chronische Trägheit. Eine Blutuntersuchung gibt Aufschluß darüber, ob das Pferd vielleicht an Vitamin- oder Mineralstoffmangel leidet, ob im Enzymstoffwechsel oder einfach an der Futterzusammenstellung etwas nicht stimmt.

Sehr viele bewegungsunwillige Pferde sind im übrigen einfach zu dick! Ein Pferd in Mastkondition findet verständlicherweise keine Freude an ausgiebiger, schneller Arbeit. Es muß unbedingt abspecken, wozu neben regelmäßiger Bewegung eine Kürzung der Futterrationen angebracht ist.

Falls Ihr Pferd gerade einen Stallwechsel hinter sich hat, können auch Umstellungsprobleme und Heimweh die Ursache für seine Antriebslosigkeit sein. Gönnen Sie ihm in diesem Fall etwas Schonfrist, und kümmern Sie sich besonders intensiv um das Tier. Es ist eine weitverbreitete Unsitte, neue Pferde gleich am ersten Wochenende mit zum Turnier zu nehmen!

Vorbeugung

Ein eher ruhiges Temperament muß für ein Pferd und seinen Reiter nicht von Nachteil sein. Für bestimmte Turnierdisziplinen – zum Beispiel Dressurreiten und Trail-Riding – eignen sich Pferde, die sich treiben lassen und bei denen der Reiter jeden Schritt genau bestimmen kann, oft besser als temperamentvollere

Sorgen Sie für abwechslungsreiche Arbeit!

Tiere. Ein Pferd mit schwächerem Vorwärtsdrang wird auch seltener scheuen und durchgehen. Seine geringere Sensibilität macht es weniger anfällig für Sattelzwang, Buckeln und Aggressivität. Das alles sind sehr schätzenswerte Anlagen, besonders für Anfänger, ältere und wenig geübte Reiter. Der verhaltene Bewegungsdrang des Pferdes darf nur nicht in Stätigkeit und Widersetzlichkeit ausarten. Dem ist vorzubeugen, indem man schon das junge Pferd richtig erzieht.

Bei der Aufzucht und der Arbeit mit temperamentsarmen Pferden muß besonders auf Bewegungsanreize – und Denkanreize! – geachtet werden. Sobald mit der körperlichen nämlich eine geistige Trägheit einhergeht, wird der Umgang mit ihnen schwierig.

Gönnen Sie dem Pferd also eine ausreichend lange Kindheit mit anderen Jungpferden auf großen Weiden. Sobald es ausgewachsen ist, sollte es aber direkt angeritten werden und nicht etwa noch ein Jahr zurückgestellt oder „erst mal“ zur Zucht eingesetzt werden. Beim Anreiten muß darauf geachtet werden, das Pferd nicht zu langweilen. Bodenarbeit, Fahren vom Boden und Handpferdereiten sind eine bessere Vorbereitung auf die Arbeit unter dem Sattel als stundenlanges Longieren. Wenn Sie allerdings schnelle Arbeit verlangen, so setzen Sie sich auch durch! Ein träges Pferd ist meist auch etwas unsensibel und braucht energische Hilfen mit der Gerte oder der Longierpeitsche. Zum Glück

Auch Robustpferde können lernen, auf leichte Hilfen zu reagieren

läßt Sensibilität sich fördern. Bringen Sie dem Pferd bei, auf leichte Hilfen mit Hand und Stimme zu gehorchen. In der Herde reagiert es schließlich auch sehr flott auf die Körpersprache der ranghöheren Pferde. Auch beim temperamentsarmen Pferd ist es entscheidend, auf der eigenen Ranghoheit zu bestehen!

Wird das Pferd geritten, so achten Sie auf ordentliches Vorwärtsgehen. Reiten Sie das junge Pferd nie müde. Besser ein kurzer Ritt in flottem Tempo als ein langer, bei dem es beinahe einschläft und Sie nie wissen, ob es aus Trägheit oder Erschöpfung immer langsamer wird. Wenn das Pferd die Hilfen zum Vorwärtsgehen gelernt hat, ihnen aber nicht Folge leistet, setzen Sie die Gerte ein: kurz, aber kräftig! Viele Reiter brauchen drei bis vier Gertenklapse, um ihr Pferd in Galopp zu setzen. Das ist falsch. Besser und letztlich pferdefreundlicher ist ein Schlag, der richtig sitzt. Anschließend pariert man dann noch einmal durch und wiederholt das Angaloppieren mit leichten Hilfen.

Grundsätzlich ist die Gerte besser für ein träges Pferd als der ständig klopfende Schenkel. Sporengebrauch ist nur sehr guten Reitern anzuraten. Man verfällt nämlich leicht in einen Dauereinsatz bei jedem Treiben, und der bewirkt nach kurzer Zeit gar nichts mehr. Reiten Sie das Pferd erst an den Zügel, nachdem es gelernt hat, frei und eifrig vorwärtszugehen. Es kommt sonst leicht hinter den Zügel und läßt die Hinterhand schleifen.

Korrektur

Auch bei der Korrektur des stätigen Pferdes kommt es darauf an, das Pferd wach zu halten. Setzen Sie also auf abwechslungsreiche Arbeit, an der das Pferd Interesse findet. Die meisten trägen Pferde leben zum Beispiel bei Trail-Übungen auf. Wagen Sie sich ruhig mal an Vorhänge aus Flatterband oder das Hinterherziehen von Schlitten und Kanistern! Ihr Pferd wird das aufregend finden und dann auch anderen Aufgaben im Trail-Parcours mehr Interesse entgegenbringen.

Reiten Sie das Pferd öfter in der Gruppe, und gewöhnen Sie es dabei daran, in freien Gängen und am langen Zügel lebhaft vorwärtszugehen. Viele stätige Pferde werden munter, wenn man sie mit auf die Jagd nimmt oder auf einem Distanzritt startet. Das unbekannte Gelände und die flotte Arbeit in einer Gruppe fremder Pferde läßt sie neuen Spaß an der Arbeit finden.

Beim Dressurreiten lassen Sie das Training nicht in endlosem versammelten Trab auf einem Zirkel nach dem anderen ausarten. Wechseln Sie häufig die Gangart, verlangen Sie Anhalten aus jeder Gangart und schnelles erneutes Anspringen. Schieben Sie Seitengänge und Wendungen ein. Vielen stätigen Pferden bekommt die Westernreitweise mit ihren Stops und Roll-Backs besser als die konventionelle Dressur. Ständiges Treiben gegen den Zügel – vor allem wenn es nicht absolut richtig gemacht wird – stumpft sie ab.

Natürlich wird auch durch die Befolgung all dieser Ratschläge kein heißblütiges Rennpferd aus Ihrem ruhigen Tier. Im Alltag werden Sie immer mal wieder die Gerte brauchen. Setzen Sie sie dann kräftig ein und möglichst in einem Moment, in dem das Pferd sie nicht erwartet! Auch ein ständiger Wechsel der Gerte ist sinnvoll. Das Pferd darf nicht wis-

In der Gruppe wird so manches ruhige Pferd munter

sen, ob der nächste Klaps von rechts oder links kommt und am Hals oder hinter dem Gurt plaziert wird. Gelegentlicher Sporeneinsatz kann ebenfalls dazu beitragen, das Pferd wach zu halten. Er soll die einfachen Gewichts- und Schenkelhilfen aber auf keinen Fall ersetzen, denn falls das einreißt, wird das Pferd immer unsensibler. Geben Sie klare, präzise Hilfen, und strafen Sie, wenn das Pferd sie nicht befolgt. Wenn die Hilfen selbst schon Strafe sind, stumpft das Pferd ab. Manche Pferde werden überhaupt erst dadurch stätig, daß die Hilfen ihres Reiters mit zuviel Kraft gegeben werden. Sie reagieren viel besser auf ein leichtes Kitzeln!

Gelegentlich zeigen stätige Pferde Verhaltensweisen, die fälschlich für Kleben gehalten werden. So weigern sie sich zum Beispiel aus purer Arbeitsunlust vom Hof zu gehen, obwohl andere Pferde bei ihnen sind und sie auch sonst nicht zum Kleben neigen. Treibt man sie dann, so gehen sie rückwärts und verweigern die Reaktion auf jede Hilfe. Ist das der Fall, so wird ein Machtkampf fällig. Zuviel Verständnis („Vielleicht hat er ja Muskelkater!“ oder „Dann führe ich eben ein bißchen …“) bestärkt das Pferd nur in seinem Verhalten. Treiben Sie es energisch mit der Gerte – aber lassen Sie dabei die Zügel locker, denn sonst geht das Pferd immer schneller rückwärts. Der Trick, das Pferd solange rückwärts gehen zu lassen, bis es von selbst aufhört, funktioniert hier nicht. Das Pferd läßt sich nämlich nicht in die gewünschte Richtung rückwärtsrichten, sondern geht nur in Richtung Stall. Wenn es da ankommt – egal ob vorwärts oder rückwärts –, hat es gewonnen. Lassen Sie es also besser die „Mühle“ machen. Das bringt solche Pferde eigentlich immer zur Raison. Vergessen Sie dann aber auf keinen Fall, das Pferd zu loben. Das fällt in solchen Situationen meist etwas schwer, denn man ist noch aufgewühlt von dem Kampf mit dem Pferd und empfindet Triumph und Schadenfreude. Trotzdem: Versöhnung ist wichtig. Das Pferd hat den Widerstand aufgegeben und muß darin bestärkt werden. Sorgen Sie also für einen schönen, harmonischen Ausritt, an dem Sie beide Freude haben. Es wäre pädagogisch sehr unklug, es nun noch alle fünf Minuten mit einer Gehorsamkeitsübung zu ärgern!

Wiederholen Sie das Abreiten aber auf jeden Fall am nächsten Tag.

Kleben

„Kleber" ist der sehr passende Ausdruck für ein Pferd, das sich mit aller Kraft und mitunter dem Mut der Verzweiflung weigert, von anderen Pferden oder vom Stall wegzugehen. Kleben ist eine tief verwurzelte Verhaltensstörung und kann ein Pferd völlig unbeherrschbar machen. Die Korrektur erfordert viel Geduld und Verständnis.

Ursachen der Störung

Ein Pferd sieht sich selbst immer als Mitglied einer Herde. Die Pferdegruppe ist ihm Heimat und „sicherer Hafen". Wenn es sie unter dem Reiter bereitwillig verläßt, so vertraut es erstens auf seine Fähigkeit, sich – mit Unterstützung des Reiters – kurze Zeit allein durchzuschlagen. Zweitens erwartet es, die Herde, den Stall und das gesamte Umfeld bei der Rückkehr unverändert vorzufinden. Einem klebenden Pferd fehlt dieses Vertrauen. In der Regel als Folge von Fehlentwicklungen während seiner Jugend und in der Zeit des ersten Anreitens.

Kleber finden sich nur selten unter natürlich aufgezogenen Pferden. Viel häufiger sind es ehemalige Box-Fohlen, die man dort frühzeitig alleingelassen hat, um mit der Mutter auszureiten, zum Hengst zu fahren oder was auch immer. Durch den zeitweiligen Verlust der Mutter, durch zu frühes Absetzen und Gewaltkuren bei der Erziehung wird das Urvertrauen des Fohlens in sich selbst und seine Umwelt erschüttert. Auch Pferde, deren Jugend kurz war und die früh in Arbeit genommen wurden, neigen zum Kleben. Es ist kein Zufall, daß es bei in Gruppenhaltung aufwachsenden Pferderassen wie Isländern kaum Kleber gibt, während sie sich unter Galoppern aus Rennställen häufen. Oft wachsen gerade scheinbar „gut erzogene", sich artig in Einsamkeit fügende Fohlen zu Klebern heran. Wenn hier wieder mal ein Vergleich mit Menschenkindern erlaubt ist: Babies, die man nachts schreien läßt, neigen später bekanntermaßen häufiger zu Beziehungsproblemen („Klammern") als andere, „verwöhnte" Kinder.

Eine andere Ursache für das Kleben kann der längere Aufenthalt des Pferdes in Schul- oder Trekkingbetrieben sein. Diese Pferde haben verlernt, dem Reiter zu trauen und auf seine Hilfen zu reagieren. Der ständige Reiterwechsel hat sie zunächst verunsichert, dann abgestumpft, und schließlich verließen sie sich nur noch auf ihre Artgenossen und taten einfach das, was alle machten. Meist sind sie leichter zu korrigieren als die erste Gruppe, weil mit Sturheit besser fertigzuwerden ist als mit Angst. Ausnahmen bestätigen aber auch hier die Regel. Sehr sensible Pferde, die möglicherweise auch noch in solchen Reitbetrieben zugeritten worden sind, können sehr tiefgreifend verunsichert und verängstigt sein.

Zu guter Letzt müssen noch die Kleber aus Schutzinstinkt erwähnt werden. Man hat sie meist unter Hengsten und hengstigen Wallachen oder Mutterstuten, die lange mit ihrem Fohlen allein gehalten wurden. Diese Pferde kleben in der Regel nur bei Veranstaltungen oder Ausritten mit fremden Pferden. Sie leben dabei in der Angst, ihre Stute bzw. ihr Fohlen ginge verloren, falls sie sie auch nur eine Minute aus den Augen ließen. Ihr Verhalten ist sehr lästig, aber fast nicht korrigierbar, denn es beruht letztlich auf natürlichen Verhaltensweisen.

Mit dem Kleben aus Schutzinstinkt findet man sich deshalb am besten ab und nimmt die betroffenen Pferde nur „ohne Anhang“ mit zum Turnier. Manchmal nützt es auch, einen Tag früher zu der Veranstaltung zu fahren und dort Boxen zu mieten. Unter Umständen benehmen sich die Beschützer normal, wenn sie ihre Schützlinge wohlverwahrt in der inzwischen vertrauten Box wissen. Sicher ist das aber nicht. Das Beschützerverhalten nimmt übrigens mit dem Alter zu, wogegen sonstiges Kleben mit dem Älterwerden eher abnimmt.

Vorbeugung

Die ideale Vorbeugung gegen Kleben ist die Haltung von Jungpferden in einer intakten Herde und die Vermeidung von Panik und Traumata. Das zwei bis drei Monate alte Fohlen sollte mit anderen Herdenmitgliedern vertraut genug sein,

Kleber hängen besonders an ihren Artgenossen

um mit „Tanten“ und „Onkeln“ allein zu bleiben, während man die Mutter reitet. Eine Gestütsbesitzerin erzählte uns, sie nähme Mutterstuten nur dann zum Reiten aus der Herde, wenn auch andere Stuten das Fohlen bei sich saugen lassen! So müßte es sich ohne Mutter nicht übermäßig fürchten. Kein einziges der von ihr erzogenen Pferde klebt. Ersparen Sie Ihrem Fohlen also auf jeden Fall, plötzlich ohne jeden Pferdekontakt dazustehen, und lassen Sie es nie allein in der Box „die Wände hochgehen“. Solche Maßnahmen haben nicht den geringsten erzieherischen Wert, denn nur in Entspannung ist Lernen möglich. Das verlassene Fohlen leidet jedoch Todesängste. Ohne Mutter oder wenigstens Anschluß an eine Pferdeherde könnte es schließlich nicht überleben.

Sobald das Fohlen Geführtwerden gelernt hat, sollten Sie anfangen, es ab und zu behutsam und ohne Zwang von der Herde wegzuführen – wobei am Anfang wenige Meter genügen. Verlaufen solche Ausflüge mit dem Menschen angstfrei und erfolgreich, wird das Selbstbewußtsein des Fohlens und sein Vertrauen in den späteren Reiter gestärkt. Es wird die Herde immer bereitwilliger und furchtloser verlassen. Im Laufe des Erwachsenwerdens sollte diese Selbständigkeit kontinuierlich gefördert werden. Das Fohlen lernt zum Beispiel, allein an Bodenhindernissen zu arbeiten und in den Hänger zu steigen, oder wird auf längere Spaziergänge mitgenommen. Das erste Alleinbleiben im vertrauten Auslauf ist dann nur noch ein weiterer Schritt in Richtung Erwachsenwerden und erzeugt keine Traumata.

Auch das Absetzen sollte nicht ruckartig geschehen. Besser gewöhnt man Mutter und Kind zunächst an vorübergehende Trennungen. Bei Stallhaltung kann man sie zum Beispiel nachts in nebeneinanderliegenden Boxen unterbringen. Bei Offenstallhaltung gewöhnt man das Fohlen ans Alleinbleiben mit den anderen Pferden und unternimmt mit der Mutter lange Ausritte. Zum Absetzen bleibt das Fohlen dann bei den anderen, und die Mutter wird vorübergehend woanders untergebracht. Es gibt praktisch in jeder Pferdehaltung die Möglichkeit zum sanften Absetzen. Nutzen Sie sie!

Ausflüge mit dem Menschen stärken das Selbstvertrauen

Kauft man zwei Pferde, die einen großen Teil ihrer Jugend in Einzelhaltung verbracht haben, und überführt sie nun in artgerechte Haltung, so werden sie sich höchstwahrscheinlich sehr eng aneinander binden. Verzichten Sie deshalb gelegentlich auf den gemeinsamen Ausritt, und gewöhnen Sie die Pferde systematisch an kurze Trennungen. Wenn Sie damit erst anfangen, nachdem die Bindung vollzogen ist, haben Sie unter Umständen mit starkem Kleben zu tun!

Korrektur

Eine vollständige Korrektur von Klebern ist nur selten möglich, denn ein schwaches Selbstbewußtsein und eine tiefverwurzelte Unsicherheit lassen sich kaum in ihr Gegenteil verkehren. In ungewöhnlichen, verunsichernden Situationen wird der Kleber immer wieder krampfhaft die Nähe seiner Artgenossen suchen. Seine Leistungsbereitschaft und Konzentrationsfähigkeit bei Turnieren wird deshalb immer begrenzt sein.

Jeder Kleber kann aber soweit korrigiert werden, daß er im heimischen Gelände problemlos allein geritten werden kann und allein in der vertrauten Haltungsanlage bleibt.

Suchen Sie sich zum ersten Training Ihres Klebers eine kurze Wegstrecke, idealerweise einen Rundweg um Ihre Haltungsanlage, aus. Die Strecke sollte nicht länger als ein oder zwei Kilometer sein, also zu Fuß in höchstens 20 Minuten zu schaffen. Sie sollte möglichst nicht nur über Asphalt führen, sondern auch eine Trabstrecke beinhalten. Diese Strecke gehen Sie nun jeden Tag mit Ihrem Kleber. Führen Sie das Pferd zuerst an der Hand und lassen Sie es ungesattelt. Das geht in der Regel ohne größere Probleme. Weigert sich das Pferd aber auch an der Hand, die Gruppe zu verlassen, so verschieben Sie das Ganze und arbeiten es zunächst an Bodenhindernissen, bis es sich sicher führen läßt. Dabei lernt es, Ihre Ranghoheit zu akzeptieren. Das ist bei klebenden Pferden außerordentlich wichtig, denn sie brauchen den Schutz eines anerkannt ranghöheren Wesens, um sich beim Verlassen der Herde sicher fühlen zu können. Bei der Bodenarbeit wird das Pferd auch mit den Gertenhilfen zum Vorwärtsgehen und Langsamerwerden bekannt gemacht. Die wenden Sie an, falls es sich erneut weigert, mit Ihnen auf die Strecke zu gehen.

Nach ein oder zwei Tagen hat Ihr Pferd die Strecke in einen „Hinweg" und einen „Rückweg" eingeteilt. Sie merken das am lebhafteren Antreten beim Erreichen der „Grenze". Erlauben Sie ihm dann nicht, schneller zu werden. Stattdessen gewöhnen Sie es daran, auch auf dem Rückweg auf Ihr Kommando hin stehenzubleiben, umzukehren und ein paar Schritte in die andere Richtung zu machen. Auch andere Gehorsamsübungen wie Rückwärtsrichten oder Seitengänge sollte es ruhig ausführen, bevor Sie zur nächsten Stufe übergehen und das Pferd nun gesattelt mit auf die Strekke nehmen. Führen Sie es unter dem Sattel, bis der „Rückweg" beginnt, und steigen Sie dann auf. Reiten Sie direkt nach Hause, aber lassen Sie das Pferd nicht eilen. Von nun an steigen Sie immer etwas früher auf, bis Sie schließlich von Anfang an reiten. Jetzt können Sie auch mit Gehorsamsübungen wie Anhalten und Umkehren auf der Strecke beginnen. Verweigert das Pferd sie, setzen Sie sich durch. Am Anfang können Sie dazu absteigen. Wenn Sie aber das Gefühl haben, das Ganze würde zum Machtkampf, bleiben Sie oben und fechten Sie ihn aus. Sehr wirkungsvoll ist hier wieder der Einsatz der „Mühle" als Zwangsmittel.

Sobald auf der „Hausstrecke" alles reibungslos klappt – auch der Trab und, falls die Strecke es zuläßt, der Galopp, so erweitern Sie Ihren Radius. Dabei wird das Pferd sich vielleicht weigern wollen, die gewohnte Strecke zu verlassen. Auch hier können Sie ihm am Anfang entgegenkommen, indem Sie es ein Stück führen. Später setzen Sie sich mittels „Mühle" und Gerteneinsatz durch. Erlauben Sie dem Pferd dabei nicht, rückwärts auszuweichen! Setzen Sie sofort die „Mühle" ein. Sie sollten dem Pferd auch keine erneute Wehrigkeit durchlassen, nachdem es eine Strecke mehrmals hintereinander artig gegangen ist. Dabei handelt es sich nämlich um eine Probe, wer der Boß ist!

Die Arbeit ohne die Unterstützung anderer Pferde fordert vom Kleber ungeheure Energie. Berücksichtigen Sie das und überschreiten Sie in den ersten Monaten der Korrektur nicht die Arbeitszeit von etwa 30 Minuten. Nur so lange kann das Pferd sich nämlich konzentrieren. Falls Sie den Bogen überspannen, wehrt es sich aus purer psychischer Erschöpfung. Achten Sie darauf, den Kleber so entspannt wie möglich zu reiten und nicht eine Gehorsamsübung an die andere zu reihen. Die erste Stufe der Korrektur ist vollzogen, wenn der Kleber auch in unbekannte Wege willig einbiegt, selbst in solche, die von zu Hause wegführen. Dann fangen Sie wieder an, ihn in der Gruppe zu reiten, und üben das Wegreiten von den anderen Pferden im Gelände. Auch diese Übungen verlegen Sie aber zunächst in die ersten 20 bis 30 Minuten des Ausritts. Das Pferd sollte vorher nicht durch gemeinsame Galoppaden mit den anderen in Erregung gebracht werden. Versuchen Sie es zunächst mit kurzen Trennungen von der Gruppe, indem Sie zum Beispiel einen Parallelweg reiten oder andere Reiter nach Hause bringen und allein zurückreiten. Steigern Sie die Länge der allein gerittenen Strecken und die Häufigkeit der Trennungen mit der Zeit, und setzen Sie sich durch, falls das Pferd nach tagelangem Wohlverhalten erneut Widersetzlichkeit zeigt. Viele Korrekturen von Klebern scheitern daran, daß der Reiter den Übergang vom Problem zur Provokation nicht erkennt.

Das Alleinbleiben im Auslauf sollten Sie erst trainieren, nachdem das Pferd die erste Stufe der Korrektur durchlaufen hat. Dies ist besonders dann wichtig, wenn das einsame Pferd gefährliche Verhaltensweisen zeigt, also versucht, aus der Box oder dem Auslauf zu springen. Vor dem ersten Alleinbleiben können Sie dem Pferd auch eine Mahlzeit vorenthalten und es erst füttern, nachdem die anderen Pferde fort sind. Ist es nämlich wirklich hungrig, so wird es fressen, und solange es kaut, kann es sich nicht in übertriebene Erregung steigern. Bleiben Sie in den ersten Stunden des Alleinseins bei Ihrem Pferd und trösten Sie es. Und überschreiten Sie auch bei diesen Übungen nicht die „magische Zeit" von 30 Minuten.

Scheuen

Unter Scheuen versteht man Flucht- oder Vermeidungsreaktionen des Pferdes bei der Wahrnehmung ungewohnter Gegenstände oder Geräusche. Scheureaktionen reichen vom kurzen Seitensprung bis zum kopflosen Durchgehen. Häufig ist auch eine direkte oder anschließende Arbeitsverweigerung. Das Pferd geht nicht oder nur in großem Bogen und unkontrolliertem Tempo an dem gefürchteten Gegenstand vorbei. Wir behandeln das Phänomen des Scheuens deshalb unter „Verweigerungen" und nicht unter „Durchgehen".

Ursachen des Problems

Ein scheuendes Pferd ist in der Regel entweder erschrocken oder verunsichert. Oft tritt Scheuen aber auch als Folge von Gereiztheit auf. Das nervöse, schlecht gelaunte Pferd möchte seinem Unmut Luft machen und sucht geradezu nach einem Grund zum Scheuen.

Die Flucht vor dem Unbekannten und möglicherweise Bedrohlichen ist im Verhaltensrepertoire des freilebenden Pferdes fest verankert. Auch das lange domestizierte Pferd wird auf einen plötzlich hinter ihm auftauchenden Schatten zunächst mit Flucht reagieren. Wie schon gesagt, sehen Pferde in weiten Teilen ihres Gesichtsfeldes nicht scharf. Dieser Ausschnitt wird noch mehr verkleinert, wenn wir das Pferd am Zügel reiten und es damit hindern, den Kopf zum Ausspähen der Gegend beliebig zu heben. Eine kleine Bewegung neben oder hinter dem Pferd, ein großer, bunter oder sonstwie fremd wirkender Gegenstand vor ihm können dann genügen, das Scheuen auszulösen.

Trotzdem flüchtet ein gut gerittenes Pferd selbstverständlich nicht, sobald ihm etwas Ungewöhnliches begegnet. Es hat rechtzeitig gelernt, seine natürlichen Triebe zu beherrschen und dem Willen des Reiters unterzuordnen. Letztlich wird das Ganze damit wieder zum Rangordnungsproblem: Sobald das Pferd den Menschen als Chef anerkannt hat, wird es ihm die Ungefährlichkeit von Flatterbändern, Parkbänken und Autos glauben. Sieht es sich dagegen selbst als Herdenführer, so bringt es sich und seinen Reiter lieber davor in Sicherheit!

Bei der Beurteilung des Scheuens muß zwischen Scheuen als Schreckreaktion und als Angstreaktion unterschieden werden. Scheuen infolge von Erschrecken kann jedem noch so sicheren Pferd unter dem routiniertesten Reiter passieren. Springt plötzlich ein Kaninchen vor dem Pferd auf, setzt ein Hund über einen Zaun oder knallt ein Auspuff, so erschrecken mitunter Pferd und Reiter gemeinsam. Es gibt keine Möglichkeit, dem vorzubeugen. Bei der Reaktion auf den Schreck erkennt man jedoch wieder die Unterschiede zwischen gut ausgebildeten und ängstlichen Tieren. Das sichere Pferd macht nun einen Sprung zur Seite und schaut sich dann nach der Ursache seines Erschrekkens um. Das ängstliche Pferd dreht möglicherweise durch.

Scheut das Pferd aus Furcht, so liegt die Ursache dafür immer in einer unsicheren Grundhaltung, meist infolge einer schlechten oder noch ungenügenden Ausbildung. Sie muß dringend nachgeholt werden, denn kopfloses Scheuen macht das Tier zur Gefahr für sich selbst und seinen Reiter. Auch Haltungsprobleme spielen oft eine Rolle. Ein in der Box aufgewachsenes Pferd wird sich verständlicherweise mehr vor seiner Umwelt fürchten als eines, das schon von seiner Aufzuchtweide aus zugesehen hat, wie Autos vorbeifuhren, Mähdrescher arbeiteten und Kinder Drachen steigen ließen.

Weiterhin spielt die Einstellung des Reiters zum Pferd und zum Reiten eine Rolle. Fürchtet er sich zum Beispiel vor dem Ausritt, so ist auch das Pferd geneigt, hinter jedem Busch einen Tiger zu vermuten. Unsichere Pferde sind meist im Besitz unsicherer Reiter.

Wie eigentlich jedes Problem mit Pferden muß deshalb auch das Scheuen als eine ganzheitlich anzugehende Störung behandelt werden.

Veranlagung als Ursache

Es gibt Pferde, die von Natur aus sensibler auf visuelle und akustische Reize reagieren als andere. Oft findet man sie unter Vollblütern, aber auch unter den Muskelbergen eines Kaltblüters oder hinter dem verschmitzten Gesicht eines Ponys kann sich ein verletzliches Nervenkostüm verbergen. Solche „Sensibelchen“ müssen besonders freundlich und sorgfältig an die tatsächlichen und vermeintlichen Gefahren der Umwelt herangeführt werden. Ihre Erziehung zur Scheufreiheit dauert meist etwas länger als bei anderen Pferden, ist aber - richtig betrieben - ebenso erfolgreich.

Vorbeugung und Korrektur

Um ein scheufreies Pferd zu erziehen, muß man
1. seinen Fluchtreflex hemmen und überlegte Reaktionen auf ungewohnte Situationen fördern;
2. sein Vertrauen in die Überlegenheit des Menschen aufbauen und nie enttäuschen;
3. klare Hilfen einführen und in jeder Situation auf ihre Befolgung bestehen.

All das ist leichter, wenn man mit jungen Pferden arbeitet, als wenn man ein bereits verunsichertes Pferd vor sich hat. Letztlich verlangen Erziehung und Korrektur beim Scheuen aber dieselben Maßnahmen.

◆ Denken statt Instinkthandlungen
(zu 1.)

Es stimmt nicht, daß Pferde immer und grundsätzlich nur instinktiv reagieren. Sofern sie gelernt haben „zu denken", können sie Furcht überwinden und Reflexe beherrschen. Manchen Lesern mag diese These etwas gewagt erscheinen. Sie können aber überall Pferde beobachten, die unter ihrem Reiter oder an der Hand Dinge tun, die ihren natürlichen Regungen zuwiderlaufen. In einer Tierklinik folgen Freizeit- und Sportpferde ihren Besitzern zum Beispiel vertrauensvoll in die Behandlungsräume - und das auch noch nach den ersten, unangenehmen oder gar schmerzhaften Behandlungen! Zwangsmaßnahmen sind dabei nur selten nötig. Die meisten Pferde beherrschen ihre Neigung zu Flucht- und Vermeidungshandlungen.

Wirklich scheufreie Pferde brauchen keine Zwangsmittel

Die Unterdrückung von Reflexen kann durch Erziehung, aber auch durch Terror erreicht werden. Wir erwähnten schon mehrmals die verspannten, zu Tode geängstigten Pferde, die nicht wagen, sich natürlich zu verhalten, sobald sie ein Halfter tragen. Viele Pferde werden mit Gewalt dazu gezwungen, ihre Furcht vor lebensgefährlichen Hindernissen zu unterdrücken. Sie springen dann im Rahmen spektakulärer Geländeprüfungen oder gut dotierter Rennen in den Tod - solange der Reiter sie beherrscht! Reißt jedoch rechtzeitig ein Zügel oder fällt der Reiter herunter, so greift sofort wieder ihr Instinkt. Entweder verlassen sie fluchtartig den Parcours, oder sie rennen kopflos mit der Herde – was auch wieder Unfälle zur Folge haben kann.

Solch ein Verhalten ist nicht das Ziel bei der Erziehung scheufreier Pferde. Ein wirklich sicheres, in sich ruhendes und nicht „beherrschtes" Tier wird auch ohne Zaum und Zügel ruhig bleiben, wenn eine Plastikfolie weht oder ein Auto bremst. Sollte der Reiter einmal herunterfallen, so wird es gelassen stehenbleiben und nicht mit kopfloser Flucht reagieren.

Dies erreicht man, indem man ein Pferd von Fohlenbeinen an mit ungewöhnlichen Situationen konfrontiert und seine natürliche Neugier fördert. Idealerweise sollte es Dinge wie Vorhänge aus Flatterband oder Plastikfolien im Gefolge seiner scheufreien Mutter erleben. Erwachsene Pferde führt man gemeinsam mit ruhigen, vertrauten Artgenossen an so etwas heran.

Scheutraining kann sehr abwechslungsreich für Reiter und Pferd gestaltet werden. Bringen Sie Ihrem Pferd zum Beispiel Luftballons mit in den Auslauf, und zeigen Sie ihm – nachdem es sich an den Anblick gewöhnt hat –, wie man sie zerknallen läßt. Spielzeuge wie bunte Bälle, Kuhglocken, Eimer usw. finden besonders bei jungen Pferden reges Interesse.

Neben die Gewöhnung an visuelle Reize tritt die an ungewohnte Geräusche. Glocken und Quietschbälle faszinieren verspielte Pferde. Gewöhnen Sie die Tiere daran, zum „Untersuchen" der Lärmursache zu Ihnen zu kommen und reichen Sie einen Leckerbissen. Das sichert Sie nicht hundertprozentig vor einem Scheuen Ihres Pferdes, wenn ein Laster neben ihm quietschend Luft abläßt. Nach dem Seitensprung wird es sich aber nach Ihnen umsehen und nicht kopflos davonstürmen.

An Berührungsreize gewöhnen Sie das Pferd, indem Sie es auslappen, wie schon beschrieben. Manche Pferde reagieren panisch, sobald sie eine Berührung der Gerte spüren. Es ist sehr wichtig, das abzubauen, denn Sie selbst können zwar auf die Mitnahme einer Gerte verzichten, aber Ihr Pferd könnte im Rahmen eines Ausrittes die Gerte eines anderen Reiters streifen. Am besten gewöhnen Sie das Pferd zunächst vom Boden aus an die Gerte, indem Sie seinen ganzen Körper damit abstreichen

Scheutraining kann Mensch und Tier Spaß machen

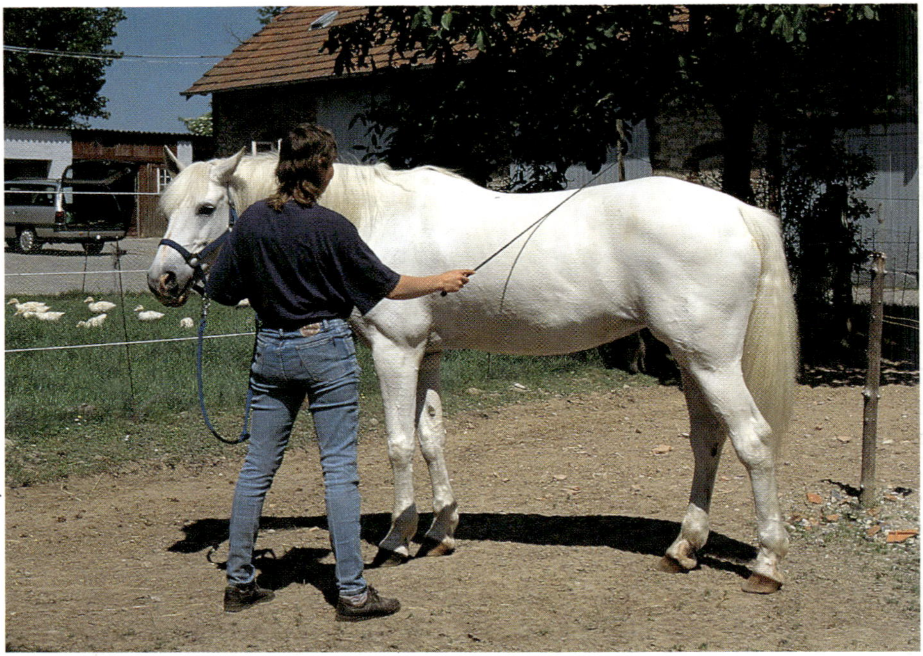

Ein Pferd darf sich vor der Gerte nicht fürchten

und es pausenlos beruhigen und loben. Falls das nicht ausreicht, dem Tier die Furcht zu nehmen, reiten Sie es im Galopp einen langen Berg hinauf oder rund um einen frisch gepflügten Acker. Dabei streicheln Sie es fortwährend mit der Gerte. Es wird seine Erregung zuerst in Bewegung umsetzen. Irgendwann geht es aber trotz Gertenstreichelns in Trab und Schritt über und entspannt sich. Meist reicht eine einzige solche Behandlung, dem Pferd auf Dauer die Furcht vor der Gertenberührung zu nehmen.

Bringen Sie Ihrem Pferd auch bei, ruhig zu bleiben, während Sie einen Gegenstand hinter ihm herziehen. Es wird dann später nicht vor einem zufällig in seinem Schweifhaar verhedderten Ast scheuen.

Führübungen über unterschiedlichen Untergrund, auch über Bretter und Plastikfolien, sind sehr lehrreich. Sie vermeiden das Scheuen vor Brücken und beugen auch ein wenig der Angst vor Wasserdurchquerungen vor.

Gegen die Wasserscheu hilft im übrigen nichts besser als ein Ausritt mit wassergewöhnten Pferden. Sieht das ängstliche Pferd, wie vergnügt seine Artgenossen trinken und planschen, wird es ihnen mit ziemlicher Sicherheit gleich beim ersten Versuch folgen. Wählen Sie aber nicht unbedingt einen Einstieg, bei dem das Pferd einen Meter tief ins Wasser springen muß. Die ersten Wasserdurchquerungen müssen seicht und einladend wirken. Klares Wasser wird freudiger durchquert als verschmutztes, und auf dem Heimweg traut sich Ihr Pferd eher durch das „gefährliche“ Naß, als wenn es von zu Hause weggeht. Dasselbe gilt natürlich auch für andere scheuträchtige Wegstrecken. Versuchen Sie erste Brückenüberquerungen, die Passage flatterbandbewehrter Baustellen oder den Sprung über ein ungewohntes Hindernis immer in Richtung Heimat.

◆ **Vertrauen aufbauen** (zu 2.)
Die Einstellung des Reiters zum Scheuen bestimmt das Verhalten des Pferdes in besonderem Maße. Falls Sie sich im Gelände unwohl fühlen und jeden Moment ein Scheuen Ihres Pferdes befürchten, kann auch das Tier sich nicht entspannen. Pferde „denken“ in Bildern und in Gefühlen. Hier sind sie auch sehr offen für Austausch, das heißt, sie spüren Furcht oder Ruhe ihres Reiters. Falls Sie jetzt mit der Begründung abwinken wollen, Sie glaubten nicht an außersinnliche Wahrnehmung, so bitten wir Sie, sich einmal an Ihre letzte Autofahrt mit einem Anfänger am Steuer zu erinnern. Brauchten Sie hier wirklich „Psi“, um dessen Unsicherheit zu spüren? Wahrscheinlich nicht. Seine auffällig vorsichtige oder betont forsche Fahrweise jagte Ihnen auch ohne telepathische Fähigkeiten Angst und Schrecken ein!

Dem Pferd unter einem unsicheren Reiter geht es genauso. Die Zügelführung, der Sitz, vielleicht auch der Geruch des ängstlichen Menschen unterscheidet sich erheblich von den Handlungen eines gelassenen, zufriedenen Reiters. Die Reaktion des Pferdes darauf läßt sich also durchaus naturwissenschaftlich erklären. Wir Autorinnen sind aber – wie praktisch alle erfahrenen Pferdeleute – fest von der Rolle der außersinnlichen Wahrnehmung überzeugt. Bemühen Sie sich also, Ruhe und Sicherheit auszustrahlen.

Geben Sie dem Pferd sowohl durch Körpersprache als auch durch die entsprechende Geisteshaltung das Gefühl: „Ich bin bei dir. Solange wir zusammen sind, kann dir nichts passieren!“

Dabei spielt zunächst die Zügelführung eine Rolle. Konventionelle Reiter sehen das Heil beim ängstlichen Pferd meist im kurzen Zügel. Sie versuchen krampfhaft, ihr Pferd zu versammeln, und kämpfen mit zitternden Fingern um

Schenkel- und Zügelkontakt schaffen Sicherheit

die totale Kontrolle. Dabei vermitteln sie dem Pferd aber nicht nur ihr Gefühl von Unsicherheit (denken Sie an den Autofahrer, der seine Hände um das Lenkrad verkrampft!), sondern verkleinern auch noch sein Gesichtsfeld. Da sie grundsätzlich langsam reiten, nehmen sie ihm zusätzlich die Chance, Erregung in Bewegung umzusetzen. Sobald sich ein Grund zu Scheuen auftut, nimmt es ihn garantiert wahr!

Freizeitreiter machen oft genau das Gegenteil. Sie halten den durchhängenden Zügel für das einzig Wahre und reiten somit ohne jede Verbindung zum Pferdemaul durch den Wald. Junge und ängstliche Pferde fühlen sich dadurch aber verunsichert. Sie brauchen und wollen die lenkende Hand.

Nehmen Sie also Zügelkontakt mit Ihrem nervösen Pferd auf, aber hindern Sie es nicht daran, gelegentlich aufzusehen oder sich umzugucken, wenn ungewohnte Geräusche oder Bewegungen seine Aufmerksamkeit erregen. Stellen Sie sich beim Aufnehmen der Zügel vor, Sie gingen mit einem ängstlichen Kind spazieren. Das würden Sie doch auch an die Hand nehmen und den Druck vielleicht etwas verstärken, wenn etwas kommt, vor dem es erschrecken oder sich ängstigen könnte!

Ganz ähnlich ist es mit dem Schenkelkontakt. Hier brüllt der konventionelle Reitlehrer ständig „Schenkel ran!“, während viele Freizeitreiter praktisch nur im leichten Sitz über dem Pferd schweben. Ein sanft angelegter Schenkel schafft ebenso Sicherheit wie der Zügelkontakt. Denken Sie an das schüchterne Kind. Es würde in Furchtsituationen nah an Sie heranrücken und Körperkontakt suchen.

Steht Ihr Pferd so zwischen Zügeln und Schenkeln, so haben Sie ein Maximum an Kontrolle bei einem Minimum an Zwang. Erfahrene Reiter spüren Angst und Unsicherheit ihrer Pferde, genau wie die Pferde die Haltung ihrer Reiter erkennen: wenn schon nicht durch ASW, so auf jeden Fall durch Veränderung der Muskelspannung, der Maultätigkeit und der Halshaltung. Durch Hilfengebung und beruhigenden Zuspruch kann die Scheureaktion dann oft noch verhindert oder doch abgemildert werden.

Sobald Sie also einen „scheuträchtigen“ Gegenstand vor sich sehen, versuchen Sie, dem Scheuen vorzubeugen. Nehmen Sie die Zügel ganz leicht an, und setzen Sie sich tief in den Sattel. Atmen Sie tief durch, und legen Sie die Schenkel an. Fixieren Sie den scheuträchtigen Gegenstand und stellen sich vor, Ihr Pferd sehe ihn mit Ihren Augen. Denken Sie dabei nicht: „Um Himmels willen, eine Parkbank! Bestimmt scheut er gleich!“, sondern sprechen Sie Ihr Pferd in munterem Ton an: „Guck mal da, eine Parkbank, kein Trick, keine Fata Morgana, kein doppelter Boden. Sie wird dich nicht beißen, also gehen wir ruhig dran vorbei!“

Es ist ein hervorragender Trick, sich zur Überlistung der eigenen Psyche komische Formulierungen für solche Erklärungen auszudenken. Wenn Sie nämlich Ihre Phantasie spielen lassen, können Sie sich nicht gleichzeitig ängstigen und verspannen! Ziehen Sie die Sache zusätzlich ins Lächerliche, indem Sie zum Beispiel nicht von Gullis oder Flatterbändern, sondern von „Gulligeistern“ oder rotweißen Gespenstern sprechen. Die Möglichkeit des Scheuens verliert dadurch an Bedrohlichkeit – und während Sie noch grinsend darüber nachdenken, wie so ein „Gulligeist“ wohl ausschauen könnte, ist Ihr Pferd wahrscheinlich schon problemlos am Gulli vorbei!

◆ **Gehorsam** (zu 3.)
Sofern ein Pferd hundertprozentig an den Hilfen steht und der Gehorsam darauf ihm zur zweiten Natur geworden ist, scheut es nie. Das ist eine alte Kavallerieregel, die heute leider kaum noch anwendbar ist. Um ein Pferd so auszubilden, fehlt es uns modernen Reitern an Können und an Zeit - oft leider auch an Geduld. Trotzdem sollten wir uns diesen Grundsatz immer mal wieder vor Augen halten, denn wenn wir auch nicht das Maximum an Schenkelgehorsam erreichen, so sollten wir dem Pferd doch zumindest die wichtigsten Hilfen vermitteln und darauf achten, daß sie ihm in Fleisch und Blut übergehen. Dressurarbeit - egal ob konventionell, klassisch oder im Westernstil - ist für jedes Pferd unabdingbar. Auch wenn Sie „nur“ ein bißchen ins Gelände wollen, muß das Pferd sicher auf Kommando anhalten und willig auf Impulse zum Abbiegen und Wechsel der Gangarten reagieren. Besonders das Training von Seitengängen schult den Schenkelgehorsam. Es kann sinnvoll mit der Arbeit an Boden-

Wenn konzentriert geritten wird, scheuen Pferde fast nie

hindernissen verbunden werden, indem man dem Pferd zum Beispiel beibringt, seitlich über Stangen zu treten. Dabei schmilzt die gemeinsame Arbeit an den Dressuraufgaben Reiter und Pferd besonders zusammen. Sie lernen, die gegenseitigen Bewegungen, Reaktionen und Stimmungen zu deuten und Vertrauen zueinander zu entwickeln.

Das alles gilt natürlich nur, wenn Reiter und Pferd dabei freundlich miteinander umgehen und gemeinsam reell an den Lektionen arbeiten. Wer sein Pferd mit Besenstielen traktiert, damit es endlich piaffieren lernt, macht es nicht scheufrei und vertrauensvoll, sondern erreicht das Gegenteil.

Bei manchen Pferden ist Scheuen nur eine Folge von Unachtsamkeit. Besonders Freizeitpferde, vertraut mit dem Gelände und ihrem Besitzer, neigen oft zum Trödeln und ziehen ihre Aufmerksamkeit dabei von ihrer Arbeit ab wie ein tagträumender Mensch. Reißt sie dann ein aufspringendes Reh oder das Geräusch einer Motorsäge im Wald schlagartig aus ihren Träumen, so scheuen sie – obwohl sie „in ihrem Normalzustand" gute und sichere Trail-Ponys sind.

Bringen Sie solchen Pferden bei, fleißig und flüssig, ohne zu pullen oder zu trödeln, vorwärts zu gehen – und achten Sie auch im Alltag darauf. Zum träumenden Pferd gehört nämlich fast immer ein träumender Mensch. Konzentrierte Reiter bringen ihr Pferd im allgemeinen auf Trab! Gleichmäßige Bewegung beugt Scheuen sehr zuverlässig vor. An Dauertrab gewöhnte Distanzpferde, aber auch Gangpferde, bei deren Ausbildung der Reiter intensiv auf die Einhaltung des klaren Viertakts achtet, scheuen fast nie!

Wehrige, ein bißchen aufsässige Pferde, die sich ihren Reitern überlegen fühlen, machen das Scheuen mitunter zur Machtprobe. Erfahrene Reiter beobachten bei ihnen belustigt, wie sie geradezu nach einem Anlaß zum Scheuen suchen und dann eine Riesenschau aus dem Passieren einer schlichten Parkbank oder Hecke machen. Ihre eigenen Reiter finden das meist nicht so komisch, denn sie sind ohnehin unsicher und wissen nun nicht, ob sie beruhigen oder strafen sollen. Hier muß das Übel an der Wurzel gepackt und an der Richtigstellung der Rangordnung gearbeitet werden! Eine Bestrafung des konkreten Scheuens wäre auch wirksam, aber ihr Einsatz setzt hundertprozentige Sicherheit darüber voraus, daß das Pferd aus Aufsässigkeit und nicht doch aus Angst scheut. Das können jedoch nur sehr erfahrene und mit dem Pferd vertraute Reiter beurteilen – Reiter also, bei denen das

Fütterung

Viele „Temperamentsprobleme", zu denen ja oft auch das Scheuen gerechnet wird, gehen auf die falsche Fütterung des modernen Reitpferdes zurück. Im allgemeinen gibt es in unseren Ställen zuviel Kraftfutter und zuwenig Rauhfutter. Das bedingt einerseits einen Eiweißüberschuß, der das Pferd munter macht – besonders Robustpferde können von Hafer regelrecht „high" werden. Außerdem verstärkt es die Langeweile in der Box, denn nur Heu- und Strohfütterung beschäftigen das Pferd viele Stunden. Nicht zu Unrecht schreibt Spohr eifrigen Strohfressern besonders gute Nerven zu.

Pferd seinen Trick wahrscheinlich gar nicht erst anwenden würde.

Probleme beim Reiten in der Gruppe

Ausschlagen nach anderen Pferden

„Schläger sind mit einer roten Schleife im Schweif zu kennzeichnen" – so steht es in vielen Jagdeinladungen oder Ausschreibungen für Orientierungs- und Distanzritte.

Die Neigung eines Pferdes, nach anderen Pferden zu schlagen, ist außerordentlich lästig und gefährlich für alle Reiter in der Gruppe. Nur zu oft erwischt der Schläger nämlich nicht das andere Pferd, sondern das Bein des Reiters. Knochenbrüche in dieser Situation gehören zu den häufigsten Reitunfällen.

Ursachen des Problems

Wenn Pferde sich frei bewegen, bestimmt die Rangordnung, wer vorn geht und wer hinten, wer wen überholen darf und wer größere Abstände halten muß, damit er nicht geschlagen wird. Außer in der Situation des Überholens gehen die Pferde dabei nie neben-, sondern stets hintereinander. Auf stark begangenen Pferdeweiden können Sie ihre engen, ausgetretenen Pfade sehen.

Beim Reiten in der Gruppe ist diese natürliche Ordnung aufgehoben. Die Reiter bestimmen, wer vorn und wer hinten geht, und das Nebeneinanderreiten ist für sie eine Selbstverständlichkeit. Das schlagende Pferd erkennt diese veränderte Situation nicht an. Das kann an mangelndem Verständnis liegen, aber auch daran, daß es seinen Reiter nicht als Chef ansieht. Manchmal resultiert das Schlagen auch aus allgemeiner Wehrigkeit. Das Pferd wird zu fest am Zügel gehalten, es ist haltungsbedingt gereizt und bewegungsbedürftig und dadurch reizbar. Die angestaute Spannung entlädt sich dann in einem Schlag nach dem Artgenossen, der ein wenig zu stark aufgeschlossen hat. Wären Pferd und Reiter allein gewesen, hätte sie sich wahrscheinlich in einem Scheuen entladen.

Vorbeugung

Sobald ein Mensch in eine Pferdeherde kommt, muß die Rangordnung seinem Willen untergeordnet werden. Das muß ein junges Pferd während seiner Grundausbildung lernen. Idealerweise gewöhnt man schon ein ganz junges Tier an die Arbeit als Handpferd – natürlich gemeinsam mit der Mutter oder mit vertrauten Pferden. (Das perfekt erzogene erwachsene Pferd können Sie dann auch mit wildfremden Pferden gemeinsam im Handpferdegespann arbeiten. Es wird das Ausfechten der Rangordnung ohne jede Diskussion auf den Weidegang nach dem Ausritt verschieben.) Kann man dabei noch gelegentlich in einer fremden Gruppe mitreiten, so sind die Grundsteine für Disziplin und Verträglichkeit endgültig gelegt.

Wird das junge Pferd dann angeritten, so übt man systematisch das Reiten auf verschiedenen Positionen. Wenn der Neuling neben einem ranghohen erwachsenen Pferd gehen soll, so rechnen Sie mit Furchtreaktionen und Überhol-

Linke Seite:
In der Freiheit gehen Pferde stets hintereinander

versuchen. Das rangniedrige Tier wird nämlich alles daransetzen, um rasch aus dem Einflußbereich der Zähne und Hufe des Chefs zu kommen. Wird es daran gehindert, so schlägt es oft seinerseits, um der Aggression des anderen vorzubeugen. Auch neben einem rangniedrigeren Tier wird es möglicherweise versuchen, zu beißen oder zu schlagen. Seien Sie darauf gefaßt und unterbinden Sie dieses Verhalten. Strafen Sie aber nicht zu hart, denn das junge Pferd handelt ja gemäß seiner natürlichen Anlagen. Es muß lernen, sie zu beherrschen, und das vermitteln Sie ihm besser mit Geduld als mit der Gerte! Stimmhilfen und die Erinnerung an den vor den ersten Gruppenausritten (hoffentlich) erlernten Schenkelgehorsam sind hier sehr wichtig. Versuchen Sie möglichst, nicht erst zu strafen, nachdem das Pferd geschlagen hat, sondern unterbinden Sie bereits Drohgebärden.

Sehr bald wird das junge Tier begriffen haben, wie es sich unter dem Reiter zu verhalten hat. Es findet dann großen Spaß daran, sich unter dem Schutz seines Menschen über die Rangordnung hinwegzusetzen.

Beim Training als Handpferd müssen Pferde lernen, ruhig nebeneinanderzugehen

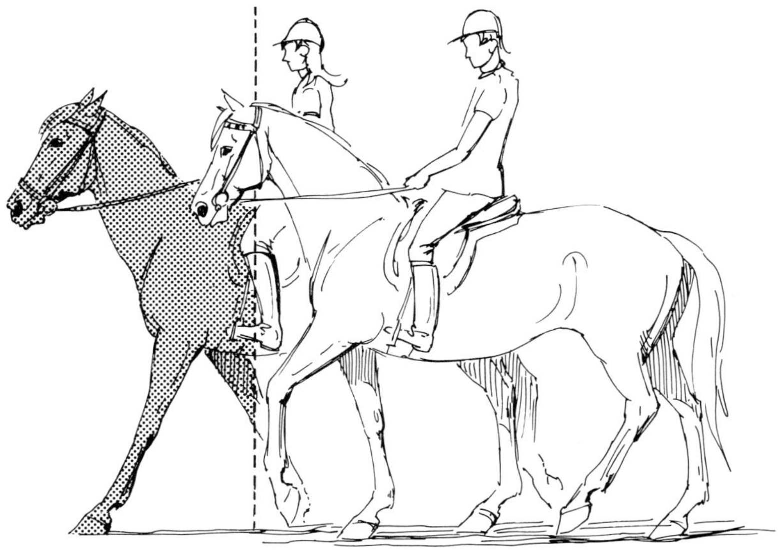

Der Schulterpunkt. Hier ist der „magische Punkt“. Wenn Sie bis zur Schulter des anderen Pferdes aufgeritten sind, müssen Sie mit Aggressionen seitens der Pferde rechnen

Korrektur

Wie alle Probleme mit Pferden muß auch die Korrektur des Schlägers ganzheitlich angegangen werden. Sorgen Sie zunächst für eine artgerechte Haltung und damit eine bessere Grundstimmung. Die meisten Schläger sind chronisch schlechter Laune und lassen dies dann an ihren Artgenossen aus. In angespannten Situationen, wie auf Turnieren und anderen Veranstaltungen, wird aus demselben Grund besonders viel geschlagen: Frustration erzeugt Aggression.

Als nächstes muß das Pferd besser an die Hilfen gestellt werden. Dressurmäßiges Arbeiten und/oder Arbeiten im Trail-Parcours ist sinnvoll. Das Pferd muß lernen, auf leichte Hilfen willig zu reagieren. Es soll gern und entspannt arbeiten. Bei den meisten Pferden vor allem in konventionellen Reitställen ist das nicht der Fall. Lassen Sie ihre Arbeit mit Ihrem Pferd einmal per Videokamera aufzeichnen. Die Betrachtung des Films gibt Aufschluß darüber, wieviel Kraft Sie beim Reiten einsetzen, mit welchem Ausdruck und Ohrenspiel Ihr Pferd arbeitet, ob es mit dem Schweif schlägt und wie gut es untertritt. Unglückliche, „zusammengeschraubte“ Pferde schlagen nach der Fliege an der Wand und lassen sich durch keine Strafe davon abhalten!

Das andere Extrem ist der Schläger, der mit seiner Ungezogenheit auf Nachlässigkeit und Inkonsequenz seines Reiters reagiert. Sein Reiter hat meist die Anregungen der Leichten Reitweise mißverstanden und meint, sein Pferd glücklich zu machen, indem er ihm keinerlei Grenzen setzt. Auch solche Pferde brauchen dringend Dressurarbeit –

oder Reining, TT.E.A.M.-Arbeit, Round-Pen-Arbeit oder was auch immer. Sie müssen Respekt vor ihrem Reiter und seinen Hilfen entwickeln.

Der nächste Schritt ist dann die gemeinsame Arbeit mit anderen Pferden. Gehen Sie zunächst mit einer disziplinierten Gruppe ins Gelände, in der sicher Abstand gehalten wird. Bitten Sie die anderen, gezielt mit ihnen zu trainieren und nach Absprache mal vor, mal neben oder hinter ihnen zu reiten. Halten Sie Ihr Pferd dabei nicht nur im Auge, sondern auch zwischen Zügeln und Schenkeln. Der Kontakt soll leicht sein, wie im Kapitel „Scheuen" beschrieben. Halten Sie Ihr Pferd nämlich zu fest, baut es Spannung auf, halten Sie es zu locker, merken Sie nicht, wann es zum Angriff übergeht, und können es auch nicht rechtzeitig daran hindern. Wenn Sie durch Dressurarbeit mit dem Pferd vertraut geworden sind, sollten Sie am Ohrenspiel und der Muskelanspannung im voraus erkennen, wann es einen Ausfall plant. Dann warnen Sie es mit strenger Stimme, schieben Ihre Gerte zwischen Ihr Pferd und das andere und strafen sofort und unnachsichtig, falls es auch nur sein Hinterteil in dessen Richtung verschiebt. Kommt es tatsächlich zum Schlag, können Sie es auch durch mehrmaliges Kreiseln in der

Das Reiten in der Gruppe will geübt sein

„Mühle“ strafen. Sofern Sie konsequent sind, hat Ihr Pferd sehr bald gelernt, wie es sich zu verhalten hat, und geht dann auch am durchhängenden Zügel neben seinem Widersacher her. Sie können es nun auch in ganz fremden Gruppen entspannt reiten.

Halten Sie Ihr Pferd aber noch lange Zeit von anderen Schlägern fern. Nichts ist gefährlicher – und peinlicher für die beteiligten Menschen! – als zwei Pferde, die ihre Rangkämpfe unter ihren hilflosen Reitern ausfechten.

Zackeln

Ein zackelndes Pferd ist zwar nicht gefährlich, kann aber ausgesprochen lästig werden. Mitunter macht es sich und auch seinem Reiter jeden Gruppenausritt zur Tortour. Zackeln bedeutet die Unfähigkeit oder vermeintliche Unfähigkeit, in der Gruppe Schritt zu gehen. Statt dessen trabt das betroffene Pferd und macht dabei extrem kurze, für den Reiter schwer auszusitzende Schritte. Es gibt den Rücken nicht her und tritt nicht ans Gebiß heran, sondern läuft eher mit durchgedrücktem Unterhals. Hat es sich erst einmal „eingezackelt“, so ist es den Hilfen seines Reiters entzogen. Die Einwirkung wird immer schwieriger, Reiter und Pferd immer gereizter.

Ursachen des Problems

Das zackelnde Pferd ist innerlich meist angespannt. Der Ausritt in der Gruppe erregt es, aber in die Freude daran mischt sich die Angst, nicht mitzukommen. Wenn bekannte Pferde in der Gruppe mitgehen, fürchtet es oft auch, sie zu verlieren, wenn es sich nicht beeilt.

Zackeln tritt um so eher auf, je größer die Gruppe ist und je mehr fremde Pferde mitgehen.

Korrektur

Neigt ein Pferd sehr stark zum Zackeln, so sollte man zunächst etwas gegen seine offensichtlich erhöhte, innere Grundspannung tun. Hier hilft in erster Linie TT.E.A.M.-Arbeit mit Schwerpunkt auf dem Tellington-TTouch.

Eventuell kann eine homöopathische Behandlung, zum Beispiel eine Bachblütentherapie, zur Beruhigung beitragen. In relativ seltenen Fällen liegt Magnesiummangel vor. Dann wirken Magnesiumgaben normalisierend.

Reiterlich sollte an der dressurmäßigen Grundausbildung des Pferdes gearbeitet werden. Das Pferd soll Spannung und Entspannung, Versammlung und Lösung kennen- und unterscheiden lernen. Es soll den Rücken hergeben und das Gebiß freudig annehmen. All das erreichen Sie (man kann es wirklich nicht oft genug sagen!) nicht mit dem Schlaufzügel, sondern durch geduldige, ruhige Arbeit. Künstlich „zusammengerittene“ Pferde gehen nur scheinbar am Zügel. In Wirklichkeit treten sie kaum unter, und ihre Schritte werden nicht erhabener, sondern einfach kürzer. Diese Pferde müssen dann zackeln, um in der Gruppe mitzukommen.

Reiten Sie Ihr Pferd häufig in der Bahn und im Gelände, damit es ausgelastet ist. Am Anfang gehen Sie allein hinaus, dann gemeinsam mit einem Pferd, das Ihrem Pferd vertraut ist. Rei-

Langer, entspannter Schritt im Gelände kann trainiert werden

ten Sie langen, entspannten Schritt bei leichtem Zügelkontakt.

In vielen Reitställen ist der Gruppenausritt eine seltene Abwechslung vom Reithallenalltag und wird mehr als Gaudi denn als Arbeit mit dem Pferd verstanden. Sehr häufig wechseln dann Schrittstrecken mit undisziplinierten Galoppaden, das Tempo ist unregelmäßig, und häufige, kurze Pausen machen die Pferde zusätzlich nervös. Ein Pferd muß schon sehr in sich gefestigt sein, um das problemlos mitzumachen. Ihrem Zackler muten Sie es zunächst besser nicht zu. Versuchen Sie, eine Gruppe zu finden, die bereit ist, diszipliniert zu reiten und auf Ihr Pferd Rücksicht zu nehmen.

Beginnen Sie mit kurzen Ausritten – längere Strecken könnten die Konzentration Ihres Pferdes und auch die Ihre überfordern –, und lassen Sie ihr Pferd dabei auf keinen Fall zackeln! Am Anfang erlauben Sie ihm, vorn zu gehen. An der Tete zackeln die wenigsten Pferde. Nachdem die erste Aufregung verpufft ist, gehen Sie auf die zweite Position, bitten aber den Tetenreiter, sich dem Tempo Ihres Pferdes anzupassen. Am Anfang wird es dem Pferd vielleicht schwerfallen, ruhig hinten zu gehen. Dann führen Sie es eine Zeitlang. Auf Dauer wird es lernen, zumindest in der halbwegs vertrauten Gruppe nicht zu zackeln.

Möglicherweise reiten Sie häufig in einer Gruppe, die sich durch ein extrem hohes Schrittempo auszeichnet. Wenn Sie zum Beispiel mit einem Warmblüter oder Reitpony beim Ausritt einer Islän-

Reiten im Jog verhindert Zackeln in schnellen Gruppen

dergruppe mitkommen wollen, kann Ihr Pferd praktisch nicht anders, als zu zakkeln. Üben Sie in einem solchen Fall langsames Traben am Zügel - die Westernreiter nennen es „Jog“. Man kann diese Gangart relativ bequem aussitzen, und das Pferd bleibt dabei gut unter Kontrolle.

Jog ist auch eine Lösung, falls Ihr Pferd nur in großen, unbekannten Gruppen zum Zackeln neigt. Sobald es Anstalten macht, sich „einzuzackeln“, statt sich versammeln zu lassen, reiten Sie ein paar Seitengänge.

Achten Sie beim zum Zackeln neigenden Pferd immer darauf, locker und entlastend zu sitzen. Beim Zackeln zeigt der Reiter nämlich die Tendenz, in den Stuhlsitz zu gehen und die Beine vorzustrecken. Das macht ihn weitgehend handlungsunfähig.

Wenn Pferde zu schnell werden

Pullen

Ein pullendes Pferd legt sich auf den Zügel und geht dann auch gegen die Hand. Es will immer schneller vorwärtskommen als sein Reiter. In der Gruppe drängt es nach vorn, und meist neigt es auch zum Durchgehen. Der Reiter eines pullenden Pferdes ist gegen Ende einer Reitstunde oder eines Ausrittes völlig erschöpft. Die Freude an der gemeinsamen Arbeit bleibt bei Reiter und Pferd auf der Strecke.

Ursachen des Problems

Pullen ist eine Vorstufe des Durchgehens. Alle im Kapitel „Durchgehen" geschilderten Grundschwierigkeiten, also Temperamentsprobleme, Neigung zur Flucht vor dem Reiter, Rückenschmerzen usw., können auch hier eine Rolle spielen. Meist liegen aber keine so schweren Störungen vor, denn das pullende Pferd verliert ja nicht völlig die Nerven, sondern wehrt sich nur, zäh, aber nicht ganz entschlossen.

Die meisten Pferde pullen einfach aus Bewegungsmangel. Meist sind es Boxpferde, die keinen Auslauf, aber reichlich Kraftfutter erhalten. In der einen Stunde außerhalb der Box drängt es sie nun, ihr Bewegungsbedürfnis auszuleben. Ihr Reiter dagegen möchte langsam und dressurmäßig korrekt reiten – möglichst von der ersten Minute an auf einem vollständig versammelten Pferd. Diese einander entgegengesetzten Standpunkte führen zum ständigen Streit. Das Pferd pullt, der Reiter riegelt und zieht.

Fehler bei der Ausbildung des jungen Pferdes können ebenfalls eine Rolle spielen. Sehr häufig wird zuwenig Wert darauf gelegt, das Pferd sein Gleichgewicht finden zu lassen. Es wird mit stark angenommenen Zügeln oder – im anderen Extrem – ganz ohne Zügeleinwirkung geritten und geht deshalb auf der Vorhand. Um das auszugleichen, sucht es eine Stütze in der Reiterhand, und der Grundstein für das Pullen ist gelegt.

Die meisten Besitzer eines Pullers neigen zu einer harten Hand oder finden sich mit dem korrekten Zusammenspiel von Zügel- und Schenkelhilfen nicht zurecht. Sie halten dann nur gegen, statt das Annehmen und Nachgeben der Zügel im Rhythmus mit den treibenden Schenkelhilfen zu praktizieren. Auch beim pullenden Pferd ist es ungemein wichtig, zum Treiben zu kommen. Ein passiver Sitz mit Tendenz zum Stuhlsitz verstärkt das Problem.

Manchmal pullen Pferde, weil sie ihr Reithalfter nicht mögen

Falls das Pferd nur in der Gruppe pullt, kann es sein, daß es sich dort unwohl fühlt. Vielleicht hat es Angst vor den fremden Pferden und möchte deshalb nach vorn. In einem solchen Fall sollte es ruhiger werden, sobald es die gewünschte Position einnimmt.

Gelegentlich pullen Pferde, weil ihnen ihre Zäumung nicht gefällt. Besonders hochblütige Pferde wehren sich pullend gegen das hannoversche Reithalfter und werden ruhiger, sobald man es gegen ein englisches oder amerikanisches austauscht. Prüfen Sie auch, ob das Kopfstück für Ihr Pferd richtig verschnallt ist. Vielleicht schlägt die Trense gegen die Hengsthakenzähne. Möglicherweise hat das Pferd überhaupt Zahnschmerzen. Karies und Zahnfleischentzündungen kommen häufiger vor, als man glaubt, und führen praktisch immer zu Kopfschlagen und heftiger Reaktion auf Zügelhilfen. Beim dreijährigen Pferd kann der Zahnwechsel zu Beschwerden führen. Viele Westernreiter arbeiten die Pferde in dieser kritischen Zeit mit der gebißlosen Zäumung Bosal. Besser ist es aber, Sie reiten das junge Pferd gar nicht vor dem Zahnwechsel an. Vierjährige sind reifer und lernen schneller.

Auch den Sitz des Sattels sollten Sie kritisch betrachten. Pullende Pferde sind oft zu weit vorn gesattelt. Das bringt sie, bei ihren Bemühungen um Gewichtsausgleich, weiter auf die Vorhand. Zudem liegt im Schulterbereich ein Akupressurpunkt, der erregungsfördernd wirkt. Der Sattel darf allerdings auch nicht zu weit im Nierenbereich liegen, wo er besonders von Gangpferdereitern gern plaziert wird. Das erzeugt Schmerzen und kann Pullen und Durchgehen fördern.

Der Sattel muß so liegen, daß eine Handbreit Platz zwischen Gurt und Vorderbeinen ist. Nicht viel mehr und auf gar keinen Fall weniger!

Vorbeugung und Korrektur

Die erste Maßnahme bei der Korrektur eines Pullers ist die Gewährung genügenden Auslaufs. Praktisch alle Puller sind besonders bewegungsbedürftige Pferde. Bei entsprechendem Training wären viele von ihnen gute und überaus zufriedene Distanzpferde. Vor der Dressurstunde muß der Puller besonders lange und sorgfältig gelöst werden. Ein junges Dressurpferd mit überdurchschnittlichen Bewegungen sollte nicht zu früh in einer Abteilung von Durchschnittspferden geritten werden. Solange es nicht gelernt hat, relativ stark versammelt zu gehen und seinen Schwung in erhabene Gänge umzusetzen, müßte es dort ständig zurückgehalten werden. Das führt zum Aufbau von Spannung, Vergröberung der Hilfen und letztlich zum Pullen.

Junge Pferde reagieren sehr stark auf

Viele Puller wären gute Distanzpferde, wenn man sie dafür trainierte

unnötig harte und ruckartig gegebene Zügelhilfen. Sie schlagen dann mit dem Kopf und sperren. Viele Reiter greifen daraufhin sofort zum Ausbinder und zum Sperrhalfter und unterbinden die Unmutsäußerungen. Das Pferd kann sich dann zwar zunächst nicht mehr wehren, spürt die Schmerzen aber nach wie vor. Vom Reiter unbemerkt wird es hart im Maul und baut Unterhalsmuskulatur auf, indem es sich gegen den Hilfszügel stemmt. Es wird kraftvoll pullen, sobald es eine Möglichkeit dazu sieht.

Viele erwachsene Puller gehen ruhiger, sobald man die Trense gegen ein Pelham austauscht. Sehr gute Erfahrungen macht man auch mit dem Tellington-Trainings-Bit. Gelegentlich ist auch ein – vorübergehender – Wechsel zu gebißlosen Zäumungen sinnvoll. Fassen Sie die mechanische Hackamore aber nicht an wie die Trense! Der dabei entstehende Schmerz läßt das Pferd erst recht gegen den Zügel protestieren. Erfahrene Reiter machen bei vielen Pullern gute Erfahrungen mit leichten gebißlosen Zäumungen wie Side-Pull oder Vosal. (Zur Wirkung von Zäumungen und Gebissen siehe Seite 32 ff.) Ihr Einsatz schafft neues Vertrauen zwischen

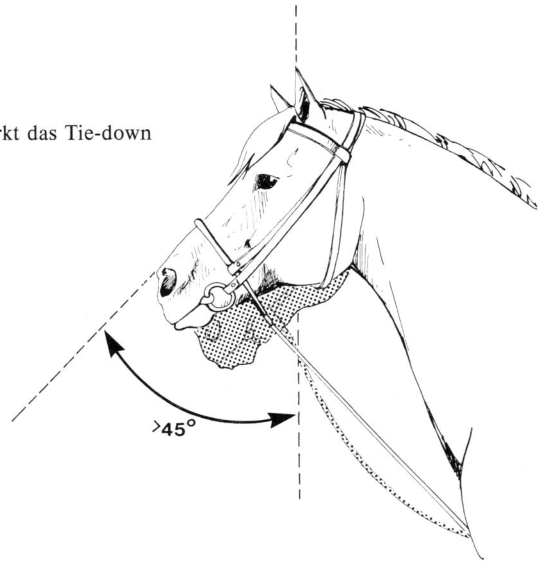

So wirkt das Tie-down

Reiter und Pferd, bringt beide dazu, sich mehr auf Gewichts- und Schenkelhilfen zu konzentrieren als immer nur auf den Zügel und macht das Pferd allgemein aufgeschlossener für die Kommunikation mit dem Reiter. Man verwende sie aber zumindest am Anfang ausschließlich in der Reitbahn und auch später nur unter größtem Vorbehalt beim Reiten in der Gruppe!

Selbstverständlich dürfen weder Pelham, Stange noch Hackamore mit einem Martingal oder anderen Hilfszügeln verbunden werden. Man sieht das zwar öfter im Springparcours, aber das macht es nicht tierfreundlicher.

Vertretbar in Kombination mit Trense und Pelham ist jedoch ein „Tie-down“. Diese Stoßzügelvariante wird nicht am Gebiß, sondern am Nasenriemen des Pferdes befestigt. Besonders in Verbindung mit einem schmalen, rundgenähten Nasenriemen ist die Wirkung des Tie-downs stark. Binden Sie den Kopf des Pferdes aber nicht unnatürlich damit herunter! Erst 45 Grad über der Senkrechten soll das Tie-down greifen und das Pferd damit am Hochwerfen des Kopfes hindern. Es dient nicht als Strafe oder Zwangsmittel, sondern als Hilfe, den Teufelskreis „Rücken durchdrücken - Hirschhals - Pullen - Durchgehen“ zu durchbrechen. Die Hilfen des Reiters darf es weder ersetzen noch verstärken. Es kann nur ihren korrekten Einsatz ermöglichen. Führen Sie das Tie-down auch sehr vorsichtig ein. Ihr Pferd könnte auf die plötzliche Beschränkung seiner Kopffreiheit mit Panik reagieren. Am besten lassen Sie es zunächst auf einem Reitplatz damit frei laufen oder nehmen es an die Longe.

Grundsätzlich sollten Sie vom Wechsel des Gebisses oder dem Griff nach dem Tie-down keine Wunder erwarten. Pullen erscheint zwar als reines Problem der Zügelhilfen, ist aber kein „Kopf-Hals-Problem“. Der durchgedrückte

Rücken und die mangelhaft untertretende Hinterhand spielen eine weit wichtigere Rolle. Das Pferd pullt immer in genau dem Moment, in dem die Hinterbeine im Abdrücken begriffen sind. Diesen Moment möchte es verlängern, während es das Untersetzen weitmöglichst zu vermeiden sucht. Pullende Pferde sind immer „auseinandergefallene" Pferde, auch wenn man ihren Kopf mittels Hilfszügeln künstlich nach unten zerrt. Zieht der Reiter nun gerade dann am Zügel, wenn das Pferd pullt, so unterstützt er es in seinem Fehlverhalten, denn er gibt ihm damit die Möglichkeit, sich am Gebiß abzustoßen.

Richtig wäre es dagegen, zunächst nachzugeben und mittels Schenkelhilfen ein weites Untertreten des Pferdes zu veranlassen. Die Parade kommt dann, bevor das Pferd auffußt.

Die Reduzierung der Hilfengebung auf reines „Zügelziehen" wirkt sich auch negativ auf den Sitz des Reiters aus. Er neigt dann nämlich dazu, seine Füße nach vorn in die Steigbügel zu stemmen, um beim Ziehen Halt zu finden. So rutscht er in den Stuhlsitz, seine Schenkel verlieren die richtige Lage, und sein Kreuz schiebt das Pferd gegen den Zügel. Auch damit unterstützt er das Pullen, statt ihm entgegenzuwirken. Achten Sie beim Reiten Ihres Pullers also unbedingt auf korrekten Sitz und Hilfenge-

Beim Isländer ist heftiger Vorwärtsdrang gern gesehen

bung (sie ist unter dem Thema „Bukkeln“ ausführlich beschrieben).

Auch beim Puller muß das Reiten in der Gruppe trainiert werden. Genaue Anweisungen dazu finden Sie im Kapitel „Zackeln“. Der Puller wird die Gruppe im Gegensatz zum Zackler aber eher schnell machen. Das darf nur bis zu einem gewissen Grade durchgelassen werden. Bitten Sie Ihre Mitreiter also nicht um Tempoanpassung um jeden Preis, sondern bemühen Sie sich zunächst um leichte Temporeduzierung.

Weitere Hinweise zum Reiten des Pullers finden Sie im nächsten Kapitel „Durchgehen“.

Fragwürdige Ideale

Eine spezielle Variante des Pullens findet sich beim Islandpferd. Bei dieser Pferderasse gilt es als ideal, wenn das Pferd „immer etwas mehr anbietet, als der Reiter will“.

In Zuchtprüfungen und auf Turnieren wollen die Richter das sehen. Überschäumender Vorwärtsdrang wird also gut bewertet, während ein ruhiges Pferd Minuspunkte erhält. Zu treibende Pferde sind hier auch bei vielen Reitern nicht erwünscht. Die meisten hatten vor dem Kauf ihres Isländers keinen konventionellen oder klassischen Reitunterricht, in dem man lernt, arbeitsunwillige Schulpferde mit Kreuz und Schenkel vorwärtszutreiben, und kontrollieren ihr Pferd folglich nur mit dem Zügel. Um diesem Markt gerecht zu werden, hält man die Pferde schon beim Anreiten zu extremem Vorwärtsgehen bei ständig anstehendem Zügel an. Je nach Temperament des Pferdes und Können oder Skrupellosigkeit des Bereiters führt das zu verhältnismäßig angenehmen Pferden mit nur ein wenig hartem Maul bis hin zum Dauerpuller und schweren Durchgänger. Die Praxis mittelmäßiger und schlechter Reiter, die Gangart Tölt mit extrem hoher Kopfhaltung und durchgedrücktem Unterhals zu reiten, fördert die Probleme noch.

Ein ähnliches Erscheinungsbild wie bei diesen Gangpferden findet sich auch bei hochblütigen Pferden, die von unerfahrenen Reitern angeritten wurden. Hier wird der starke Vorwärtsdrang allerdings nicht ausdrücklich erzeugt, sondern ist von Natur aus da oder entsteht als Reaktion auf unpassendes Sattelzeug oder falschen Sitz des Reiters. Auch diese Pferde laufen mit extrem durchgedrücktem Rücken, Hirschhals und hoher Kopfhaltung und gehen gegen die Hand.

Zur Korrektur eines solchen Pferdes befreien Sie es zunächst von Trense und hannoverschem Reithalfter. Es muß vordringlich lernen, auf das Annehmen des Zügels mit einem Senken des Kopfes und nicht wie bisher mit Hochwerfen zu reagieren. Mit einer anderen Zäumung als der bisher gewohnten fällt ihm das leichter. Üben Sie das Senken des Kopfes und Biegen des Halses zunächst vom Boden aus am Halfter und verbinden Sie es mit häufigen Belohnungen. Die meisten dieser Pferde haben wenig Vertrauen zum Menschen. Schmeicheln Sie sich deshalb ruhig ein bißchen ein.

Beim Reiten wird das Tellington-Trainings-Bit oder eine seiner Varianten mit kürzeren Anzügen (siehe Seite 38) gut angenommen. Der untere Zügel als „Notbremse“ vermittelt dem Reiter ein sicheres Gefühl. Üben Sie systematisch die Reaktion auf Gewichts- und Schenkelhilfen und reiten Sie viel am langen Zügel, damit das Pferd lernt, selbständig zu arbeiten. Manche dieser Pferde bewegen sich in Schlangenlinien wie ein gerade angerittenes Pferd, sobald man die Zügel losläßt!

Falls Sie wieder anfangen wollen, mit der Trense zu arbeiten, probieren Sie aus, ob das Pferd eine doppelt gebrochene Trense mag. Nehmen Sie keine Gummitrense! Sie würden irgendwann doch mal ins Ziehen geraten, und dann könnte das Pferd in frühere Verhaltensweisen zurückfallen. Auch mit der Trense trainieren Sie zunächst in der Reitbahn. Fangen Sie nicht mit Tölt an, sondern zum Beispiel mit Trail-Hindernissen.

Überhaupt kann es sinnvoll sein, einige Monate lang auf das Töltreiten zu verzichten. Viele Pferde verspannen sich dabei, während Trab zur Entspannung beiträgt. Wenn Sie dann wieder mit dem Tölten anfangen, arbeiten Sie langsam und achten auf eine natürliche Kopf-Hals-Haltung. Lassen Sie das Pferd den Viertakt langsam aus dem Schritt heraus entwickeln oder tölten Sie aus einem Seitwärtsgang heraus an.

Im Rennpaß sollten Sie Ihren ehemaligen Puller und Durchgänger möglichst gar nicht mehr reiten. Die Gangart wirkt auch auf ruhige Pferde wie Feuerwasser und könnte das schwierige Pferd erneut für Monate verderben.

Befreien Sie Ihr Pferd von Zwangsmitteln!

Was ist „Temperament"?

Temperamentvolle Wesen unterscheiden sich von anderen durch eine niedrigere Erregbarkeitsschwelle. Außerdem zeigen sie größere Tendenz zur körperlichen und/oder geistigen Beweglichkeit. Das temperamentvolle Pferd läßt sich zum Beispiel eher durch eine rennende Pferdegruppe mitreißen als das phlegmatische. Sein Temperament macht es aber nicht unfähig dazu, Hilfen zu verstehen und darauf zu reagieren. Lebhafte Pferde erschrekken leichter als andere, und ihre Sprünge fallen rasanter aus. Es ist ihnen aber keineswegs unmöglich, ein Scheutraining erfolgreich zu durchlaufen. Der große Bewegungsdrang temperamentvoller Pferde läßt sie stundenlang freudig vorwärtsgehen. Er hindert sie aber nicht daran, in den Pausen ruhig zu stehen und sich zu erholen, und er macht es ihnen erst recht nicht unmöglich, auf einer Geraden oder in einem Dressurviereck verschiedene Gänge zu zeigen, ohne dabei zu explodieren. Einfacher gesagt: Grundsätzlich ist Temperament keine Entschuldigung für schlechtes Benehmen und mangelnde Rittigkeit.

Die oft beklagten „Temperamentsprobleme" sind denn auch selten naturgegeben. Entweder resultieren sie aus reiterlichen Fehlern oder Ausrüstungsmängeln, die das temperamentvolle Pferd (niedrige Erregbarkeitsschwelle!) nicht hinnimmt, oder ihre Ursache liegt in einem künstlich erzeugten „Pseudotemperament". Letzteres wird durch Haltung und/oder Ausbildung des Pferdes mehr oder weniger absichtlich hervorgerufen. So kann zum Beispiel ein brutaler Ausbilder jedes Pferd dazu bringen, auf den Anblick einer Reitgerte mit „Temperamentsausbrüchen" zu reagieren. Nicht artgerechte Haltung und Fütterungsfehler erzeugen hypernervöse Pferde, deren hoher Erregungslevel dann fälschlich auf Temperament zurückgeführt wird.

Unkontrollierbares Temperament ist nie angeboren, denn es wäre ein grober Fehler, mit dem das Pferd in freier Natur nicht überleben könnte. Ein übertrieben hohes Erregungsniveau würde nicht nur zu ständigem Energieverlust, sondern auch zu „kopflosen" Fluchten in die Fänge eines Raubtieres führen.

Wünschenswert ist „Temperament" nur im Sinne von aufgeweckter Haltung und leicht steuerbarem Gehwillen. Wenn es daran gemessen wird, mit wie vielen Kilo der Reiter seinem Pferd im Maul hängt, so wurde etwas falsch verstanden!

Durchgehen

Ein durchgehendes Pferd entzieht sich den Reiterhilfen und geht, wohin es ihm gerade paßt. Das muß es nicht unbedingt im Galopp tun. Insbesondere Kinderponys nehmen ihren kleinen Reitern mitunter die Zügel aus der Hand und marschieren im Schritt zur nächsten Weide oder im Trab Richtung Heimat. Für professionelle Bereiter ist dieser Mangel an Lenkbarkeit das erste Kriterium für den schweren Durchgänger. Solange das Pferd nämlich noch lenkbar ist, findet sich meist ein Ausweg aus dem Problem. Hierauf bauen auch die meisten bekannten Ratschläge zur Korrektur oder zumindest der Reaktion auf das Durchgehen auf. So etwa das Rezept, das Pferd auf einem Feld in immer kleiner werdenden Kreisen zu reiten. Setzt sich das Pferd jedoch über jede Reiterhilfe hinweg oder nimmt sie aufgrund starken Endorphinausstoßes (siehe Seite 129) gar nicht mehr wahr, so wird es kritisch.

Ursachen des Problems

Die Ursachen des Durchgehens sind vielschichtig. In einfachen Fällen handelt es sich nur um Temperamentsprobleme. Das Pferd ist von Natur aus bewegungsfreudig, wird aber weder artgerecht gehalten noch reiterlich ausgelastet. Es nutzt dann jede Gelegenheit, um zunächst zu pullen, dann durchzugehen.

Bei gehfreudigen Pferden begünstigt auch undiszipliniertes Reiten den Verlust der Kontrolle. Wer sie oft in der Gruppe um die Wette rennen läßt, darf sich nicht wundern, wenn sie dann bald ganz von allein durchstarten, sobald die Galoppstrecke auftaucht.

Ernstere Probleme liegen vor, falls das Pferd nicht einfach aus Freude davonrennt, sondern vor etwas wegläuft. Viele durchgehende Pferde fliehen kopflos vor ihrem Reiter und seinen zu starken oder falschen Hilfen. Mitunter haben sie auch Rückenschmerzen oder Schmerzen in Beinen oder Hufen. Darauf reagieren sie dann instinktiv mit Flucht in den tröstlichen Stall.

Falsche und schlecht sitzende Sättel unterstützen das Durchgehen. Fehler beim Zureiten, wie wir sie beim Bukkeln, Steigen und Pullen bereits mehrfach beschrieben haben, legen den Grundstein dafür. Falsche Hilfengebung, ebenfalls in den oben genannten Kapiteln beschrieben, unterstützt das Pferd in seinem Fehlverhalten.

Vorbeugung durch sensibles Anreiten

Pferde sind äußerst empfindsame Tiere. Wie schon beim Thema „Sinnesorgane" erwähnt, können sie winzige Hautreize, wie etwa eine Fliege auf ihrem Fell, spüren und darauf reagieren. Theoretisch könnten sie also auch auf leichteste Schenkel- und Zügelhilfen antworten.

Dennoch sieht man viele Reiter mit ihren Pferden verfahren, als handele es sich um Übungsgeräte im Bodybuilding-Studio. Da wird am Zügel gezogen und gezerrt, die sporenbewehrten Schenkel werden zusammengepreßt, und nach der Reitstunde ist der Reiter schweißgebadet. Die Oberarm- und Rückenmuskulatur mancher Reiter/innen spricht Bände – und die Unempfindlichkeit vieler Pferdemäuler ebenso. Die Folge davon ist, daß die Pferde leichte Hilfen gar nicht mehr wahrnehmen. Um so schlechter werden die Karten des Reiters, wenn sein Pferd einmal durchgeht.

Beim Zureiten eines jungen Pferdes sollten Sie sich also Zeit nehmen, die Hilfengebung zu trainieren. Ihr Pferd kann vom Boden aus sämtliche Übungen zum Biegen, Rückwärts- und Seitwärtsgehen beherrschen, bevor Sie auch nur einmal daraufgesessen haben. Die Arbeit der Schenkelhilfen übernimmt dabei die Gerte, und Sie werden feststellen, wie schnell das Pferd lernt, auf ein bloßes Heben und Senken des Stöckchens eifrig zu reagieren. Üben Sie auch seine Reaktion auf Stimmhilfen. Theoretisch kann jedes Pferd lernen, allein auf Stimme zu arbeiten. Wenn es so wenige tun, so ist dafür die Nachlässigkeit ihrer Reiter verantwortlich.

Die meisten jungen Pferde sind sehr kooperativ und lernwillig. Wenn sie ei-

Erleichtern Sie Ihrem Pferd das Lernen!

ner Hilfe nicht Folge leisten, so haben sie wahrscheinlich einfach nicht verstanden, was gefordert wurde. Versuchen Sie in einem solchen Fall nicht zwanghaft, sie über extreme Hilfengebung oder gar Zügelzug dazu zu bringen. Manchmal hilft eine Kleinigkeit wie das Hinzuziehen eines Helfers. Er gibt dann zum Beispiel beim Einüben des Rückwärtsrichtens die vom Boden aus gewohnten Hilfen, während Sie das Pferd von oben dazu auffordern. Innerhalb weniger Minuten kommt beim Pferd gewöhnlich das Aha-Erlebnis – und das ohne Streit und Zügelzerren. Denken Sie sich einfache Hilfsmittel aus, Ihrem Pferd das Verstehen zu erleichtern. Beim ersten Anreiten eines Hindernisses bauen Sie ihm zum Beispiel eine Gasse aus Cavaletti. Zum Anhalten aus dem Trab oder Galopp legen Sie eine Stange auf den Boden und lassen das Pferd davor stoppen. Vor- und Hinterhandwendungen lernt es leichter, wenn Sie zwei Cavaletti im rechten Winkel zueinander stellen und das Pferd dazwischen zunächst die halbe Drehung ausführen lassen.

Natürlich trainieren Sie mit Ihrem Pferd auch Scheufreiheit, wie unter dem entsprechenden Thema beschrieben wurde.

Nach dieser Ausbildung dürfte es eigentlich gar nicht mehr durchgehen. Läßt es sich aber doch mal zu einer wilden Jagd hinreißen, so genügen ein kräftigerer Schenkeleinsatz, ein etwas härterer Zug am Zügel und ein scharfes Wort, um es zum Stehen zu bringen.

Korrektur

Sehr viele chronische Durchgänger haben Rückenprobleme. Ihnen muß beim jungen Pferd vorgebeugt, beim älteren abgeholfen werden. Dabei spielt der passende Sattel eine wichtige Rolle. Wir haben die dabei zu beachtenden Dinge beim Thema „Sattelzwang“ schon ausführlich abgehandelt. Sofern das Pferd bereits Beschwerden hat, helfen Tellington-TTouch und eventuell auch eine homöopathische Behandlung. Sehr wichtig ist aber auch der Sitz des Reiters. Besonders, wenn das Pferd keine Sattelzwangerscheinungen zeigt und nur unter dem Reiter davonrennt, sollte man seine Hilfengebung einer strengen Prüfung unterziehen. Hinweise dazu gaben wir bereits bei den Themen „Buckeln" und „Pullen".

Verhaltenstherapeutisch können Sie Durchgehen bekämpfen und ihm vorbeugen, indem Sie sich um diszipliniertes Reiten bemühen. Lassen Sie zum Beispiel nicht zu, daß ihr Pferd den Beginn einer Galoppstrecke jeden Tag ein paar Meter weiter nach vorn verlegt. Am besten gewöhnen Sie es gar nicht erst an feste Galopp- oder Trabstrecken, sondern reiten mal hier und mal da schneller und langsamer. Das ist in den meisten Reitgebieten aber kaum praktizierbar. Meist bürgern sich Galoppaden auf den wenigen weichen Wegen ein. Besonders mit jungen Pferden sollten Sie trotzdem gelegentlich auf den Genuß des Sprints verzichten und die Strecke im Schritt reiten. Das beugt Durchgehen vor.

Falls Ihr Pferd schon Probleme mit dem Durchgehen hat, ist es dringend notwendig, vorerst auf schnelles Reiten zu verzichten. Drei Monate lang sollten Sie das Galoppieren im Gelände mindestens einstellen.

Flotter Galopp (und mehr noch der Rennpaß bei Gangpferden) bewirkt beim Pferd nämlich dasselbe wie intensives Joggen beim Menschen: Das Gehirn gibt dabei körpereigene Morphine, sogenannte Endorphine, in den Blutkreislauf, und der Läufer erfährt den berühmten „Kick". Kommt dann noch Adrenalin hinzu, wie etwa bei einem gehfreudigen Pferd, das bereits die ganze Reitstunde hindurch pullt, so führt das schnell zum „Blackout". Das betroffene Tier „hört und sieht nichts mehr", es spürt keine Schmerzen und keine Erschöpfung. Wird es darin noch bestärkt, rennt es im Extremfall, bis es umfällt. Wann dieser „Kick-Punkt" erreicht wird, ist von Pferd zu Pferd verschieden. Der Reiter sollte sein Pferd jedoch gut genug kennen, um zu wissen, wann es soweit ist. Die Kunst besteht dann darin, dem Pferd nicht zu erlauben, sich bis zum Überschreiten des „individuellen Kick-Punktes" aufzupullen.

Galoppstrecken sollte man nicht immer nutzen!

Kommt es aber doch einmal zum „Black Out", so bemühen Sie sich, nicht permanent an den Zügeln zu reißen. Das ist nämlich völlig nutzlos, denn das Pferd steht ja praktisch bereits „unter Drogen" und bemerkt den Schmerz kaum. Jedes Verstärken von Druck und Schmerz fördert dazu den Ausstoß von Endorphinen.

Dazu unterstützt ein falscher Zug am Zügel das Pferd auch noch bei seiner „Arbeit gegen die Hand“. Beim Thema „Pullen“ wurde das genauer beschrieben. Wie auf dem Puller versuchen Sie auch auf dem Durchgänger das Untersetzen der Hinterbeine durch entsprechende Zügelhilfen zu fördern. Wenn das Pferd darauf reagiert, warten Sie ab, bis es besonders weit untersetzt und eben auffußt. In genau dem Moment geben Sie eine scharfe Parade. Wiederholen Sie das Ganze, wenn es nicht beim ersten Versuch klappt.

Eine weitere Möglichkeit ist, im Moment des Auffußens einen Zügel ruckartig anzunehmen und gleichzeitig Gewichts- und Schenkelhilfen zum schnellen Abbiegen zu geben. Meist verblüfft dieses Vorgehen das Pferd, und es hält an. In Extremfällen kann es allerdings auch zu Fall kommen! Überlegen Sie sich also gut, ob und wo Sie das Verfahren anwenden. Es ist übrigens besonders wirkungsvoll bei Pferden, die aus Ungezogenheit in Richtung Heimat durchgehen. Sie nimmt man anschließend energisch in die „Mühle“, läßt sie einige Male kreisen und reitet dann den Weg zurück, den man gekommen ist. Ihre Eigenmächtigkeit soll die Reitstunde verlängern, statt sie abzukürzen.

Neben der Gefahr des „Black Outs“ ist das Überschreiten des „Fluchtpunktes“ bei Durchgängern zu vermeiden. Wir sprachen schon bei den Themen „Anbinden“ und „Verladen“ davon, daß bei einem Pferd der Fluchtreflex greift, sobald es den Kopf bei durchgedrücktem Hals und verspannter Muskulatur über eine gewisse Höhe hebt. Viele Durchgänger laufen schon in ihrem „Normalzustand“ mit stark durchgedrücktem Rücken und Unterhals. Meist sind sie hart im Maul, weil sie permanent gegen den Zügel gehen. Kommt dann noch irgendein Außenreiz hinzu und löst ein Scheuen aus, so übersteigt der hochfliegende Pferdekopf leicht die „kritische Höhe“.

„Soforthilfe“ kann davon betroffenen Reiter-Pferd-Paaren unter Umständen ein Tie-down bieten, wie es im Kapitel „Pullen“ beschrieben wurde. Auf die Dauer hilft jedoch nur kontinuierliche Arbeit an den eigenen Hilfen und an der Sensibilität und Scheufestigkeit des Pferdes. Verlassen Sie sich nicht auf das Tie-down! Es hat schon viele Pferde gegeben, die es in Panik zerrissen haben. Die einzig wahre Lösung ist die Ausmerzung der Ursachen des Übels.

Bei sehr schweren Fällen von Durchgängern kann es helfen, das Pferd längere Zeit hindurch als Handpferd zwischen zwei ruhigen Tieren zu arbeiten. Dabei wird es von beiden Seiten aus geführt. Auf die Dauer gewöhnt es sich dabei an die ruhige Arbeit im Gelände und reagiert nicht auf jede Kleinigkeit mit Adrenalin- und Endorphinausstößen. Auch der Reiter des Durchgängers findet dabei wieder zu einem entspannten Sitz und lockerer Zügelführung. Die neu gewonnene Ruhe des Menschen beeinflußt das Pferd positiv.

Vorher und im gleichen Zeitraum der Korrektur im Gelände muß das Pferd natürlich in der Bahn und vom Boden aus an leichte Hilfen gewöhnt und zu entspannter Arbeit bei natürlicher Kopfhaltung angehalten werden.

Ein weiterer Versuch, sich mit dem Durchgänger an ruhigere Arbeit „heranzutasten“, ist die unter „Kleben“ beschriebene Methode, zunächst eine kleine Runde zu reiten bzw. spazierenzugehen und das Pferd dabei durch häufige

Wiederholung zu einer entspannten Grundhaltung zu bringen. Später wird dieser vertraute Weg dann langsam ausgeweitet. Bei den ersten Reitversuchen mit dem Durchgänger beginnt man allerdings nicht auf der zweiten Hälfte des Rittes, sondern wenn es von zu Hause weggeht. Auf dem Heimweg pullt er sich nämlich erheblich schneller auf. Reiten Sie auf jeden Fall erst dann, wenn Sie sich völlig sicher fühlen und wenn Ihr Pferd beim Führen wie ein Eselchen hinter Ihnen hertrottet. Bringen Sie ihm schon bei der Bodenarbeit und beim Spazierengehen bei, auf eine Stimmhilfe anzuhalten, und belohnen Sie es mit einem Leckerbissen. Auch bei den ersten Ritten halten Sie dann alle 100 Meter an und streicheln und füttern das Pferd. Sobald es gelernt hat, die Belohnung aus Ihrer Hand zu nehmen, indem es seinen Kopf und Hals bis zu Ihrem Steigbügel biegt, sind Sie schon einen guten Schritt weiter. Diese Übung lokkert nämlich, und nur Pferde, die sich versteifen, gehen durch. Schnallen Sie bei den ersten Reitversuchen aber vorsichtshalber ein Tie-down ein, und reiten Sie sehr lange Schritt. Ansonsten verfahren Sie wie beim Kleber.

Das Ziel der Korrektur

Das Ziel der Korrektur ist eine harmonische Partnerschaft

Erfolgreiche Korrektur bedeutet nicht Reparatur des „Sportgerätes Pferd", sondern Heilung einer gestörten Beziehung zwischen Mensch und Tier. Das Pferd soll zu neuem Vertrauen zu den Menschen oder doch zumindest zu seinem Besitzer finden. Der Reiter soll nicht mehr mit Herzklopfen zum Stall fahren, sondern sich auf sein aufgeschlossenes, entspanntes Tier freuen. Die Korrektur ist abgeschlossen, wenn Reiter und Pferd wieder Spaß an der Zusammenarbeit haben. Die gemeinsam verbrachte Zeit soll erholsam und streßfrei für beide sein.

Dabei können Reiter und Pferd durchaus Kompromisse eingehen. Wichtig ist die individuelle Zufriedenheit und nicht die Meinung der Vereinskameraden.

Wenn Ihr Pferd also partout nicht allein in den Hänger steigt, aber locker heraufmarschiert, sobald ein anderes drinsteht, nehmen Sie einfach ein zweites mit. Man wird Sie bewundern, wenn Sie mit Handpferd reiten!

Falls Ihr „unheimlich veranlagtes" Dressurpferd absolut keinen englischen Sattel mag, kaufen Sie eben einen Westernsattel. Tägliches entspanntes Reiten ist wichtiger als Turniersiege.

Sofern bei Vereinsausritten nicht diszipliniert geritten wird, bleiben Sie mit Ihrem korrigierten Durchgänger zu Hause – auch wenn Ihre Mitreiter spötteln.

All das verlangt Selbstbewußtsein und große Liebe und Begeisterung für eben dieses Pferd. Aber diese Eigenschaften haben Sie ja auch aufgebracht, als Sie das Pferd kauften und korrigierten. Schließlich hätten Sie sich ebensogut ein Pferd „ohne Ticks" zulegen können.

Vielleicht konnten wir Ihnen mit diesem Buch helfen, ein besseres Verhältnis zu Ihrem Pferd aufzubauen und seine Probleme zu lösen oder zumindest auf ein erträgliches Maß zu reduzieren. Wir wünschen Ihnen und Ihrem Pferd eine Partnerschaft, an der Sie auf jeden Fall festhalten wollen. Auch wenn Ihr Pferd nicht ganz so perfekt geworden ist, wie Sie es sich beim Kauf erträumten.

Wer von uns – egal ob Mensch oder Pferd – ist schließlich vollkommen?

Anhang

Literatur

BLAKE, HENRY: Versteh dein Pferd. Neue Wege der Verständigung, 5. Aufl., Zürich 1993

BRUNS, URSULA/TELLINGTON-JONES, LINDA: Die Tellington-Methode. So erzieht man sein Pferd, 7. Aufl., Zürich 1992

GUÉRINIÈRE, FRANÇOIS ROBICHON DE LA: Reitkunst oder gründliche Anweisung, Reprint Hildesheim 1989

KAPITZKE, GERHARD: Das Pferd von A–Z, München 1993

SPOHR, PETER V.: Die Logik in der Reitkunst, Teil 1–4 in einem Band, Reprint Stuttgart 1979

TELLINGTON-JONES, LINDA: Der neue Weg im Umgang mit Tieren, Stuttgart 1993

Register